처음 만나는 통신이론

임창헌 지음

한빛아카데미
Hanbit Academy, Inc.

지은이 **임창헌** chlim@pknu.ac.kr

서울대학교 전자공학과에서 학사 과정을 마치고, 한국과학기술원(KAIST)에서 석사, 박사 학위를 취득했다. 현재는 부경대학교 전자정보통신공학부에 재직 중이다. 통신이론, 디지털 통신, 공학수학 등의 과목을 가르치고 있으며, 이 중 일부 강의는 KOCW에서 공개하고 있다. 최근 주요 연구 분야로는 주파수 공유와 레이더 신호 처리 등이 있다.

처음 만나는 통신이론

초판발행 2025년 7월 4일

지은이 임창헌 / **펴낸이** 전태호
펴낸곳 한빛아카데미(주) / **주소** 서울시 서대문구 연희로2길 62 한빛아카데미(주) 2층
전화 02-336-7112 / **팩스** 02-336-7199
등록 2013년 1월 14일 제 2017-000063호 / **ISBN** 979-11-7340-014-8 93560

총괄 박현진 / **책임편집** 김평화 / **기획 · 편집** 김평화
디자인 이아란 / **전산편집** 임희남 / **제작** 박성우, 김정우
영업 김호철, 김태진, 김성삼, 이정훈, 임현기, 이성훈, 김주성, 심지연

이 책에 대한 의견이나 오탈자 및 잘못된 내용은 출판사 홈페이지나 아래 이메일로 알려주십시오.
파본은 구매처에서 교환하실 수 있습니다. 책값은 뒤표지에 표시되어 있습니다.

홈페이지 www.hanbit.co.kr / **이메일** question@hanbit.co.kr

통신이론의 기본 개념을 쉽게 이해하자!

통신공학은 현대 사회에서 필수적인 역할을 하는 학문으로, 유·무선 네트워크, 위성통신, 5G 및 차세대 이동통신 기술 등 다양한 응용 분야에 활용됩니다. 이 책은 통신공학을 처음 접하는 학부생을 대상으로, 통신 시스템의 핵심 개념과 기초 이론을 체계적으로 이해할 수 있게 구성하고자 했습니다.

이 책의 특징

대학에서 수년간 강의를 해오면서 많은 학생들이 통신공학을 어려워한다는 것을 알 수 있었습니다. 푸리에 변환이나 확률 이론과 같은 수학적 개념이 자주 등장하고, 이를 도구로 활용할 수 있어야 되기 때문입니다. 그러나 통신공학에서는 성능 평가와 같은 정량적 분석이 중요하므로 수학적 표현을 완전히 배제할 수는 없습니다. 그렇기 때문에 이 책에서는 학생들의 부담을 줄이면서도 내용을 쉽게 이해할 수 있도록 다음과 같은 접근 방식을 따랐습니다.

- **핵심 내용 중심** : 많은 내용을 다루기보다는 각 주제의 기본 개념을 중심으로 설명하여 학습의 초점을 명확히 했습니다.
- **표현의 단순화** : 지나치게 복잡한 수식은 피하고, 핵심 내용을 직관적으로 이해할 수 있도록 단순한 표현을 사용했습니다.
- **시각적 자료 활용** : 그림과 예제를 적극적으로 활용하여 개념을 보다 쉽게 이해할 수 있도록 했습니다.
- **장별 요약 제공** : 각 장의 끝에 [핵심요약]을 배치하여 학습 내용을 한눈에 파악할 수 있도록 했습니다.

이 책의 구성

통신공학의 기본 개념부터 아날로그 및 디지털 통신 시스템의 구성, 그리고 주요 요소 기술인 변조 및 오류 제어 기법까지 단계적으로 학습할 수 있도록 구성했습니다.

- **통신이론의 기초 개념**(1~3장) : 통신공학의 개요, 신호 및 시스템의 주파수 영역 분석
- **아날로그 통신**(4~6장) : 아날로그 변조 방식과 성능 분석, 확률 이론
- **디지털 통신**(7~8장) : 펄스 변조, 디지털 신호 전송 이론
- **디지털 변조 및 오류 제어**(9~10장) : 디지털 변조 방식과 성능, 오류 제어 부호

감사의 글

이 책은 오랜 강의 경험을 바탕으로 집필되었으며, 그 과정에서 많은 학생들의 피드백이 큰 도움이 되었습니다. 이에 수강 학생들에게 먼저 고마움을 전합니다. 그리고 부족한 원고를 다듬어 출판해준 한빛아카데미㈜에도 감사의 마음을 전합니다. 마지막으로 언제나 곁에서 힘이 되어준 가족에게 고마움을 전하며, 이 모든 과정을 가능하게 해주신 주님께 감사의 기도를 올립니다.

지은이 **임 창 헌**

CHAPTER 02

주파수 영역에서의 신호 분석

이 장에서는 대표적인 주기 신호(periodic signal) 중의 하나인 복소 지수 신호(complex exponential signal)를 소개하고, 임의의 주기 신호를 복소 지수 신호의 선형 결합 형태로 표현하는 푸리에 급수(Fourier series)를 설명한다. 그리고 푸리에 급수의 적용 범위를 비주기 신호까지 확대한 푸리에 변환(Fourier transform)을 소개하고, 푸리에 변환을 좀 더 효율적으로 결정하는 수단으로 푸리에 변환의 다양한 성질을 살펴본다.

CONTENTS

| 장 도입글 |

해당 장의 내용을 왜 배우는지, 무엇을 배우는지 설명한다.

SECTION 2.1

주기 신호

이 절에서는 주기 신호가 무엇인지 소개하고, 대표적인 사례인 정현파 신호와 복소 지수 신호를 설명한다.

Keywords | 정현파 신호 | 복소 지수 신호 | 진폭 | 주파수 | 위상 | 주기 | 파장 |

| 학습목표 / Keywords |

해당 절에서 무엇을 배우는지 설명하고, 핵심 내용을 키워드로 정리하여 소개한다.

신호를 시간 t에 따른 값의 변화를 수학적으로 나타내는 경우가 많다. 예를 들어, 100[Hz]의 정현파 신호는 $\sin(200\pi t)$로 표현한다. 그런데 이런 표현 방식에 어떤 변환을 적용하면 원래 표현에서는 잘 드러나지 않았던 신호의 특성이 명확하게 보이는 경우가 있다. 비유하자면, 우리가 햇빛을 그냥 볼 때는 그 햇빛이 어떤 파장의 빛으로 구성되어 있는지 알 수 없지만, 프리즘을 통과시키면 다양한 색깔의 빛으로 분해되기 때문에 어떤 파장의 빛들로 구성되었는지 알 수 있는 경우와 유사하다.

마찬가지로 어떤 신호를 구성하는 주파수 성분을 파악하기 위한 도구로는 푸리에 급수 및 푸리에 변환이 있다. 이 중에서 기본이 되는 푸리에 급수는 그 적용 대상이 주기 신호이기 때문에, 주기 신호에 대한 정의와 주요 사례를 차례대로 살펴보고자 한다.

1 주기 신호의 정의

어떤 신호 $x(t)$가 주기 신호라면, 다음과 같은 관계를 만족하는 상수 T가 존재한다.

★ 주기 신호 ★

$$x(t) = x(t+T), \quad -\infty < t < \infty \tag{2.1}$$

이때 이 신호의 주기는 식 (2.1)을 만족하는 T값들 중에서 가장 작은 값으로 정의한다. 예를 들어, 어떤 신호가 $T=1$, $T=2$, $T=3$에 대해 식 (2.1)을 모두 만족한다면 해당 신호의 주기는 이 중에서 최솟값인 1이 된다.

2 정현파 신호

가장 대표적인 주기 신호 중의 하나가 **정현파**(sinusoidal wave) 신호이다. 정현파 신호 $x(t)$를 수학적으로 표현하면 다음과 같다.

| 본문 |

통신이론을 이해하는 데 필요한 내용을 간결하게 설명한다.

| 별표 박스 |

본문 중 주요 수식을 강조하여 소개한다.

| 예제 |

본문에서 다룬 개념을 적용한 문제와 상세한 풀이를 제시한다.

예제 2-1

정현파 신호 $x(t)=5\sin(100\pi t)$의 진폭, 주기, 주파수를 구하라.

풀이

주어진 신호의 진폭은 5이며, $x(t)=x(t+T)$를 만족하는 T의 최솟값을 구하면 1/50[sec]이므로 주기는 1/50[sec]이고, 주파수는 50[Hz]가 된다.

예제 2-2

복소 지수 신호 $\exp(j100\pi t)$와 $\exp(-j100\pi t)$의 주기와 주파수를 구하라.

풀이

주어진 2개의 복소 지수 신호에 대해 시간 t에 따른 값의 변화를 복소 평면상에 나타내면, 두 신호 모두 원의 형태가 되지만, 그 궤적의 방향은 반대가 된다.

먼저 복소 지수 신호 $\exp(j100\pi t)$에 대한 주기 T_0는 $100\pi T_0=2\pi$를 만족하는 값이므로 $T_0=1/50$[sec]가 된다. 마찬가지로 $\exp(-j100\pi t)$는 $\exp(j100\pi t)$와 회전 방향만 다르므로 주기는 동일하게 1/50[sec]가 된다. 그러나 두 신호가 복소 평면상에서 궤적의 방향이 반대이기 때문에 주파수는 각각 50[Hz], −50[Hz]가 된다.

| 핵심요약 |

해당 장에서 학습한 주요 내용을 한눈에 보여준다.

CHAPTER 02 **핵심요약**

- 주기 신호 $x(t)$는 다음의 조건을 만족하는 상수 T가 존재하는 신호이다.

$$x(t)=x(t+T),\quad -\infty<t<\infty$$

- 정현파 신호 $x(t)=A\cos(2\pi f_0 t+\theta)$는 주기 신호로서 A, f_0, θ는 각각 정현파의 진폭, 주파수, 위상이다.
- 복소 지수 신호 $x(t)=A\exp(j2\pi f_0 t+j\theta)$는 주기 신호로서 A, f_0, θ는 각각 복소 지수 신호의 진폭, 주파수, 위상이다.
- 푸리에 급수는 주기가 T_0인 임의의 주기 신호 $x(t)$를 다음과 같이 전개한 것이다.

$$x(t)=\sum_{n=-\infty}^{\infty} x_n \exp(j2\pi n f_0 t)$$

이때 $f_0=1/T_0$이고, 푸리에 급수 계수 x_n은 다음과 같이 정의한다.

$$x_n=\frac{1}{T_0}\int_{T_0} x(t)\exp(-j2\pi n f_0 t)dt$$

- 주기 신호의 전력은 $P=\sum_n |x_n|^2$으로 나타낼 수 있다.
- 푸리에 변환은 푸리에 급수의 적용 대상을 비주기 신호로 확대한 것이다.

| 연습문제 |

해당 장에서 학습한 내용을 문제를 통해 확인한다.

CHAPTER 02 **연습문제**

2.1 다음 신호들의 전력을 구하라.

(a) $x(t)=10\exp(j2000\pi t)$
(b) $x(t)=10\cos(2000\pi t)+10\sin(4000\pi t)$

2.2 $\exp(-j2000\pi t)$와 $\exp(j2000\pi t)$의 주파수를 구하라.

2.3 어떤 실 신호 $x(t)$의 스펙트럼 $X(f)$가 다음과 같다고 한다.

$$X(f)=\begin{cases}1+j, & 0\le f\le 100\\ 0, & f>100\end{cases}$$

(a) 50[Hz]에서 $X(f)$의 크기와 위상은 얼마인가?
(b) −50[Hz]에서 $X(f)$의 값은?

2.4 어떤 신호 $x(t)=2\cos(2000\pi t)$를 푸리에 급수 $\sum_{n=-\infty}^{\infty} c_n \exp(j2\pi n f_0 t)$의 형태로 표현할 때 임의의 상수 c_2를 구하라.

강의 보조 자료

한빛아카데미 홈페이지에서 '교수회원'으로 가입하신 분은 인증 후 교수용 강의 보조 자료를 제공받을 수 있습니다. 한빛아카데미 홈페이지 상단의 〈교수전용공간〉 메뉴를 클릭하세요.

http://www.hanbit.co.kr/academy

연습문제 해답

이 책의 연습문제 답안은 다음 경로에서 다운로드할 수 있습니다.

한빛아카데미 홈페이지 접속 → [도서명] 검색 → 도서 상세 페이지의 [부록 / 예제소스]

참고 문헌

- S. Haykin, 『Communication Systems, 3rd Ed.』, John Wiley & Sons, 1994.
- J. G. Proakis, 『Digital Communications, 3rd Ed.』, McGraw-Hill, 1983.
- B. P. Lathi, 『Modern Digital and Analog Communication Systems, 3rd Ed.』, Oxford University Press, 1998.
- B. Sklar, 『Digital Communications:Fundamentals and Applications, 2nd Ed.』, Prentice Hall, 2001.
- A. D. Whalen, 『Detection of Signals in Noise』, Academic Press, 1971.
- S. Lin, 『An Introduction to Error Correcting Codes』, Prentice Hall, 1970.
- 김명진, 『MATLAB 실습과 함께 배우는 아날로그 및 디지털 통신이론』, 생능출판사, 2007.

Contents

Contents

Contents

Contents

Contents

CHAPTER 08 디지털 신호 전송의 기초

CHAPTER 09 디지털 변조

Contents

CHAPTER

01

통신공학의 기초

이 장에서는 통신의 개념을 먼저 소개하고, 통신 시스템의 기본 구성을 설명한다. 그리고 다수의 통신 기기 사이에서 정보를 전달하는 방식에 대해 간략히 기술한다. 끝으로 전기를 기반으로 하는 전기 통신 시스템의 역사를 소개한다.

CONTENTS

SECTION

1.1 통신 시스템

이 절에서는 통신의 기본 개념과 정보 전달 방향에 따른 통신 시스템의 분류에 대해 설명한다. 또한 통신 시스템의 기본 구성을 살펴본다.

Keywords | 통신 | 단방향 통신 | 이중 통신 | 송신기 | 수신기 | 통신 채널 |

1 통신의 개념

통신(communication)은 '정보를 어느 한 장소나 시간에서 다른 장소 또는 시간으로 옮기는 과정'이라고 정의할 수 있다. 예를 들어, 대표적인 통신 장치인 휴대전화는 "A"라는 장소에 있는 발신자의 음성 정보나 데이터를 "B"라는 장소에 있는 수신자에게 전달하는 장치로, 정보의 위치를 옮겨주는 역할을 한다. 특히 전기나 전파를 이용하여 정보를 전달하는 경우를 **전기 통신**(telecommunication)이라고 한다. 또한 컴퓨터의 하드 디스크나 USB 플래시 드라이브와 같은 저장 장치는 과거의 어느 한 시점에 저장한 내용을 나중에 다시 읽을 수 있게 하는데, 이처럼 정보를 저장 매체에 기록하고 읽는 과정 역시 통신이라고 할 수 있다. 우리 주변에서 쉽게 찾아볼 수 있는 TV, 라디오, 무선랜, 인터넷 등도 통신 시스템에 속한다.

현재 사용하고 있는 통신 시스템을 정보 전달 방향이라는 관점에서 구분하면 TV나 라디오처럼 정보가 한 방향으로만 전달되는 경우와 전화처럼 양방향으로 전달되는 경우로 분류된다. 이때 전자의 통신 방식을 **단방향**(simplex) **통신**, 후자를 **이중**(duplex) **통신** 혹은 양방향 통신이라고 한다. 이중 통신은 다시 양방향 통신이 동시에 가능한 **전이중**(full duplex) **통신**과 그렇지 않은 **반이중**(half duplex) **통신**으로 나뉜다. [그림 1-1]은 이러한 방식들을 그림으로 나타낸 것이다.

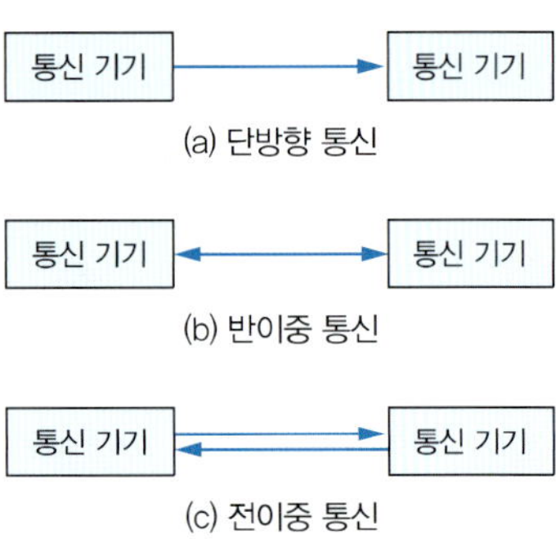

[그림 1-1] 정보 전달 방향에 따른 통신 방식의 분류

2 통신 시스템의 기본 구성

통신 시스템의 가장 기본적인 구성 요소로는 [그림 1-2]에 나타낸 바와 같이 **송신기**(transmitter)와 **수신기**(receiver), 그리고 정보를 전달하는 매체인 **채널**(channel)이 있다.

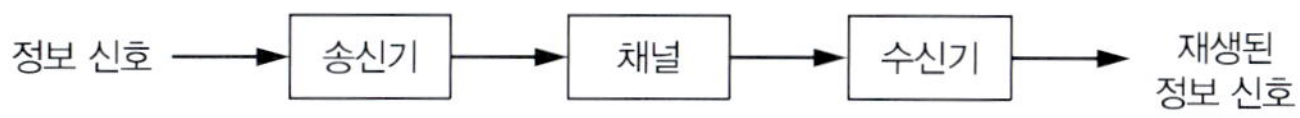

[그림 1-2] 통신 시스템의 기본 구성

통신 채널에는 구리선, 광섬유 등의 유선 채널과 진공이나 대기 등의 무선(radio) 채널이 있다. 특히 무선 통신의 경우에는 다양한 통신 기기 간의 간섭을 방지하기 위해 주파수 대역을 사용 주체나 용도에 따라 구분하여 사용한다. 그 대표적인 사례 중 하나를 [표 1-1]에 나타냈다.

[표 1-1] 주파수 대역 분류 기준 : 국제 전기 통신 연합(ITU-R)

대역 기호	대역 이름	주파수 대역	용도
ELF	극초장파 (Extremely Low Frequency)	3 ~ 30 [Hz]	지진 관측
SLF	극저주파 (Super Low Frequency)	30 ~ 300 [Hz]	지하 통신
ULF	초저주파 (Ultra Low Frequency)	300 ~ 3,000 [Hz]	광산 통신
VLF	저주파 (Very Low Frequency)	3 ~ 30 [kHz]	잠수함 통신
LF	장파 (Low Frequency)	30 ~ 300 [kHz]	해상 통신
MF	중파 (Medium Frequency)	300 ~ 3,000 [kHz]	항공, AM 방송
HF	단파 (High Frequency)	3 ~ 30 [MHz]	단파 방송, 아마추어 방송용(HAM)
VHF	초단파 (Very High Frequency)	30 ~ 300 [MHz]	TV, FM 방송
UHF	극초단파 (Ultra High Frequency)	300 ~ 3,000 [MHz]	TV 방송, 휴대전화, 무선랜, 블루투스, GPS
SHF	센티미터파 (Super High Frequency)	3 ~ 30 [GHz]	위성통신, 무선랜, 휴대전화, 레이더
EHF	밀리미터파 (Extremely High Frequency)	30 ~ 300 [GHz]	레이더, 위성통신
THF	서브밀리파 (Tremendously High Frequency)	300 ~ 3,000 [GHz]	고해상도 이미징, 실험적 통신

송신기는 통신 채널을 통해 정보가 잘 전달될 수 있는 형태로 정보 신호를 변환하는 역할을 하며, 수신기는 통신 채널을 통해 수신된 신호를 분석하여 송신기가 전달하고자 하는 정보를 가능한 한 정확하게 추정하는 역할을 한다. 만약 송신기가 보낸 신호가 통신 채널을 거치면서 형태에 아무런 변화가 없다면, 신호를 그대로 해석하면 되므로 수신 신호로부터 정보를 추정하는 것은 간단하다. 그러나 실제 상황에서는 송신 신호가 통신 채널을 거치면서 신호의 형태가 변형되고, 통신 시스템 자체에서 발생하는 잡음이나 외부의 전자파 간섭이 더해져 수신 신호의 형태가 송신 신호의 형태와 사뭇 달라진다. 따라서 수신 신호로부터 송신 정보를 정확히 추정하는 것은 간단하지 않다. 이를 위해 지난 수십 년간 최적의 수신 방식을 찾기 위한 많은 연구가 진행되어 왔으며, 그 결과 현재 사용하고 있는 편리하고 다양한 통신 시스템들이 등장하게 되었다.

SECTION
1.2 통신 네트워크

이 절에서는 통신 네트워크가 필요한 이유와 그 개념을 설명한다. 그리고 네트워크에서 정보를 전달하는 방법을 알아보고 네트워크에 대한 대표적 표준 모델로서 OSI 7계층 모델을 소개한다.

Keywords | 통신 네트워크 | 회선 교환 방식 | 패킷 교환 방식 | 계층 구조 네트워크 | OSI 7계층 |

1 통신 네트워크의 개념

통신 기기를 연결할 때 서로 정보를 주고받을 수 있는 유선 통신 기기가 3개 이상인 경우를 생각해보자. 만약 기기 사이에 통신 채널을 각각 설치한다면 비용이 많이 들 뿐만 아니라 해당 채널을 항상 사용하는 것이 아니므로 효율성도 떨어진다. [그림 1-3]과 같이 4개의 통신 기기를 연결하는 예를 살펴보자. 사각형으로 표시한 것이 통신 기기이고, 통신 기기를 연결한 실선이 채널이므로 총 6개의 통신 채널을 구축해야 한다. 만약 통신 기기가 1개가 추가되면 통신 채널은 4개가 더 필요하다. 이를 일반화하면 통신 기기 n개를 연결할 때에는 총 $n(n-1)/2$개의 통신 채널이 필요하다. 그러므로 통신 기기의 개수가 증가하면 설치해야 하는 통신 채널의 개수도 빠르게 증가하고, 그에 따라 설치 비용도 폭증하게 된다.

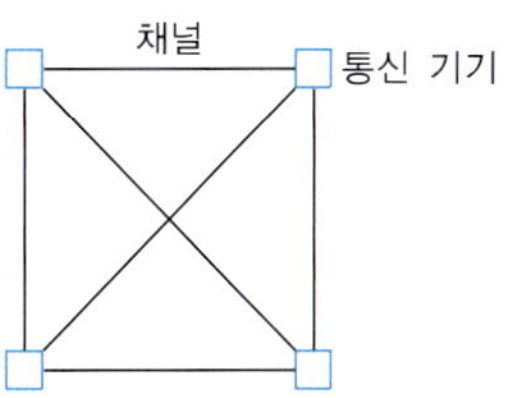

[그림 1-3] 4개의 통신 기기 연결

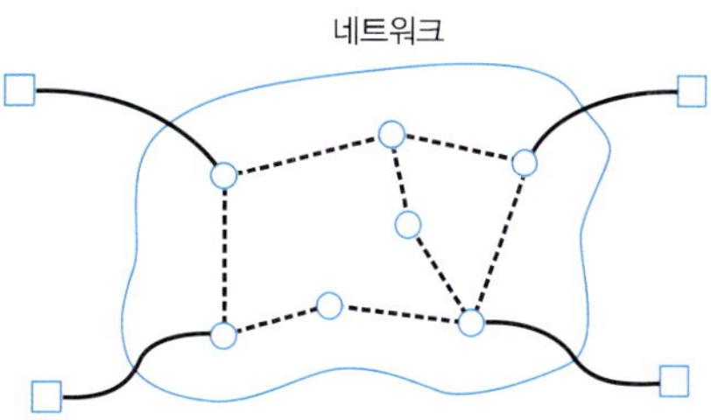

[그림 1-4] 통신 네트워크의 개념

따라서 가능하면 적은 수의 통신 채널로 효율적인 정보 교환을 하기 위해 **통신 네트워크**(communication network, 또는 **통신망**)가 등장했다. 예를 들어, 통신 네트워크에서 통신 기기 사이의 연결 상태는 [그림 1-4]와 같을 수 있다. 그림에서 사각형으로 표시한 것이 통신 기기이고, 원형으로 표시한 것이 노드(node)이다. 노드는 신호를 중계하는 장치로, 공중 전화망에서 전화국의 역할을 한다. 이렇게 되면 통신 기기 사이에 별도로 통신 채널을 설치하는 대신 통신망을 구성하는 여러 통신 채널을 공유함으로써 결과적으로 구축해야 하는 통신 채널의 수를 줄일 수 있다.

통신 네트워크는 개념적으로 도로망과 유사하다. 예를 들어, A라는 도시에서 B라는 도시로 이동할 때, 두 도시를 직접 연결하는 도로가 있는 경우는 흔치 않다. 대개는 인근 고속 국도와 일반 도로를 거쳐 목적지에 도달하게 마련이다. 이때 고속 국도는 서로 다른 출발지와 목적지를 갖는 차량이 공유한다는 점에서 통신망을 구성하는 통신 채널과 유사한 역할을 수행한다.

2 정보 교환 방식

네트워크에서 한 통신 기기로부터 다른 통신 기기로 정보를 전달하는 경로를 결정하는 방법을 **교환(switching) 방식**이라고 한다. 이러한 교환 방식에는 **회선 교환**(circuit switching) **방식**과 **패킷 교환**(packet switching) **방식**이 있다.

회선 교환 방식은 [그림 1-5(a)]와 같이 두 통신 기기 사이에 일시적으로 독점적이고 배타적인 채널, 즉 전달 경로를 배정한 뒤 전달하고자 하는 정보 전체를 할당된 경로를 통해 전송하는 방식으로 유선 전화에서 음성 통화를 할 때 사용한다. 회선 교환 방식은 모든 정보가 동일한 경로를 통해 순차적으로 전달되기 때문에 개별 정보가 목적지에 도달하는 데 걸리는 시간이 같다. 그러나 해당 채널을 항상 사용하는 것이 아니므로 채널 이용 효율이 높지 않다.

패킷 교환 방식은 [그림 1-5(b)]와 같이 두 통신 기기 사이에 독점적인 채널을 배정하지 않고, 정보를 패킷이라는 일정 단위로 분할한 후 패킷마다 서로 다른 경로를 통해 전달하는 방식이다. 따라서 채널 이용 효율이 높고, 한 경로에 문제가 발생해도 다른 경로로 우회할 수 있어 통신의 안정성이 뛰어나다. 그러나 패킷마다 전달 경로가 다를 수 있어 목적지에 도달하는 시간이 다르다는 단점이 있다.

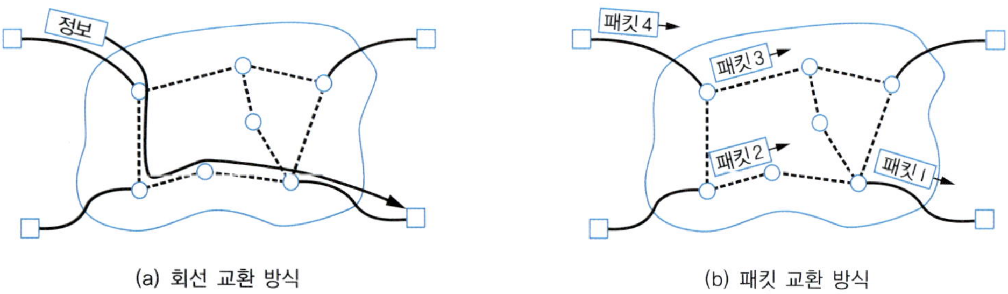

[그림 1-5] 교환 방식의 종류

3 OSI 7계층

앞서 언급한 바와 같이 통신 네트워크에서 정보를 전달하려면 수신자와 전달 경로 등을 설정해야 한다. 마치 이메일이나 편지를 보낼 때 전달하려고 하는 정보 이외에 상대방 주소나 우편번호 등을 기재해야 하는 것과 유사하다. 이처럼 통신 네트워크에서 정보를 전달하기 위해서는 이를 지원하는 다양한 기능이 필요하다. 이러한 기능들을 상관 관계가 높은 것끼리 묶어 모듈 형태로 제공하는 것을 **계층 구조 네트워크**라고 한다. 대표적인 것이 ISO에서 표준으로 채택한 **OSI 7계층 구조**이며, [그림 1-6]에서 보는 바와 같이 7개의 계층으로 구성되어 있다.

이 책에서 다루는 내용은 7개의 계층 중 물리 계층(physical layer)에 관한 내용이다. 다른 계층과 관련한 내용은 네트워크와 관련한 문헌에서 살펴볼 수 있다. 그림에서 데이터라고 하는 것은 전달하려고 하는 정보를 의미하고, 이를 전달하는 데 필요한 제어 정보들이 각 계층에서 데이터와 결합한다. 이때 제어 정보들은 계층마다 다르므로 [그림 1-6]에서 보듯이 응용 계층에서 물리 계층으로 갈수록 제어 정보들이 추가된다.

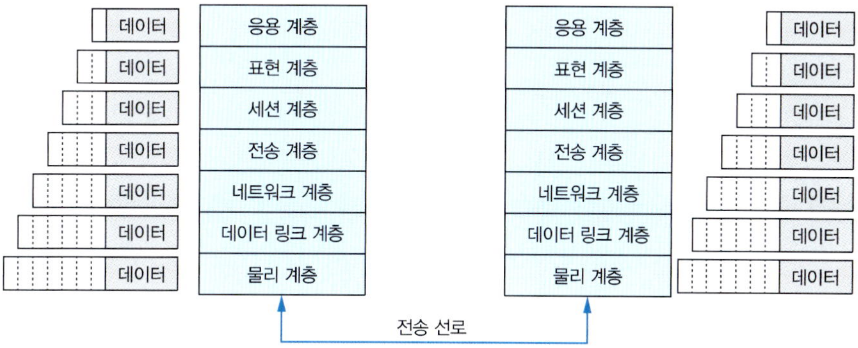

[그림 1-6] OSI 7계층 구조

SECTION
1.3 전기 통신의 역사

이 절에서는 전기를 이용한 통신의 역사를 간략하게 살펴본다.

Keywords | 전신 | 전화 | 레이더 | 위성통신 | 광통신 | 아파넷 | 인터넷 | 휴대전화 | 무선랜 | 블루투스 |

전기를 이용한 통신은 1840년 전후에 사용된 **전신**(telegraph)을 통해 시작되었다. 전기 신호를 통해 정보를 전달하는 전신 시스템은 보내는 정보의 형태가 문자였다. 이후 기술의 발달로 1870년대에 새로운 통신 서비스인 **전화**(telephone)가 등장했다. 전신과 달리 사람의 음성을 전달하는 이 기술이 도입된 뒤, 1896년 마르코니는 전파를 이용한 통신이 가능하다는 것을 시연했다. 이후 무선을 이용한 전신 서비스가 등장했고, 1920년대에 AM(Amplitude Modulation) 라디오 방송이 등장했다. 이후에는 주파수 변조(Frequency Modulation : FM) 방식이 개발되어 1940년에는 FM 라디오 방송이 시작되었다.

한편, 2차 세계대전을 겪으며 중요한 통신 시스템인 **레이더**(radar)가 등장했다. 레이더는 전파를 방사한 뒤 되돌아오는 전파를 분석하여 표적까지의 거리나 속도 등을 추정하는 장치이다. 그리고 2차 세계대전 이후 마이크로웨이브 기술이 발전을 거듭하며 인공위성을 이용한 **위성통신** 시스템이 등장했으며, 1960년 후반에 개발된 광섬유(optical fiber)를 전달 매체로 활용하는 **광통신** 시스템의 개발이 시작되었다. 광통신 시스템은 정보를 고속으로 전달할 수 있어 널리 사용되고 있다.

또한, 컴퓨터 간의 통신 기술이 발전함에 따라 데이터 통신 기술이 개발되기 시작했다. 미국 국방성은 전쟁이 일어났을 때에도 컴퓨터들 간에 안정적인 통신을 유지할 수 있는 방안을 모색하며 최초의 컴퓨터 네트워크인 **아파넷**(ARPANET)을 개발했다. 이후 제한된 컴퓨터만 연결하는 아파넷을 다양한 개별 네트워크와 연결되도록 발전시킨 결과 오늘날의 **인터넷**(internet)이 되었다.

오늘날 **휴대전화**라고 부르는 무선 전화 시스템은 1980년에 개발되기 시작하여 현재는 5세대 휴대전화 서비스가 제공되고 있으며, 6세대 통신 시스템에 대한 연구가 진행 중이다. 이뿐만 아니라 **무선랜**(wireless LAN)이나 **블루투스**(bluetooth) 등의 다양한 무선 통신 서비스가 활발하게 보급되고 있다.

다음 장부터는 이러한 통신 서비스의 기반이 되는 다양한 통신 기술에 대해 배울 것이다. 먼저 2장과 3장에서는 각각 신호와 시스템의 특성을 주파수 영역에서 분석하는 방법을 학습한다. 그리고 4장에서는 아날로그 통신 시스템의 기본 구조와 다양한 변조 방식을 알아본다. 5장에서는 잡음과 같이 불규칙한 신호의 특성을 표현하기 위한 방법으로 확률을 소개하고, 6장에서는 4장과 5장의 내용을 토대로 잡음이 존재하는 환경에서 다양한 아날로그 변조 방식의 성능을 분석할 것이다. 그리고 7장은 주기적인 펄스에 정보를 담아 보내는 방식을 소개한다. 8장은 디지털 전송의 핵심 원리라고 할 수 있는 검파 이론과 펄스 성형 기법을 살펴보고, 9장은 이를 바탕으로 다양한 디지털 변조 기술을 소개하고 그 성능을 분석한다. 마지막으로 10장에서는 디지털 변조 방식으로 정보를 전송할 때 발생하는 오류를 좀 더 줄일 수 있는 방안으로 오류 제어 부호를 소개한다.

CHAPTER

01 핵심요약

- 통신은 정보를 어느 한 장소나 시간에서 다른 장소 또는 시간으로 옮기는 과정이다.
- 2개의 통신 기기 사이의 통신 방식은 정보 전달 방향에 따라 단방향, 반이중 양방향, 전이중 양방향 방식으로 구분할 수 있다.
- 2개의 통신 기기 사이의 통신을 위한 가장 기본적인 구성 요소는 송신기, 채널, 수신기이다.
- 통신 네트워크는 통신 기기 간에 정보 전달 경로를 설정하는 교환 방식을 사용하여 3개 이상의 다수의 통신 기기 사이에 효율적으로 정보 교환을 가능하게 한다.
- 통신 네트워크의 교환 방식에는 회선 교환 방식과 패킷 교환 방식이 있다.
- OSI 7계층 구조는 통신 기기 간에 정보를 주고받기 위해 필요한 기능을 계층적으로 구성한 대표적인 사례이다.

CHAPTER

02

주파수 영역에서의 신호 분석

이 장에서는 대표적인 주기 신호(periodic signal) 중의 하나인 복소 지수 신호(complex exponential signal)를 소개하고, 임의의 주기 신호를 복소 지수 신호의 선형 결합 형태로 표현하는 푸리에 급수(Fourier series)를 설명한다. 그리고 푸리에 급수의 적용 범위를 비주기 신호까지 확대한 푸리에 변환(Fourier transform)을 소개하고, 푸리에 변환을 좀 더 효율적으로 결정하는 수단으로 푸리에 변환의 다양한 성질을 살펴본다.

CONTENTS

SECTION 2.1

주기 신호

이 절에서는 주기 신호가 무엇인지 소개하고, 대표적인 사례인 정현파 신호와 복소 지수 신호를 설명한다.

Keywords | 정현파 신호 | 복소 지수 신호 | 진폭 | 주파수 | 위상 | 주기 | 파장 |

신호를 시간 t에 따른 값의 변화를 수학적으로 나타내는 경우가 많다. 예를 들어, 100[Hz]의 정현파 신호는 $\sin(200\pi t)$로 표현한다. 그런데 이런 표현 방식에 어떤 변환을 적용하면 원래 표현에서는 잘 드러나지 않았던 신호의 특성이 명확하게 보이는 경우가 있다. 비유하자면, 우리가 햇빛을 그냥 볼 때는 그 햇빛이 어떤 파장의 빛으로 구성되어 있는지 알 수 없지만, 프리즘을 통과시키면 다양한 색깔의 빛으로 분해되기 때문에 어떤 파장의 빛들로 구성되었는지 알 수 있는 경우와 유사하다.

마찬가지로 어떤 신호를 구성하는 주파수 성분을 파악하기 위한 도구로는 푸리에 급수 및 푸리에 변환이 있다. 이 중에서 기본이 되는 푸리에 급수는 그 적용 대상이 주기 신호이기 때문에, 주기 신호에 대한 정의와 주요 사례를 차례대로 살펴보고자 한다.

1 주기 신호의 정의

어떤 신호 $x(t)$가 주기 신호라면, 다음과 같은 관계를 만족하는 상수 T가 존재한다.

★ 주기 신호 ★

$$x(t) = x(t+T), \quad -\infty < t < \infty \tag{2.1}$$

이때 이 신호의 주기는 식 (2.1)을 만족하는 T값들 중에서 가장 작은 값으로 정의한다. 예를 들어, 어떤 신호가 $T=1$, $T=2$, $T=3$에 대해 식 (2.1)을 모두 만족한다면 해당 신호의 주기는 이 중에서 최솟값인 1이 된다.

2 정현파 신호

가장 대표적인 주기 신호 중의 하나가 **정현파**(sinusoidal wave) 신호이다. 정현파 신호 $x(t)$를 수학적으로 표현하면 다음과 같다.

★ 정현파 신호 ★

$$x(t) = A\cos(2\pi f_0 t + \theta), \quad -\infty < t < \infty \tag{2.2}$$

여기에서 A, f_0, θ는 각각 정현파의 **진폭**(amplitude), **주파수**(frequency), **위상**(phase)이다. 또한 $x(t)$를 그래프로 표현하면 [그림 2-1]과 같다.

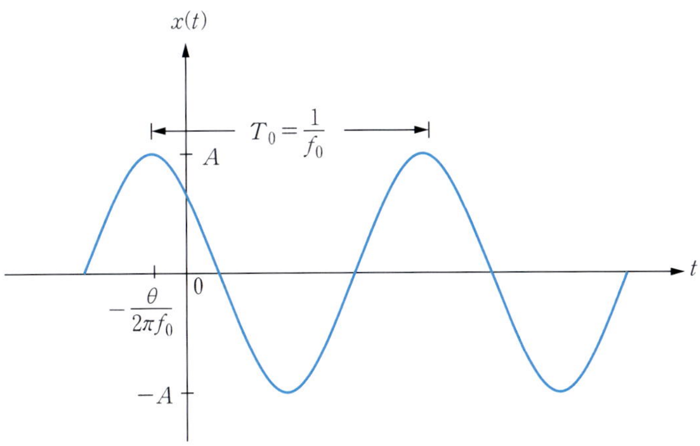

[그림 2-1] 정현파 신호의 형태

[그림 2-1]의 그래프를 보면 이 신호는 일정한 시간 간격으로 같은 값이 반복된다. 그리고 이 시간 간격 중에서 최솟값인 주기 T_0는 $2\pi f_0 T_0 = 2\pi$의 관계를 만족하므로 다음과 같은 관계가 성립한다.

$$T_0 = \frac{1}{f_0} \tag{2.3}$$

3 복소 지수 신호

통신공학에서는 여러 가지 형태의 신호를 다루지만, 그 중에서 가장 기본이 되는 신호는 **복소 지수 신호**(complex exponential signal)이며, 이 신호를 $x(t)$라고 할 때 다음과 같이 정의한다.

★ 복소 지수 신호 ★

$$x(t) = A\exp(j2\pi f_0 t + j\theta) \tag{2.4}$$

여기에서 A는 복소 지수 신호의 진폭, f_0는 주파수, θ는 위상이다. 이때 $j \equiv \sqrt{-1}$이다.

오일러(Euler) 공식 $e^{j\theta} \equiv \cos\theta + j\sin\theta$를 적용하면 복소 지수 신호를 다음과 같이 실수부와 허수부로 구분하여 표현할 수 있다.

$$x(t) = A\cos(2\pi f_0 t + \theta) + jA\sin(2\pi f_0 t + \theta) \tag{2.5}$$

따라서 시간 t에 따라 이 신호가 갖는 값을 복소 평면(complex plane)에 표시하면 [그림 2-2]와 같이 원의 형태가 된다. 만약 신호 $x(t)$의 주파수 f_0가 양수이면 복소 평면에서 반시계 방향으로 회전하는 형태가 되고, 음수이면 시계 방향으로 회전하는 형태가 된다. 이때 주파수 f_0의 절댓값은 신호 $x(t)$가 복소 평면상에서 1초에 몇 번 회전하는지를 나타내며, 단위로는 헤르츠(Hz)를 사용한다. 또한 신호 $x(t)$는 $\left|\frac{1}{f_0}\right|$라는 시간 간격으로 동일한 값을 반복하는데, 이를 **주기**(period)라고 한다. 예를 들어, $x(t) = 10\exp(j10\pi t)$일 때 이 신호의 주파수는 5[Hz]이며, 주기는 0.2[sec]가 된다.

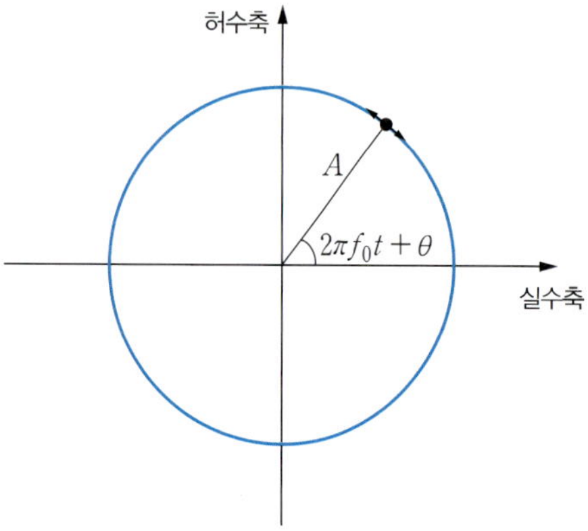

[그림 2-2] 복소 지수 신호의 궤적

한편, 식 (2.5)를 이용하면 식 (2.2)의 정현파 신호 $x(t)$는 다음과 같이 복소 지수 신호의 합 형태로 전개할 수 있다. 이 식의 표현이 갖는 의미는 임의의 정현파를 복소 지수 신호의 선형 결합 형태로 표현할 수 있다는 것이다.

$$\begin{aligned} x(t) &= \frac{1}{2}A\exp\{-j(2\pi f_0 t + \theta)\} + \frac{1}{2}A\exp\{j(2\pi f_0 t + \theta)\} \\ &= \frac{1}{2}A\exp(-j\theta)\exp(-j2\pi f_0 t) + \frac{1}{2}A\exp(j\theta)\exp(j2\pi f_0 t) \end{aligned} \tag{2.6}$$

무선 통신의 경우 신호는 전자파 형태로 송신기에서 나와서 수신기로 전달된다. 이때 정현파 신호가 한 주기 동안에 진행하는 거리를 **파장**(wavelength)이라고 한다. 예를 들어, 전파의 진행 속도가 3×10^8[m/s]이고 주파수가 1[GHz]인 정현파 신호는 주기가 1×10^{-9}[s]이므로 파장은 3×10^8[m/s]$\times1\times10^{-9}$[s] = 0.3[m]가 된다.

예제 2-1

정현파 신호 $x(t) = 5\sin(100\pi t)$의 진폭, 주기, 주파수를 구하라.

풀이

주어진 신호의 진폭은 5이며, $x(t) = x(t+T)$를 만족하는 T의 최솟값을 구하면 1/50[sec]이므로 주기는 1/50[sec]이고, 주파수는 50[Hz]가 된다.

예제 2-2

복소 지수 신호 $\exp(j100\pi t)$와 $\exp(-j100\pi t)$의 주기와 주파수를 구하라.

풀이

주어진 2개의 복소 지수 신호에 대해 시간 t에 따른 값의 변화를 복소 평면상에 나타내면, 두 신호 모두 원의 형태가 되지만, 그 궤적의 방향은 반대가 된다.

먼저 복소 지수 신호 $\exp(j100\pi t)$에 대한 주기 T_0는 $100\pi T_0 = 2\pi$를 만족하는 값이므로 $T_0 = 1/50$ [sec]가 된다. 마찬가지로 $\exp(-j100\pi t)$는 $\exp(j100\pi t)$와 회전 방향만 다르므로 주기는 동일하게 1/50[sec]가 된다. 그러나 두 신호가 복소 평면상에서 궤적의 방향이 반대이기 때문에 주파수는 각각 50[Hz], −50[Hz]가 된다.

예제 2-3

다음의 신호가 주기 신호인지 판정하고, 주기 신호라면 주기를 구하라.

$$x(t) = \cos(200\pi t) + \cos(100\pi t)$$

풀이

$\cos(200\pi t)$는 주기가 1/100[sec]이고, $\cos(100\pi t)$는 주기가 1/50[sec]인 주기 신호이다. 이들 주기의 최소 공배수를 구하면 1/50이다. 따라서 $x(t)$는 주기 신호이며, 주기는 1/50[sec]가 된다.

SECTION

2.2 푸리에 급수

이 절에서는 주기 신호의 주파수 성분을 분석하는 도구인 푸리에 급수를 소개하고, 분석 결과인 진폭 스펙트럼, 위상 스펙트럼을 설명한다. 그리고 주기 신호의 전력을 푸리에 급수 계수로 표현할 수 있음을 학습한다.

Keywords | 푸리에 급수 계수 | 진폭 스펙트럼 | 위상 스펙트럼 | 전력 | 파시발의 정리 |

1 푸리에 급수의 정의

앞에서 설명한 바와 같이 정현파 신호는 복소 지수 신호의 선형 결합 형태로 표현할 수 있다. 이를 임의의 주기 함수로 확장한 것이 **푸리에 급수**(Fourier series)이다. 푸리에 급수는 주기가 T_0인 임의의 주기 신호 $x(t)$를 다음과 같이 급수 형태로 표현한 것이다.

★ 푸리에 급수 ★

$$x(t) = \sum_{n=-\infty}^{\infty} x_n \exp(j2\pi n f_0 t) \tag{2.7}$$

여기에서 $f_0 \equiv 1/T_0$이고, x_n은 **푸리에 급수 계수**(Fourier series coefficient)라고 하는데, 다음과 같이 정의한다.

$$x_n = \frac{1}{T_0}\int_{T_0} x(t)\exp(-j2\pi n f_0 t)dt \tag{2.8}$$

이때 $\int_{T_0} f(t)dt$의 의미는 적분 구간의 상한과 하한 간의 차이가 T_0가 되도록 구간을 설정하여 적분하라는 것이다. 예를 들어, $\int_{T_0=1} f(t)dt$라면 $\int_0^1 f(t)dt$ 또는 $\int_1^2 f(t)dt$가 모두 가능하다.

푸리에 급수는 다음과 같이 정현파의 선형 결합 형태로 표현하는 경우도 있다.

$$x(t) = a_0 + \sum_{n=1}^{\infty}\{a_n\cos(2\pi n f_0 t) + b_n\sin(2\pi n f_0 t)\} \tag{2.9}$$

이때 계수 $\{a_n,\ b_n\}$의 정의는 다음과 같다.

$$a_0 = \frac{1}{T_0}\int_{T_0} x(t)dt \tag{2.10}$$

$$a_n = \frac{2}{T_0}\int_{T_0} x(t)\cos(2\pi n f_0 t)dt, \quad n = 1, 2, \cdots \tag{2.11}$$

$$b_n = \frac{2}{T_0}\int_{T_0} x(t)\sin(2\pi n f_0 t)dt, \quad n = 1, 2, \cdots \tag{2.12}$$

식 (2.7)과 식 (2.9)의 두 가지 푸리에 급수 표현이 형태상 다르다. 하지만 식 (2.9)에 오일러 공식을 적용하면 정현파를 모두 복소 지수 함수의 선형 결합으로 표현할 수 있어, 결과적으로 식 (2.7)의 형태로 변환할 수 있다. 따라서 두 가지 표현은 동일하다고 볼 수 있다. 그러나 통신공학에서는 식 (2.7)의 형태를 많이 사용하므로 이 책에서는 식 (2.7)의 정의를 사용할 것이다.

식 (2.7)의 푸리에 급수는 어떤 주기 신호 $x(t)$를 기본 주파수 f_0의 정수배 주파수를 갖는 여러 복소 지수 신호들의 선형 결합으로 나타낼 수 있다는 것을 의미한다. 이때 푸리에 급수 계수 x_n의 크기는 신호 $x(t)$를 구성하는 여러 복소 지수 신호 성분 중에서 주파수가 nf_0인 복소 지수 신호가 차지하는 비중을 나타내는 것으로 이해할 수 있다. 푸리에 급수 전개를 레고 블록으로 여러 가지 모양의 물체를 만드는 것에 비유한다면, 복소 지수 신호는 개별 레고 블록의 역할을 한다. 이때 개별 레고 블록은 그 형태가 몇 가지로 제한되어 있지만, 이를 어떻게 결합하는가에 따라 다양한 형태의 물체를 만들 수 있다. 마찬가지로 푸리에 급수는 임의의 주기 신호를 여러 가지 복소 지수 신호의 선형 결합 형태로 표현한다. 그리고 레고 블록 놀이에서는 만들고자 하는 물체의 형태에 따라 사용되는 개별 레고 블록의 개수가 달라지는데, 이때 레고 블록의 종류별 사용 개수가 푸리에 급수 계수의 크기와 유사한 의미를 갖는다.

식 (2.8)에 따르면 푸리에 급수 계수는 일반적으로 복소수가 된다. 따라서 n에 따른 푸리에 급수 계수의 변화를 그래프로 나타내기 위해서는 푸리에 급수 계수의 실수부와 허수부를 개별적으로 나타내는 두 개의 그래프가 필요하다. 하지만 통신공학에서는 이보다는 푸리에 급수 계수의 크기와 위상을 그래프로 나타내는 것이 일반적이다. 즉 n에 따른 x_n의 크기와 위상을 그래프 형태로 표현하는 것이다. 이때 크기를 그래프로 나타낸 것을 **진폭 스펙트럼**(amplitude spectrum)이라고 하고, 위상을 그래프 형태로 나타낸 것을 **위상 스펙트럼**(phase spectrum)이라고 한다. 따라서 $x_n \equiv A_n \exp(j\theta_n)$이면 진폭 스펙트럼과 위상 스펙트럼은 각각 $\{A_n, -\infty < n < \infty\}$와 $\{\theta_n, -\infty < n < \infty\}$를 그래프로 표현한 것이다.

예제 2-4

다음 그림과 같은 구형파(rectangular wave) $x(t)$에 대한 진폭 스펙트럼과 위상 스펙트럼을 구하라.

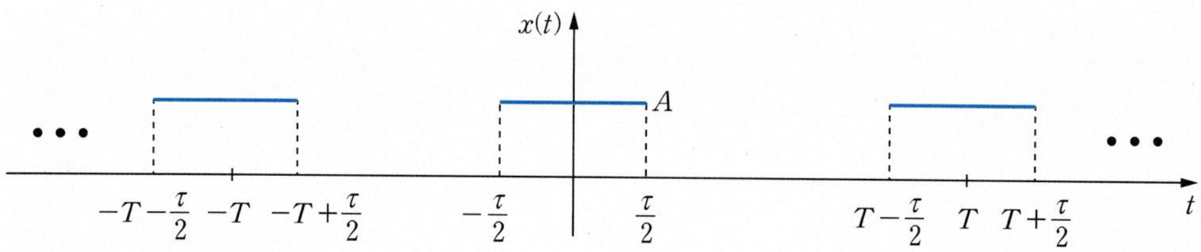

[그림 2-3] 구형파 $x(t)$

풀이

구형파 $x(t)$에 대한 푸리에 급수 계수 x_n은 식 (2.8)에 따라 다음과 같이 계산할 수 있다.

$$x_n = \frac{1}{T}\int_{-\frac{T}{2}}^{\frac{T}{2}} x(t)\exp(-j2\pi n f_0 t)dt \quad \cdots ①$$

이 식에서 $f_0 \equiv \frac{1}{T}$이다. $x(t)$의 값이 0이 아닌 구간만을 고려하면, 식 ①의 적분 구간을 다음과 같이 축소할 수 있다.

$$x_n = \frac{1}{T}\int_{-\frac{\tau}{2}}^{\frac{\tau}{2}} A\exp(-j2\pi n f_0 t)dt \quad \cdots ②$$

만약 $n=0$이라면 $x_0 = \frac{A\tau}{T_0}$가 된다. 그리고 $n \neq 0$이라면 x_n은 다음과 같이 계산할 수 있다.

$$\begin{aligned} x_n &= \frac{1}{T}\int_{-\frac{\tau}{2}}^{\frac{\tau}{2}} A\exp(-j2\pi n f_0 t)dt \\ &= \frac{A}{T}\frac{\exp(-j\pi n f_0\tau) - \exp(j\pi n f_0 \tau)}{-2j\pi n f_0} \\ &= \frac{A}{T}\frac{-2j\sin(\pi n f_0 \tau)}{-2j\pi n f_0} \\ &= \frac{A\tau}{T}\text{sinc}(n f_0 \tau) \end{aligned} \quad \cdots ③$$

이때 $\text{sinc}(x) \equiv \frac{\sin\pi x}{\pi x}$로 정의한다. 이 경우에 푸리에 급수 계수 x_n은 실수가 되므로 진폭 스펙트럼은 x_n의 크기, 즉 $|x_n|$이 되며, 위상 스펙트럼은 x_n의 부호가 +이면 0이고 −이면 π 또는 $-\pi$ [rad]이 된다.

[그림 2-4]는 $A=1$, $T=1$, $\tau=0.2$일 때 $x(t)$에 대한 진폭 스펙트럼과 위상 스펙트럼을 나타낸 것이다.

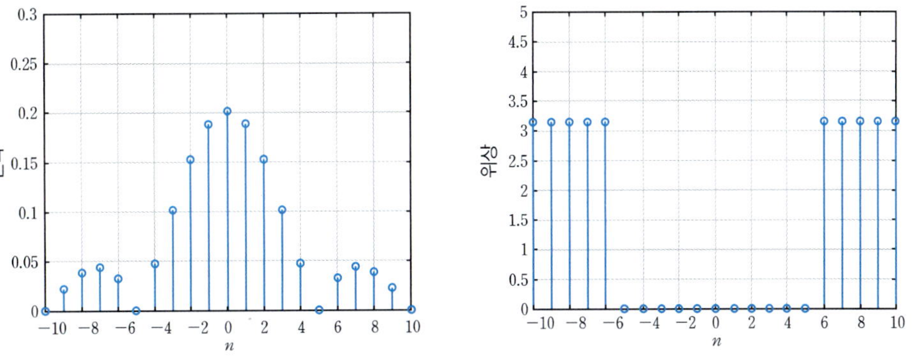

(a) 진폭 스펙트럼 (b) 위상 스펙트럼

[그림 2-4] 진폭 스펙트럼 및 위상 스펙트럼

2 파시발의 정리

푸리에 급수를 사용하여 주기 신호의 전력을 표현해보자. 주기가 T_0인 주기 신호 $x(t)$의 푸리에 급수가 다음과 같다고 하자.

$$x(t)=\sum_{n=-\infty}^{\infty} x_n \exp(j2\pi n f_0 t) \tag{2.13}$$

여기에서 $f_0 \equiv \dfrac{1}{T_0}$이다. 그러면 주기 신호 $x(t)$에 대한 평균 전력 P는 다음과 같이 정의한다.

$$P \equiv \frac{1}{T_0}\int_{T_0} |x(t)|^2 dt \tag{2.14}$$

이 식에서 $x(t)$ 대신에 그에 대한 푸리에 급수 표현을 대입하여 전개하면 다음과 같다.

$$\begin{aligned} P &= \frac{1}{T_0}\int_{T_0} |x(t)|^2 dt \\ &= \frac{1}{T_0}\int_{T_0} \left|\sum_n x_n \exp(j2\pi n f_0 t)\right|^2 dt \\ &= \frac{1}{T_0}\int_{T_0} \sum_n x_n \exp(j2\pi n f_0 t)\sum_m x_m^* \exp(-j2\pi m f_0 t) dt \\ &= \frac{1}{T_0}\sum_n\sum_m x_n x_m^* \int_{T_o} \exp(j2\pi (n-m) f_0 t) dt \end{aligned} \tag{2.15}$$

이때 $\int_{T_0} \exp(j2\pi(n-m)f_0 t)\,dt$는 $n=m$일 때 $\int_{T_0} \exp(j2\pi 0 f_0 t)\,dt = T_0$가 되고, $n \neq m$일 때는 다음과 같이 전개할 수 있다.

$$\begin{aligned}
\int_{T_0} \exp(j2\pi(n-m)f_0 t)\,dt &= \left.\frac{\exp(j2\pi(n-m)f_0 t)}{j2\pi(n-m)f_0}\right|_0^{T_0} \\
&= \frac{\exp(j2\pi(n-m)f_0 T_0) - \exp(j2\pi(n-m)f_0 0)}{j2\pi(n-m)f_0} \qquad (2.16) \\
&= \frac{\exp(j2\pi(n-m)1) - \exp(j2\pi(n-m)f_0 0)}{j2\pi(n-m)f_0} \\
&= 0
\end{aligned}$$

그러므로 복소 지수 신호는 다음과 같은 성질을 가진다.

$$\int_{T_0} \exp(j2\pi(n-m)f_0 t)dt = \begin{cases} 0\,, & n \neq m \\ T_o\,, & n = m \end{cases} \qquad (2.17)$$

따라서 식 (2.17)을 식 (2.15)에 대입하면 평균 전력 P는 최종적으로 다음과 같이 정리할 수 있으며, 이러한 관계를 **파시발**(Parseval)**의 정리**라고 한다.

★ 파시발의 정리 ★

$$P = \sum_n |x_n|^2 \qquad (2.18)$$

예제 2-5

신호 $x(t) = \cos(2000\pi t)$의 푸리에 급수를 구하고, 이를 이용하여 평균 전력을 구하라.

풀이

주어진 신호 $x(t)$의 푸리에 급수는 다음과 같다.

$$x(t) = \frac{1}{2}\exp(-j2000\pi) + \frac{1}{2}\exp(j2000\pi t) \qquad \cdots①$$

원칙적으로 $x(t)$의 푸리에 급수 계수는 식 (2.8)을 사용해 구하지만, 간단히 $\cos\theta = \frac{1}{2}\{\exp(j\theta) + \exp(-j\theta)\}$를 이용해 결정해도 동일한 결과를 얻는다. 결과적으로 푸리에 급수 계수 중에서 $x_{-1} = 1/2$, $x_1 = 1/2$이고 나머지 계수는 모두 0이 된다. 따라서 식 (2.18)을 이용하여 평균 전력을 구하면 $P = 1/2$ [W]가 된다. 물론 식 (2.14)를 이용하여 $x(t)$의 평균 전력을 구해도 결과는 같다.

SECTION
2.3 푸리에 변환

푸리에 급수는 주기 신호에 대한 주파수 분석을 하는 도구이다. 이 절에서는 주기 신호 포함한 좀 더 일반적인 신호에 대한 주파수 분석을 위해 푸리에 변환을 학습한다.

Keywords | 에너지 신호 | 푸리에 변환 | 스펙트럼 | 푸리에 역변환 | 대역폭 | 델타 함수 |

1 푸리에 변환과 역변환

푸리에 급수는 임의의 주기 신호를 복소 지수 함수의 선형 결합 형태로 표현함으로써 해당 신호를 구성하는 주파수 성분을 파악할 수 있게 해주는 매우 유용한 도구이다. 그러나 실제 우리가 다루는 신호에는 주기 신호만 있는 것이 아니라 비주기 신호(aperiodic signal)도 있다. 그 중에서 신호의 에너지가 유한한 신호를 **에너지 신호**(energy signal)라고 하는데, 이런 종류의 신호가 어떤 주파수 성분을 포함하고 있는지 알기 위해 사용하는 방법이 푸리에 변환이다.

비주기 신호는 해당 신호를 한 주기로 하고, 주기 T_0가 무한(∞)인 주기 신호로 생각할 수 있다. 예를 들어, [그림 2-5]의 비주기 신호 $\check{x}(t)$는 [그림 2-3]의 주기 신호 $x(t)$에서 주기 T_0가 ∞인 경우로 보는 것이다.

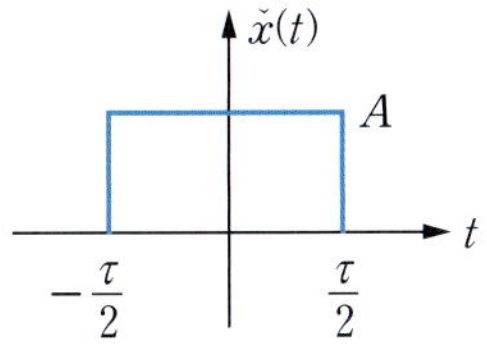

[그림 2-5] 비주기 신호의 예

그러면 T_0가 ∞로 커질 때 앞서 정의했던 푸리에 급수 관계가 어떻게 변하는지 살펴보자. 주기 신호에 대한 푸리에 급수에서 푸리에 급수 계수에 식 (2.8)을 대입하여 전개하면 다음과 같다.

$$\begin{aligned} x(t) &= \sum_{n=-\infty}^{\infty} x_n \exp(j2\pi n f_0 t) \\ &= \sum_{n=-\infty}^{\infty} \left\{ \frac{1}{T_0} \int_{-T_0/2}^{T_0/2} x(t) \exp(-j2\pi n f_0 t)\, dt \right\} \times \exp(j2\pi n f_0 t) \qquad (2.19) \\ &= \sum_{n=-\infty}^{\infty} \left\{ \int_{-T_0/2}^{T_0/2} x(t) \exp(-j2\pi n f_0 t)\, dt \right\} \times \exp(j2\pi n f_0 t) \frac{1}{T_0} \end{aligned}$$

만약 $T_0 \to \infty$ 라면 식 (2.19)는 구분구적법을 이용한 적분처럼 다음과 같은 적분 식으로 변환할 수 있다.

$$x(t) = \int_{-\infty}^{\infty} \left\{ \int_{-\infty}^{\infty} x(t) \exp(-j2\pi ft) dt \right\} \exp(j2\pi ft) df \tag{2.20}$$

식 (2.20)의 안쪽 적분을 토대로 비주기 신호 $x(t)$에 대해 푸리에 변환 $X(f)$를 다음과 같이 정의하고, 이를 **푸리에 변환**(Fourier transform) 또는 **스펙트럼**(spectrum)이라고 한다. 또한 $X(f)$를 $F[x(t)]$로 표기하기도 한다.

★ 푸리에 변환 ★

$$X(f) = \int_{-\infty}^{\infty} x(t) \exp(-j2\pi ft) dt \tag{2.21}$$

그리고 식 (2.20)에 식 (2.21)을 적용하면 푸리에 변환 $X(f)$로부터 비주기 신호 $x(t)$를 유도하는 다음의 관계를 도출할 수 있는데, 이를 **푸리에 역변환**(inverse Fourier transform)이라고 한다.

★ 푸리에 역변환 ★

$$x(t) = \int_{-\infty}^{\infty} X(f) \exp(j2\pi ft) df \tag{2.22}$$

이때 푸리에 변환 $X(f)$는 주기 신호에 대한 푸리에 급수 계수와 유사한 역할을 한다. 푸리에 급수 계수 x_n이 주기 함수에 포함된 $\exp(j2\pi nf_0t)$의 진폭과 위상을 결정하는 것처럼 $X(f)$도 $x(t)$에 포함된 $\exp(j2\pi ft)$의 진폭과 위상을 결정하는 것으로 생각할 수 있다. 다만, 푸리에 급수 계수 x_n은 이산적인 주파수에 대해 정의되지만 푸리에 변환 $X(f)$는 연속적인 주파수에 대해 정의된다는 점에서 차이가 있다. $X(f) = |X(f)|\exp(j\theta(f))$로 표현할 때 $|X(f)|$를 진폭 스펙트럼, $\theta(f)$를 위상 스펙트럼이라고 한다. 진폭 스펙트럼을 그래프로 표현할 때는 통상 $|X(f)|$ 대신 데시벨(decibel)로 환산한 값, 즉 $20\log_{10}|X(f)|$를 사용한다.

어떤 신호 $x(t)$의 스펙트럼 특성을 표현하는 대표적인 양으로 **대역폭**(bandwidth)이 있다. 대역폭은 해당 신호의 스펙트럼 $X(f)$가 양의 주파수 영역에서 점유하는 주파수 폭으로 정의한다.

예제 2-6

다음 신호의 푸리에 변환을 구하라.

$$x(t) = A\ \mathrm{rect}\left(\frac{t}{T}\right)$$

이때 $\mathrm{rect}(t)$의 정의는 다음과 같다.

$$\mathrm{rect}(t) \equiv \begin{cases} 1, & |t| \le 1/2 \\ 0, & |t| > 1/2 \end{cases}$$

풀이

푸리에 변환 $X(f)$는 식 (2.21)에 의해 다음과 같이 구한다.

$$\begin{aligned} X(f) &= \int_{-\infty}^{\infty} x(t)\exp(-j2\pi ft)dt \\ &= \int_{-\frac{T}{2}}^{\frac{T}{2}} A\exp(-j2\pi ft)dt \qquad \cdots ① \\ &= AT\mathrm{sinc}(fT) \end{aligned}$$

예제 2-7

신호 $x(t) = \begin{cases} \exp(-at), & t > 0 \\ 0, & t \le 0 \end{cases}$ 에 대해 다음을 구하라(단, $a > 0$).

(a) 푸리에 변환

(b) 진폭 스펙트럼과 위상 스펙트럼

풀이

(a) 푸리에 변환 $X(f)$는 식 (2.21)에 의해 다음과 같이 구한다.

$$\begin{aligned} X(f) &= \int_{-\infty}^{\infty} x(t)\exp(-j2\pi ft)dt \\ &= \int_{0}^{\infty} \exp(-at)\exp(-j2\pi ft)dt \qquad \cdots ① \\ &= \frac{1}{a + j2\pi f} \end{aligned}$$

(b) 푸리에 변환 $X(f)$로부터 진폭 스펙트럼 $|X(f)|$와 위상 스펙트럼 $\theta(f)$를 결정하기 위해 식 ①을 다음과 같이 전개한다.

$$X(f)=\frac{1}{\sqrt{a^2+(2\pi f)^2}\exp\left\{j\tan^{-1}\left(\frac{2\pi f}{a}\right)\right\}} \qquad \cdots ②$$

그러면 진폭 스펙트럼 $|X(f)|$와 위상 스펙트럼 $\theta(f)$는 다음과 같다.

$$|X(f)|=\frac{1}{\sqrt{a^2+(2\pi f)^2}} \qquad \cdots ③$$

$$\theta(f)=-\tan^{-1}\left(\frac{2\pi f}{a}\right) \qquad \cdots ④$$

예제 2-8

어떤 신호의 스펙트럼 $X(f)$가 다음과 같을 때, 이 신호의 대역폭을 구하라.

(a) $\text{rect}\left(\frac{f-10^3}{100}\right)+\text{rect}\left(\frac{f+10^3}{100}\right)$

(b) $\text{rect}\left(\frac{f-10^3-100}{100}\right)+\text{rect}\left(\frac{f-10^3+100}{100}\right)+\text{rect}\left(\frac{f+10^3+100}{100}\right)+\text{rect}\left(\frac{f+10^3-100}{100}\right)$

풀이

(a) 해당 신호의 스펙트럼이 양의 주파수에서 차지하는 주파수 범위가 $[10^3-50,\ 10^3+50]$이므로 대역폭은 100[Hz]이다.

(b) 해당 신호의 스펙트럼이 양의 주파수에서 차지하는 주파수 범위가 $[10^3-150,\ 10^3+150]$이므로 대역폭은 300[Hz]이다.

2 델타 함수

지금까지 푸리에 변환은 그 적용 범위를 에너지 신호로 한정했다. 그러나 실제 환경에서는 에너지가 유한하지 않은 신호도 많으며, 이런 종류의 신호에 대해서도 주파수 분석이 필요하다. 따라서 푸리에 변환을 적용할 수 있는 신호의 범위를 확대할 필요가 있다. 이를 위해서 특별한 형태의 함수를 도입하는데, 그것이 바로 **델타 함수**(delta function)이다. 델타 함수 $\delta(t)$는 다음과 같이 정의한다.

★ 델타 함수 $\delta(t)$ ★

$$\delta(t) = 0, \quad t \neq 0 \tag{2.23}$$

$$\int_{-\infty}^{\infty} \delta(t)dt = 1 \tag{2.24}$$

$\delta(t)$는 $t \neq 0$일 때 그 값이 0이다. 그러나 모든 t에 대해 적분하면 그 값이 1이 되므로 [그림 2-6]에서 보는 것처럼 폭이 Δ이고 높이가 $\frac{1}{\Delta}$인 펄스 $p_\Delta(t)$가 $\Delta \to 0$일 때 갖는 극한 형태라고 이해할 수 있다.

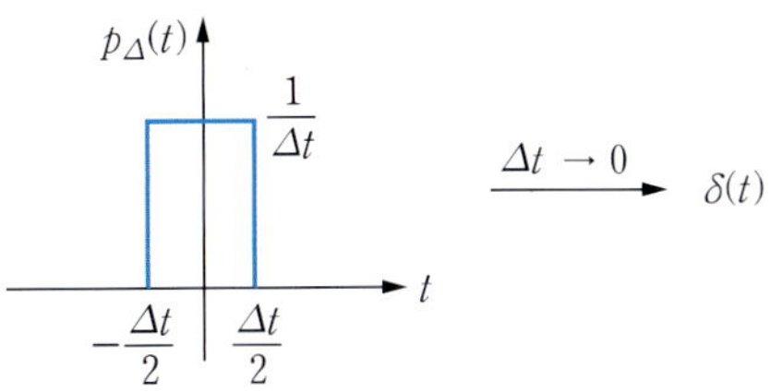

[그림 2-6] 극한 형태로 표현한 델타 함수

식 (2.24)의 정의에 따르면 델타 함수는 다음과 같은 성질을 만족한다.

$$\int_{-\infty}^{\infty} x(t)\delta(t-t_0)dt = x(t_0) \tag{2.25}$$

이 성질은 다음과 같이 설명할 수 있다. 양수 Δt에 대해 식 (2.25)의 좌변은 다음과 같이 적분 구간을 축소할 수 있다.

$$\int_{-\infty}^{\infty} x(t)\delta(t-t_0)dt = \int_{t_0-\frac{\Delta t}{2}}^{t_0+\frac{\Delta t}{2}} x(t)\delta(t-t_0)dt \tag{2.26}$$

이때 $\Delta t \to 0$이고 $x(t)$가 t_0에서 연속이라면, 식 (2.26)의 적분 구간 $\left[t_0 - \frac{\Delta t}{2},\ t_0 + \frac{\Delta t}{2}\right]$에서 $x(t)$의 값을 $x(t_0)$로 근사할 수 있으므로 다음과 같이 전개할 수 있다.

$$\begin{aligned} &\lim_{\Delta t \to 0} \int_{t_0-\frac{\Delta t}{2}}^{t_0+\frac{\Delta t}{2}} x(t_0)\delta(t-t_0)dt \\ &= x(t_0) \lim_{\Delta t \to 0} \int_{t_0-\frac{\Delta t}{2}}^{t_0+\frac{\Delta t}{2}} \delta(t-t_0)dt \\ &= x(t_0) \end{aligned} \tag{2.27}$$

이를 통해 식 (2.25)가 성립함을 알 수 있다. 또한 식 (2.25)의 성질을 이용하면 델타 함수 $\delta(t)$의 푸리에 변환 $F[\delta(t)]$가 1이 된다는 것을 다음과 같이 증명할 수 있다.

$$\begin{aligned} F[\delta(t)] &= \int_{-\infty}^{\infty} \delta(t)\exp(-j2\pi ft)dt \\ &= \exp(-j2\pi f0) \\ &= 1 \end{aligned} \tag{2.28}$$

3 여러 가지 신호의 푸리에 변환

이제 델타 함수를 사용하여 몇 가지 대표적인 신호의 푸리에 변환을 구해보자.

DC 신호의 푸리에 변환

항상 1의 값을 갖는 DC(Direct Current, 직류) 신호는 다음과 같이 나타낸다.

$$x(t) = 1, \quad -\infty < t < \infty \tag{2.29}$$

그러면 $x(t)$는 다음과 같이 $\delta(f)$의 푸리에 역변환으로 생각할 수 있다.

$$\begin{aligned} x(t) &= 1 \\ &= \exp(j2\pi 0t) \\ &= \int_{-\infty}^{\infty} \delta(f)\exp(j2\pi ft)df \end{aligned} \tag{2.30}$$

그러므로 $F[1] = \delta(f)$가 된다.

복소 지수 신호의 푸리에 변환

복소 지수 신호 $x(t) = \exp(j2\pi f_c t)$는 다음과 같이 푸리에 역변환 형태로 전개할 수 있다.

$$\begin{aligned} x(t) &= \exp(j2\pi f_c t) \\ &= \int_{-\infty}^{\infty} \delta(f - f_c)\exp(j2\pi ft)df \end{aligned} \tag{2.31}$$

그러므로 $F[\exp(j2\pi f_c t)] = \delta(f - f_c)$가 된다.

정현파 신호의 푸리에 변환

정현파 신호 $x(t) = \cos(2\pi f_c t)$는 다음과 같이 두 개의 복소 지수 신호의 선형 결합으로 표현할 수 있다.

$$\cos(2\pi f_c t) = \frac{1}{2}\exp(j2\pi f_c t) + \frac{1}{2}\exp(-j2\pi f_c t) \tag{2.32}$$

여기에 $F[\exp(j2\pi f_c t)] = \delta(f - f_c)$임을 활용하면 다음과 같은 푸리에 변환을 구할 수 있다.

$$F[\cos(2\pi f_c t)] = \frac{1}{2}\delta(f - f_c) + \frac{1}{2}\delta(f + f_c) \tag{2.33}$$

주기 신호의 푸리에 변환

앞서 우리는 주기가 T_0인 주기 신호 $x(t)$를 푸리에 급수 $x(t) = \sum_{n=-\infty}^{\infty} x_n \exp(j2\pi n f_0 t)$로 표현할 수 있음을 알았다. 이때 $f_0 \equiv \frac{1}{T_0}$이다. 여기에 식 (2.31)을 적용하면 푸리에 급수 $x(t)$를 다음과 같은 푸리에 역변환 형태로 나타낼 수 있다.

$$x(t) = \int_{-\infty}^{\infty} \sum_{n=-\infty}^{\infty} x_n \delta(f - nf_0)\exp(j2\pi f t)dt \tag{2.34}$$

그러므로 $F[x(t)] = \sum_{-\infty}^{\infty} x_n \delta(f - nf_0)$가 된다.

sgn(t) 신호의 푸리에 변환

부호 함수(signum function) $\mathrm{sgn}(t)$ 신호의 정의는 다음과 같다.

$$\mathrm{sgn}(t) = \begin{cases} 1, & t > 0 \\ 0, & t = 0 \\ -1, & t < 0 \end{cases} \tag{2.35}$$

그리고 신호 $x(t)$를 다음과 같이 정의한다.

$$x(t) = \begin{cases} \exp(-at), & t > 0 \\ 0, & t = 0 \\ -\exp(at), & t < 0 \end{cases} \tag{2.36}$$

그러면 $\lim_{a \to 0} x(t) = \mathrm{sgn}(t)$가 성립한다.

그러므로 $x(t)$에 대한 푸리에 변환 $X(f)$를 구한 뒤 $F[\mathrm{sgn}(t)]=\lim_{a\to 0} X(f)$로 생각하면 $\mathrm{sgn}(t)$ 신호의 푸리에 변환 $F[\mathrm{sgn}(t)]$를 구할 수 있다. 먼저 $X(f)$를 계산하면 다음과 같다.

$$
\begin{aligned}
F[x(t)] &= \int_{-\infty}^{\infty} x(t)\exp(-j2\pi ft)df \\
&= \frac{-4j\pi f}{a^2+(2\pi f)^2}
\end{aligned} \tag{2.37}
$$

따라서 $F[\mathrm{sgn}(t)]$는 다음과 같이 구할 수 있다.

$$
\begin{aligned}
F[\mathrm{sgn}(t)] &= \lim_{a\to 0} X(f) \\
&= \lim_{a\to 0}\frac{-4j\pi f}{a^2+(2\pi f)^2} \\
&= \frac{1}{j\pi f}
\end{aligned} \tag{2.38}
$$

예제 2-9

신호 $x(t)=\sum_{n=-\infty}^{\infty}\delta(t-nT_0)$의 푸리에 변환을 구하라.

풀이

주어진 신호 $x(t)$를 그래프로 나타내면 [그림 2-7]과 같다.

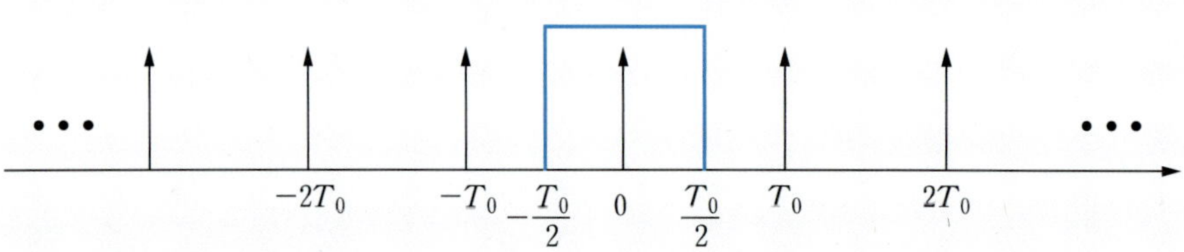

[그림 2-7] 주기 신호 $x(t)$

[그림 2-7]에서 알 수 있듯이 신호 $x(t)$는 주기 신호이므로 다음과 같이 푸리에 급수로 전개할 수 있다.

$$x(t)=\sum_{n=-\infty}^{\infty} x_n\exp(j2\pi nf_0t) \quad \cdots\cdots ①$$

여기에서 $f_0 = \dfrac{1}{T_0}$ 이다. 그리고 푸리에 급수 계수 x_n을 구하면 다음과 같다.

$$\begin{aligned} x_n &= \frac{1}{T_0}\int_{-T_0/2}^{T_0/2} x(t)\exp(-j2\pi n f_0 t)dt \\ &= \frac{1}{T_0} \end{aligned} \qquad \cdots ②$$

따라서 푸리에 변환 $X(f)$는 다음과 같이 표현할 수 있다.

$$F[x(t)] = f_0 \sum_{n=-\infty}^{\infty} \delta(f - nf_0) \qquad \cdots ③$$

SECTION 2.4

푸리에 변환의 성질

이 절에서는 신호의 푸리에 변환을 좀 더 쉽게 결정하기 위한 수단으로 푸리에 변환의 주요 성질을 학습한다.

Keywords | 선형성 | 시간 지연 | 스펙트럼 이동 | 컨벌루션 | 레일리 에너지 정리 | 쌍대성 |

기본적으로 어떤 신호에 대한 푸리에 변환 혹은 스펙트럼을 결정하기 위해서는 푸리에 변환의 정의를 적용하면 된다. 그렇지만 지금부터 소개할 푸리에 변환의 성질을 적절하게 활용하면 푸리에 변환을 좀 더 쉽게 구할 수 있다. 마치 우리가 수학 연산을 진행할 때, 연산 규칙을 잘 활용하면 좀 더 쉽게 계산할 수 있다는 것과 같은 이치이다. 지금부터 푸리에 변환의 몇 가지 기본 성질을 살펴보자.

1 선형성

푸리에 변환의 정의를 살펴보면 푸리에 변환은 적분 연산을 기반으로 하고 있다는 것을 알 수 있다. 이는 푸리에 변환이라는 연산이 **선형성**(linearity)을 갖는다는 사실을 의미한다. 푸리에 변환의 선형성이란 $X_1(f) = F[x_1(t)]$ 이고 $X_2(f) = F[x_2(t)]$ 일 때, 임의의 상수 c_1, c_2에 대해 다음의 관계가 항상 성립함을 말한다.

★ 푸리에 변환의 선형성 ★

$$F[c_1 x_1(t) + c_2 x_2(t)] = c_1 X_1(f) + c_2 X_2(f) \tag{2.39}$$

증명 푸리에 변환의 정의에 의해 $c_1 x_1(t) + c_2 x_2(t)$ 라는 새로운 신호의 푸리에 변환(스펙트럼)은 다음과 같다.

$$F[c_1 x_1(t) + c_2 x_2(t)] = \int_{-\infty}^{\infty} \{c_1 x_1(t) + c_2 x_2(t)\} \exp(-j2\pi ft)\, dt \tag{2.40}$$

식 (2.40)의 우변은 적분 연산의 선형성에 따라 다음과 같이 전개할 수 있다.

$$\begin{aligned} &F[c_1 x_1(t) + c_2 x_2(t)] \\ &= \int_{-\infty}^{\infty} c_1 x_1(t) \exp(-j2\pi ft) dt + \int_{-\infty}^{\infty} c_2 x_2(t) \exp(-j2\pi ft) dt \\ &= c_1 X_1(f) + c_2 X_2(f) \end{aligned} \tag{2.41}$$

따라서 식 (2.39)가 성립함을 확인할 수 있다.

예제 2-10

신호 $x(t) = \mathrm{rect}(t) + \delta(t)$ 의 스펙트럼 $X(f)$ 를 구하라.

풀이

선형성을 이용하면 주어진 신호 $x(t)$ 에 대한 푸리에 변환을 다음과 같이 구할 수 있다.

$$\begin{aligned} F[x(t)] &= F[\mathrm{rect}(t) + \delta(t))] \\ &= F[\mathrm{rect}(t)] + F[\delta(t)] \\ &= \mathrm{sinc}(f) + 1 \end{aligned}$$

2 실 신호의 스펙트럼 대칭성

어떤 신호 $x(t)$가 모든 t에 대해 실숫값을 갖는 실(real) 신호라고 하면, 다음을 만족하는 **대칭성**(symmetry)을 갖는다. 이 식에서 기호 $(\cdot)^*$ 은 켤레 복소수(complex conjugate) 연산을 의미한다.

★ 스펙트럼 대칭성 ★

$$X(-f) = X^*(f) \tag{2.42}$$

증명 $X(f)$ 가 $x(t)$ 에 대한 스펙트럼이라면 푸리에 변환의 정의에 의해 다음과 같은 관계가 성립한다.

$$X(f) = \int_{-\infty}^{\infty} x(t)\exp(-j2\pi ft)dt \tag{2.43}$$

식 (2.43)의 양변에 켤레 복소수 연산을 적용하면 다음과 같다.

$$X^*(f) = \int_{-\infty}^{\infty} x^*(t)\exp(j2\pi ft)dt \tag{2.44}$$

그런데 $x(t)$는 실수이므로 $x^*(t) = x(t)$ 이다. 따라서 식 (2.44)는 다음과 같이 표현할 수 있다.

$$X^*(f) = \int_{-\infty}^{\infty} x(t)\exp(j2\pi ft)dt \tag{2.45}$$

그리고 식 (2.45)의 우변에 푸리에 변환의 정의를 적용하면, 다음과 같이 $X^*(f) = X(-f)$ 라는 대칭적 관계를 도출할 수 있다.

$$\begin{aligned} X^*(f) &= \int_{-\infty}^{\infty} x(t)\exp(-j2\pi(-f)t)dt \\ &= X(-f) \end{aligned} \tag{2.46}$$

$X(f)$의 진폭 스펙트럼과 위상 스펙트럼을 각각 $|X(f)|$와 $\theta(f)$라고 정의하면, $X^*(f)$와 $X(-f)$는 다음과 같이 크기와 위상 형태로 표현할 수 있다.

$$\begin{aligned} X^*(f) &= |X(f)|\exp(j\theta(f))^* \\ &= |X(f)|\exp(-j\theta(f)) \end{aligned} \tag{2.47}$$

$$X(-f) = |X(-f)|\exp(j\theta(-f)) \tag{2.48}$$

식 (2.46)에 따르면 $X^*(f)$와 $X(-f)$는 같으므로 크기와 위상 역시 같아야 한다. 따라서 다음과 같은 두 개의 식을 얻을 수 있다.

$$|X(-f)| = |X(f)| \tag{2.49}$$

$$\theta(-f) = -\theta(f) \tag{2.50}$$

이로부터 실 신호에 대한 스펙트럼 $X(f)$의 진폭 스펙트럼은 우함수(even function)가 되며, 위상 스펙트럼은 기함수(odd function)가 됨을 알 수 있다.

예제 2-11

어떤 실 신호 $x(t)$의 스펙트럼 $X(f)$가 $f=1$[kHz]에서 $1+j$라는 값을 갖는다. 이때 $f=-1$[kHz]에서 $X(f)$의 값을 구하라.

풀이

실 신호의 스펙트럼 $X(f)$는 $X^*(f)=X(-f)$라는 성질을 만족하므로 $f=-1$[kHz]일 때 $X(f)$는 $X(-10^3)=1-j$가 된다.

3 시간 지연이 스펙트럼에 미치는 영향

어떤 신호 $x(t)$에 대한 스펙트럼을 $X(f)$라고 할 때 $x(t)$를 t_0만큼 **시간 지연**(time delay)시킨 신호 $x(t-t_0)$의 스펙트럼 $X(f)$는 다음과 같다.

★ 신호 $x(t-t_0)$의 스펙트럼 $X(f)$ ★

$$F[x(t-t_0)] = X(f)\exp(-j2\pi f t_0) \tag{2.51}$$

증명 푸리에 변환의 정의에 의해 $x(t-t_0)$의 스펙트럼은 다음과 같이 구할 수 있다.

$$F[x(t-t_0)] = \int_{-\infty}^{\infty} x(t-t_0)\exp(-j2\pi f t)dt \tag{2.52}$$

이때 적분 변수 t를 새로운 적분 변수 $u \equiv t-t_0$로 변환하여 식 (2.52)를 다시 정리하면 다음과 같다.

$$\begin{aligned} F[x(t-t_0)] &= \int_{-\infty}^{\infty} x(u)\exp(-j2\pi f(u+t_0))du \\ &= \exp(-j2\pi f t_0)\int_{-\infty}^{\infty} x(u)\exp(-j2\pi f u)du \\ &= \exp(-j2\pi f t_0)X(f) \end{aligned} \tag{2.53}$$

따라서 식 (2.51)이 성립함을 확인할 수 있다. 이 식의 물리적인 의미는 어떤 신호를 시간 지연시키면 진폭 스펙트럼에는 변화가 없고, 시간 지연에 비례하는 위상 변화만 발생한다는 것이다.

예제 2-12

신호 $x(t)=\text{rect}(t-1)$의 스펙트럼 $X(f)$를 구하라.

풀이

주어진 신호 $x(t)$는 $\text{rect}(t)$ 신호를 1[sec] 지연시킨 신호로 볼 수 있다. $\text{rect}(t)$ 신호의 스펙트럼은 $\text{sinc}(f)$이므로 식 (2.51)에 의해 신호 $x(t)$의 스펙트럼은 $X(f)=\text{sinc}(f)\exp(-j2\pi f)$가 된다.

4 주파수 영역에서의 스펙트럼 이동

신호 $x(t)$에 대한 스펙트럼을 $X(f)$라고 하자. 그러면 $x(t)$에 주파수가 f_0인 복소 지수 신호를 곱한 결과인 $\exp(j2\pi f_0 t)x(t)$의 스펙트럼은 다음과 같이 $X(f)$가 f_0만큼 주파수 영역에서 이동한 결과가 된다.

★ 주파수 영역에서의 스펙트럼 이동 ★

$$F[\exp(j2\pi f_0 t)x(t)] = X(f-f_0) \tag{2.54}$$

증명 푸리에 변환의 정의에 의해 $\exp(j2\pi f_0 t)x(t)$의 스펙트럼은 다음과 같이 구할 수 있다.

$$\begin{aligned} F[\exp(j2\pi f_0 t)x(t)] &= \int_{-\infty}^{\infty} x(t)\exp(j2\pi f_0 t)\exp(-j2\pi f t)dt \\ &= \int_{-\infty}^{\infty} x(t)\exp(-j2\pi(f-f_0)t)dt \\ &\equiv X(f-f_0) \end{aligned} \tag{2.55}$$

주파수 이동 성질은 푸리에 변환의 성질 중에서 통신공학과 가장 밀접한 관련을 갖는다. 라디오 방송을 듣는다고 생각해보자. 라디오 방송을 통해 전달하고자 하는 정보는 오디오 신호이므로 그 주파수 성분은 가청 주파수의 최댓값으로 알려진 20[kHz]를 넘기 어렵다. 그런데 우리가 FM 라디오 방송을 청취할 때, 선택하는 방송 주파수는 100[MHz] 전후가 되어 가청 주파수보다 매우 높다. 이는 방송국에서 오디오 신호를 어떤 과정을 거쳐 100[MHz] 대역으로 '이동'시켰기 때문이다. 즉 스펙트럼의 주파수 이동에 관한 성질은 신호의 스펙트럼을 다른 주파수 대역으로 이동시키는 방법을 나타내고 있어서 통신공학과 가장 밀접한 성질이라고 말할 수 있다.

예제 2-13

신호 $x(t) = \text{rect}(t)\exp(j2\pi 10^6 t)$의 스펙트럼 $X(f)$를 구하라.

풀이

$\text{rect}(t)$ 신호의 스펙트럼은 $\text{sinc}(f)$이므로 $x(t)$의 스펙트럼 $X(f) = \text{sinc}(f - 10^6)$이 된다.

5 컨벌루션 연산이 스펙트럼에 미치는 영향

컨벌루션(convolution)은 두 개의 신호를 필요로 하는 연산으로, 두 신호를 각각 $x_1(t)$, $x_2(t)$라고 할 때 $\int_{-\infty}^{\infty} x_1(\tau)x_2(t-\tau)d\tau$를 계산하는 수학 연산자이다. 두 가지 신호 $x_1(t)$와 $x_2(t)$에 대한 스펙트럼을 각각 $X_1(f) = F[x_1(t)]$, $X_2(f) = F[x_2(t)]$라고 정의하자. 그러면 $x_1(t)$와 $x_2(t)$에 컨벌루션 연산을 적용하여 만들어진 새로운 신호의 스펙트럼은 다음과 같다.

★ 컨벌루션 연산 결과 신호의 스펙트럼 ★

$$F\left[\int_{-\infty}^{\infty} x_1(\tau)x_2(t-\tau)d\tau\right] = X_1(f)X_2(f) \qquad (2.56)$$

증명 신호 $x_1(t)$와 $x_2(t)$ 간의 컨벌루션에 의해 만들어진 신호 $x(t)$는 다음과 같이 나타낼 수 있다.

$$\begin{aligned} x(t) &= x_1(t) \otimes x_2(t) \\ &= \int x_1(\tau)\,x_2(t-\tau)d\tau \end{aligned} \qquad (2.57)$$

여기에서 연산자 $\otimes$는 컨벌루션 연산자이다. 그러면 $x(t)$에 대한 스펙트럼은 다음과 같다.

$$
\begin{aligned}
F[x(t)] &= \int_{-\infty}^{\infty} x(t)\exp(-j2\pi ft)dt \\
&= \int_{-\infty}^{\infty}\int_{-\infty}^{\infty} x_1(\tau)x_2(t-\tau)d\tau \exp(-j2\pi ft)dt
\end{aligned}
\tag{2.58}
$$

식 (2.58)에서 적분의 순서를 바꾸면 다음과 같이 전개할 수 있다.

$$
F[x(t)] = \int_{-\infty}^{\infty} x_1(\tau)\int_{-\infty}^{\infty} x_2(t-\tau)\exp(-j2\pi ft)dtd\tau \tag{2.59}
$$

이때 다시 적분 변수 t를 새로운 적분 변수 $u \equiv t-\tau$로 변환하면 다음과 같이 전개할 수 있다.

$$
\begin{aligned}
F[x(t)] &= \int_{-\infty}^{\infty} x_1(\tau)\int_{-\infty}^{\infty} x_2(u)\exp(-j2\pi f(u+\tau))dud\tau \\
&= \int_{-\infty}^{\infty} x_1(\tau)\exp(-j2\pi f\tau)d\tau\int_{-\infty}^{\infty} x_2(u)\exp(-j2\pi fu)du \\
&= X_1(f)X_2(f)
\end{aligned}
\tag{2.60}
$$

따라서 식 (2.56)이 성립함을 확인할 수 있다.

예제 2-14

신호 $x(t)=\text{rect}(t)\otimes\text{rect}(t)$의 스펙트럼 $X(f)$를 구하라.

풀이

$\text{rect}(t)$ 신호의 스펙트럼은 $\text{sinc}(f)$이므로 식 (2.56)을 활용하면, $x(t)$의 스펙트럼 $X(f)$는 다음과 같이 구할 수 있다.

$$
\begin{aligned}
F[x(t)] &= F[\text{rect}(t)\otimes\text{rect}(t)] \\
&= F[\text{rect}(t)]F[\text{rect}(t)] \\
&= \text{sinc}^2(f)
\end{aligned}
$$

6 두 신호의 곱에 대한 스펙트럼

두 가지 신호 $x_1(t)$와 $x_2(t)$에 대한 스펙트럼을 각각 $X_1(f)=F[x_1(t)]$, $X_2(f)=F[x_2(t)]$라고 정의하자. 그러면 $x_1(t)$와 $x_2(t)$를 곱해서 만든 새로운 신호의 스펙트럼은 다음과 같다.

★ 두 신호의 곱에 대한 스펙트럼 ★

$$\begin{aligned} F[x_1(t)x_2(t)] &= \int_{-\infty}^{\infty} X_1(\lambda)X_2(f-\lambda)d\lambda \\ &= X_1(f) \otimes X_2(f) \end{aligned} \tag{2.61}$$

증명 푸리에 변환의 정의에 의해 $x_1(t)$와 $x_2(t)$를 곱해서 만든 신호 $x_1(t)x_2(t)$의 스펙트럼은 다음과 같다.

$$F[x_1(t)x_2(t)] = \int_{-\infty}^{\infty} x_1(t)x_2(t)\exp(-j2\pi ft)dt \tag{2.62}$$

여기에서 $x_2(t)$에 대한 푸리에 역변환 표현을 $x_2(t)$ 대신 대입한 뒤에 적분 순서를 바꾸어 정리하면 다음과 같이 전개할 수 있다.

$$\begin{aligned} F[x_1(t)x_2(t)] &= \int_{-\infty}^{\infty} x_1(t)\int_{-\infty}^{\infty} X_2(\lambda)\exp(j2\pi\lambda t)d\lambda\exp(-j2\pi ft)dt \\ &= \int_{-\infty}^{\infty}\int_{-\infty}^{\infty} x_1(t)\exp(-j2\pi(f-\lambda)t)\,dt\,X_2(\lambda)d\lambda \\ &= \int_{-\infty}^{\infty} X_1(f-\lambda)X_2(\lambda)d\lambda \\ &= X_1(f) \otimes X_2(f) \end{aligned} \tag{2.63}$$

따라서 식 (2.61)이 성립함을 확인할 수 있다.

예제 2-15

신호 $x(t) = \text{rect}(t)\cos(2\pi 10^3 t)$의 스펙트럼 $X(f)$를 구하라.

풀이

신호 $x(t)$를 $\text{rect}(t)$ 신호와 $\cos(2\pi 10^3 t)$의 곱으로 해석하면 $x(t)$의 스펙트럼 $X(f)$는 다음과 같이 구할 수 있다.

$$\begin{aligned} F[x(t)] &= F[\text{rect}(t)\cos(2\pi 10^3 t)] \\ &= F[\text{rect}(t)] \otimes F[\cos(2\pi 10^3 t)] \\ &= \text{sinc}(f) \otimes \left\{\frac{1}{2}\delta(f-10^3) + \frac{1}{2}\delta(f+10^3)\right\} \\ &= \frac{1}{2}\text{sinc}(f-10^3) + \frac{1}{2}\text{sinc}(f+10^3) \end{aligned}$$

7 레일리 에너지 정리

신호 $x(t)$의 에너지를 스펙트럼 $X(f)$로 표현하는 방법을 살펴보자. 시간 영역에서 어떤 신호 $x(t)$에 대한 에너지 E는 다음과 같이 정의한다.

$$E \equiv \int_{-\infty}^{\infty} |x(t)|^2 dt \tag{2.64}$$

레일리 에너지 정리(Rayleigh's energy theorem)는 에너지 E를 다음과 같이 스펙트럼으로 표현할 수 있다는 것이다.

★ 레일리 에너지 정리 ★

$$E \equiv \int_{-\infty}^{\infty} |x(t)|^2 dt = \int_{-\infty}^{\infty} |X(f)|^2 df \tag{2.65}$$

증명 먼저 $|x(t)|^2 = x(t)x^*(t)$이므로 에너지 E를 다음과 같이 표현할 수 있다.

$$E = \int_{-\infty}^{\infty} x(t)x^*(t)dt \tag{2.66}$$

이는 $x(t)x^*(t)$에 대한 스펙트럼이 $f=0$일 때의 값으로 해석할 수 있어 다음과 같은 식으로 표현할 수 있다.

$$E = \int_{-\infty}^{\infty} x(t)x^*(t)\exp(-j2\pi 0t)dt \tag{2.67}$$

앞서 **두 가지 신호의 곱에 대한 스펙트럼은 개별 신호의 스펙트럼 간의 컨벌루션**이라고 했으므로, 이를 활용하고 $X(f) = F[x(t)]$, $X^*(-f) = F[x^*(t)]$임을 이용하면 에너지 E를 다음과 같이 표현할 수 있다.

$$\begin{aligned} E &= \int_{-\infty}^{\infty} X(f)X^*(f-0)df \\ &= \int_{-\infty}^{\infty} |X(f)|^2 df \end{aligned} \tag{2.68}$$

따라서 식 (2.65)가 성립함을 알 수 있다.

8 쌍대성

지금까지 살펴본 대표적인 신호들의 푸리에 변환과 이외의 몇몇 신호들의 푸리에 변환을 [표 2-1]에 나타냈다. 이들 신호들은 통신공학에서 자주 다루는 신호이다.

[표 2-1] 여러 가지 신호의 푸리에 변환

신호 종류	푸리에 변환
DC 신호	$1 \Leftrightarrow \delta(f)$
임펄스 신호	$\delta(t) \Leftrightarrow 1$
복소 지수 신호	$\exp(j2\pi f_c t) \Leftrightarrow \delta(f-f_c)$
정현파 신호	$\cos(2\pi f_c t) \Leftrightarrow \frac{1}{2}\delta(f-f_c)+\frac{1}{2}\delta(f+f_c)$
주기 신호	$\sum_{n=-\infty}^{\infty} x_n \exp(j2\pi n f_0 t) \Leftrightarrow \sum_{n=-\infty}^{\infty} x_n \delta(f-nf_0)$
임펄스 열	$\sum_{n=-\infty}^{\infty} \delta(t-nT) \Leftrightarrow \sum_{n=-\infty}^{\infty} \frac{1}{T}\delta\left(f-\frac{n}{T}\right)$
부호 함수	$\mathrm{sgn}(t) \Leftrightarrow \frac{1}{j\pi f}$
계단 신호	$u(t)=\frac{1}{2}\{1+\mathrm{sgn}(t)\} \Leftrightarrow \frac{1}{2}\delta(f)+\frac{1}{j2\pi f}$
실수 지수 신호	$\exp(-at)u(t)\,(a>0) \Leftrightarrow \frac{1}{a+j2\pi f}$
사각 펄스 신호	$\mathrm{rect}\left(\frac{t}{T}\right) \Leftrightarrow T\mathrm{sinc}(Tf)$
싱크 함수	$\mathrm{sinc}(at) \Leftrightarrow \frac{1}{a}\mathrm{rect}\left(-\frac{f}{a}\right)$

[표 2-1]의 변환쌍에서 $\mathrm{rect}(t)$의 푸리에 변환이 $\mathrm{sinc}(f)$가 되고, $\mathrm{sinc}(t)$의 푸리에 변환이 $\mathrm{rect}(f)$가 됨을 확인할 수 있다. 이와 같이 푸리에 변환과 푸리에 역변환이 갖는 대칭성을 **쌍대성**(duality)이라고 한다. 일반적으로 신호 $x(t)$에 대한 스펙트럼을 $X(f)=F[x(t)]$라고 할 때 $X(t)$의 스펙트럼은 $x(-f)$가 된다.

★ 푸리에 변환의 쌍대성 ★

$$F[X(t)] = x(-f) \tag{2.69}$$

증명 푸리에 변환과 푸리에 역변환의 정의를 활용하면 $X(t)$ 의 스펙트럼을 다음과 같이 구할 수 있다.

$$\begin{aligned} F[X(t)] &= \int_{-\infty}^{\infty} X(t)\exp(-j2\pi ft)dt \\ &= \int_{-\infty}^{\infty} X(t)\exp(j2\pi(-f)t)dt \\ &= x(-f) \end{aligned} \tag{2.70}$$

따라서 식 (2.69)가 성립함을 확인할 수 있다.

예제 2-16

신호 $x(t) = \mathrm{sinc}(t)$ 의 에너지를 구하라.

풀이

시간 영역에서 $\mathrm{rect}(t)$ 의 푸리에 변환은 $\mathrm{sinc}(f)$ 가 된다. 그리고 식 (2.69)에 따르면 $F[\mathrm{sinc}(t)] = \mathrm{rect}(-f)$ 이다. 그리고 $\mathrm{rect}(-f)$ 가 우함수인 점과 식 (2.65)를 이용하면 주어진 신호 $x(t)$ 의 에너지는 다음과 같이 계산할 수 있다.

$$\int_{-\infty}^{\infty} \mathrm{sinc}^2(t)dt = \int_{-\infty}^{\infty} \mathrm{rect}^2(f)df = 1$$

CHAPTER

02 핵심요약

- 주기 신호 $x(t)$는 다음의 조건을 만족하는 상수 T가 존재하는 신호이다.

$$x(t) = x(t+T), \quad -\infty < t < \infty$$

- 정현파 신호 $x(t) = A\cos(2\pi f_0 t + \theta)$는 주기 신호로서 A, f_0, θ는 각각 정현파의 진폭, 주파수, 위상이다.

- 복소 지수 신호 $x(t) = A\exp(j2\pi f_0 t + j\theta)$는 주기 신호로서 A, f_0, θ는 각각 복소 지수 신호의 진폭, 주파수, 위상이다.

- 푸리에 급수는 주기가 T_0인 임의의 주기 신호 $x(t)$를 다음과 같이 전개한 것이다.

$$x(t) = \sum_{n=-\infty}^{\infty} x_n \exp(j2\pi n f_0 t)$$

  이때 $f_0 \equiv 1/T_0$이고, 푸리에 급수 계수 x_n은 다음과 같이 정의한다.

$$x_n = \frac{1}{T_0}\int_{T_0} x(t)\exp(-j2\pi n f_0 t)dt$$

- 주기 신호의 전력은 $P = \sum_n |x_n|^2$으로 나타낼 수 있다.

- 푸리에 변환은 푸리에 급수의 적용 대상을 비주기 신호로 확대한 것이다.

- 비주기 에너지 신호 $x(t)$에 대한 푸리에 변환을 $X(f)$라고 하면, 정의는 다음과 같다.

$$X(f) = \int_{-\infty}^{\infty} x(t)\exp(-j2\pi ft)dt$$

- $X(f) = |X(f)|\exp(j\theta(f))$로 표현할 때 $|X(f)|$를 진폭 스펙트럼, $\theta(f)$를 위상 스펙트럼이라고 한다.

- 에너지 신호 이외에 푸리에 변환을 적용하는 대상을 확대하기 위해 델타 함수 $\delta(t)$를 도입했다. 델타 함수는 $\{\delta(t) = 0,\ t \neq 0\}$과 $\int_{-\infty}^{\infty} \delta(t)dt = 1$이라는 조건을 만족한다.

- 푸리에 변환을 결정하는 방법은 기본적으로 푸리에 변환의 정의를 사용하는 것이지만, 푸리에 변환의 다양한 성질을 활용하여 임의의 신호 $x(t)$에 대한 푸리에 변환을 쉽고 빠르게 결정할 수 있다.

- 푸리에 변환의 주요 성질을 정리하면 다음과 같다.

  - 선형성
  - 실 신호의 스펙트럼 대칭성
  - 시간 지연이 스펙트럼에 미치는 영향
  - 주파수 영역에서의 스펙트럼 이동
  - 컨벌루션 연산이 스펙트럼에 미치는 영향
  - 두 신호의 곱에 대한 스펙트럼
  - 레일리 에너지 정리
  - 쌍대성

CHAPTER

02 연습문제

2.1 다음 신호들의 전력을 구하라.

(a) $x(t) = 10\exp(j2000\pi t)$

(b) $x(t) = 10\cos(2000\pi t) + 10\sin(4000\pi t)$

2.2 $\exp(-j2000\pi t)$와 $\exp(j2000\pi t)$의 주파수를 구하라.

2.3 어떤 실 신호 $x(t)$의 스펙트럼 $X(f)$가 다음과 같다고 한다.

$$X(f) = \begin{cases} 1+j, & 0 \leq f \leq 100 \\ 0\ , & f > 100 \end{cases}$$

(a) 50 [Hz]에서 $X(f)$의 크기와 위상은 얼마인가?

(b) -50 [Hz]에서 $X(f)$의 값은?

2.4 어떤 신호 $x(t) = 2\cos(2000\pi t)$를 푸리에 급수 $\sum_{n=-\infty}^{\infty} c_n \exp(j2\pi n f_0 t)$의 형태로 표현할 때 임의의 상수 c_2를 구하라.

2.5 푸리에 변환의 정의와 성질을 이용하여 다음 신호들의 스펙트럼을 구하라.

(a) $x(t) = \exp(-3t)u(t)$ **Hint** $u(t)$는 단위 계단 함수이다.

(b) $x(t) = \text{sinc}(1000t)$

(c) $x(t) = \delta(t) + \delta(t-1)$

(d) $x(t) = \cos(200\pi t - 200\pi)$

2.6 $\int_{-\infty}^{\infty} \text{rect}(t)\delta(t-1)dt$의 값을 구하라.

2.7 푸리에 변환의 성질을 이용하여 $\int_{-\infty}^{\infty} \mathrm{sinc}(t)dt$를 구하라.

2.8 어떤 신호 $x(t)$를 t_0 [sec]만큼 지연시켰을 때 1 [kHz]의 주파수에서 해당 신호의 위상이 $\pi/4$만큼 감소했다. 이때 시간 t_0를 구하라.

CHAPTER

03

주파수 영역에서의 시스템 분석

어떤 신호를 가공하여 출력 신호를 만들어내는 장치를 시스템(system)이라고 한다. 이 장에서는 먼저 선형 시스템의 정의를 소개하고, 선형 시스템의 입출력 관계와 주파수 응답(frequency response)의 개념을 설명한다. 그리고 많은 통신 시스템이 0보다 상당히 높은 주파수를 중심으로 스펙트럼이 대역 제한된 신호를 송수신하는 대역 통과(bandpass) 시스템의 성격을 갖는데, 이 시스템의 입출력 관계를 간단하게 표현하기 위해 복소 포락선(complex envelope)이라는 개념을 정의하고, 이를 이용해 대역 통과 시스템의 입출력 관계를 살펴본다.

CONTENTS

SECTION 3.1

선형 시스템의 주파수 응답

이 절에서는 통신 시스템의 신호 처리 과정을 주파수 영역에서 설명하는 주파수 응답의 개념을 소개한다. 그리고 통신 시스템에서 발생하는 왜곡을 설명한다.

Keywords | 선형 시스템 | 임펄스 응답 | 선형 시불변 | 주파수 응답 | 진폭 왜곡 | 위상 왜곡 |

1 선형 시스템

시스템(system)은 어떤 신호를 가공하여 출력 신호를 만들어내는 장치이다. 이때 입출력 관계가 선형인 시스템을 선형 시스템이라고 한다. 선형 시스템의 정의는 다음과 같다.

어떤 시스템에 $x_1(t)$라는 신호를 입력했을 때 출력을 $y_1(t)$라고 하고, $x_2(t)$라는 신호를 입력했을 때 출력을 $y_2(t)$라고 하자. 이때 $c_1x_1(t)+c_2x_2(t)$를 입력으로 하면 그 출력이 $c_1y_1(t)+c_2y_2(t)$가 되는 시스템을 **선형 시스템**(linear system)이라고 정의한다. 여기에서 c_1, c_2는 임의의 상수이다.

이러한 정의는 얼핏 보면 모든 시스템이 만족할 것 같지만 그렇지 않은 경우가 많다. 예를 들어, 어떤 시스템이 입력 신호 $x(t)$에 대해 출력이 $y(t)=2x(t)+1$이라고 하자. 이 경우에 입력 신호가 $c_1x_1(t)+c_2x_2(t)$이면 출력은 $y(t)=2c_1x_1(t)+2c_2x_2(t)+1$이 된다. 그런데 이 출력이 $c_1y_1(t)+c_2y_2(t)=2c_1x_1(t)+2c_2x_2(t)+c_1+c_2$와는 다르므로 선형 시스템이 아니다.

현실에서 존재하는 시스템은 원래 그 자체가 선형 시스템인 경우도 있지만, 증폭기처럼 일정한 동작 범위에서만 선형 시스템으로 동작하는 경우가 많다. 비선형 시스템(non-linear system)은 분석하기도 어렵고 설계도 쉽지 않지만, 선형 시스템은 여러 가지 특성이 이미 분석되어 있어서 분석 대상을 선형 시스템으로 모델링하면 이점이 많다.

2 선형 시불변 시스템

선형 시스템은 입출력 관계가 시간에 따라 변하는 **시변**(time varying) **시스템**과 그렇지 않은 **시불변**(time invariant) **시스템**으로 구분할 수 있다. 선형 시스템의 입출력 특성은 임펄스 응답으로 표현할 수 있는데, 여기에서 **임펄스 응답**(impulse response)이란 입력이 임펄스 혹은 델타 신호 $\delta(t)$일 때의 출력을 의미한다.

선형 시변(linear time-varying) **시스템**은 임펄스 응답이 임펄스 입력을 가하는 시점인 τ에 따라 그 형태가 달라지기 때문에 임펄스 응답이 시간 t에 갖는 값을 τ를 매개변수로 하는 함수인 $h_\tau(t)$ 형태로 나타내야 한다. 이때 형태가 달라진다는 의미는 단순히 시간 지연(time delay)되는 경우는 제외한다. 반면에, **선형 시불변**(linear time-invariant) **시스템**은 임펄스 응답의 형태가 임펄스 입력을 입력하는 시점으로 인한 시간 지연 이외에는 달라지지 않기 때문에 별도의 매개변수 없이 $h(t)$ 형태로 표시한다. 따라서 임펄스 입력을 가하는 시점이 τ가 되면 임펄스 응답도 그만큼 시간 지연만 되므로 $h(t-\tau)$가 된다.

예제 3-1

어떤 시스템의 입력 $x(t)$와 출력 $y(t)$의 관계가 다음과 같을 때 해당 시스템이 시불변 시스템인지 아닌지 판단하라.

(a) $y(t)=x(t)\cos 2\pi t$

(b) $y(t)=x(t-3)$

풀이

(a) 입력 $x(t)=\delta(t)$일 때 출력 $y_0(t)=\delta(t)\cos 2\pi t=\delta(t)$가 되며, 입력 $x(t)=\delta(t-0.5)$일 때 출력 $y_{0.5}(t)=\delta(t-0.5)\cos 2\pi t=-\delta(t-0.5)$가 된다. 즉, $y_{0.5}(t)=y_0(t-0.5)$가 성립하지 않는다. 따라서 이 시스템은 시불변 시스템이 아니다.

(b) 입력 $x(t)=\delta(t)$일 때 출력 $y_0(t)=\delta(t-3)$가 되며, 입력 $x(t)=\delta(t-\tau)$일 때 출력 $y_\tau(t)=\delta(t-\tau-3)$가 된다. 즉, $y_\tau(t)=y_0(t-\tau)$가 항상 성립한다. 따라서 이 시스템은 시불변 시스템이다.

선형 시불변 시스템의 입력 신호를 $x(t)$라고 하면, 델타 함수의 성질을 이용하여 다음과 같이 나타낼 수 있다.

$$x(t)=\int_{-\infty}^{\infty} x(\tau)\delta(t-\tau)d\tau \tag{3.1}$$

이 식은 다음과 같이 근사적으로 표현할 수 있다.

$$x(t)\approx\sum_{n=-\infty}^{\infty} x(n\Delta\tau)\delta(t-n\Delta\tau)\Delta\tau \tag{3.2}$$

이 신호가 임펄스 응답이 $h(t)$인 선형 시불변 시스템에 입력되면, 선형성에 의해 출력 $y(t)$는 다음과 같이 나타낼 수 있다.

$$y(t) \approx \sum_{n=-\infty}^{\infty} x(n\Delta\tau)h(t-n\Delta\tau)\Delta\tau \tag{3.3}$$

이때 $\Delta\tau \to 0$이면 출력 $y(t)$는 다음과 같이 입력 $x(t)$와 임펄스 응답 간의 컨벌루션 형태가 된다.

★ 선형 시불변 시스템의 입출력 관계 ★

$$\begin{aligned} y(t) &= \int_{-\infty}^{\infty} x(\tau)h(t-\tau)d\tau \\ &= x(t) \otimes h(t) \end{aligned} \tag{3.4}$$

따라서 선형 시불변 시스템의 출력은 입력과 임펄스 응답의 컨벌루션이 됨을 알 수 있다.

3 선형 시불변 시스템의 주파수 응답

선형 시불변 시스템의 입출력 관계인 식 (3.4)의 양변에 푸리에 변환을 적용하면 다음과 같은 관계를 얻을 수 있다.

$$Y(f) = H(f)X(f) \tag{3.5}$$

여기에서 $H(f)$, $X(f)$, $Y(f)$는 각각 $F[h(t)]$, $F[x(t)]$, $F[y(t)]$이다. $H(f)$는 임펄스 응답을 푸리에 변환한 것으로 **전달함수**(transfer function) 또는 **주파수 응답**(frequency response)이라고 한다. $H(f)$를 전달함수라고 부르는 이유는 $H(f)$가 다음과 같이 입력 신호의 스펙트럼과 출력 신호의 스펙트럼의 비율로 표시되기 때문이다.

★ 선형 시불변 시스템의 주파수 응답 ★

$$H(f) = \frac{Y(f)}{X(f)} \tag{3.6}$$

어떤 선형 시불변 시스템에 $x(t) = \exp(j2\pi f_0 t)$라는 신호가 입력되었다고 하자. 이때 입력 신호의 스펙트럼은 $X(f) = \delta(f - f_0)$가 되고, 출력 스펙트럼은 $Y(f) = H(f)X(f)$가 되므로, $X(f)$를 대입하면 $Y(f) = H(f)\delta(f - f_0)$가 된다. 또한 델타 함수의 특성으로 인해 출력 스펙트럼은 $Y(f) = H(f_0)\delta(f - f_0)$로도 표현할 수 있으며, 이로부터 출력 신호 $y(t)$를 다음과 같이 구할 수 있다.

$$y(t) = H(f_0)\exp(j2\pi f_0 t) \tag{3.7}$$

따라서 $H(f_0)$는 단일 주파수 성분으로 구성된 입력 신호, 즉 $x(t)=\exp(j2\pi f_0 t)$의 진폭과 위상을 바꾸는 역할을 한다는 것을 알 수 있다. 이러한 이유로 $H(f)$를 주파수 응답이라고도 하는 것이다.

예제 3-2

어떤 선형 시불변 시스템의 주파수 응답이 $H(f)=\text{rect}\left(\frac{f}{100}\right)\exp(-j2\pi f)$라고 한다. 이 시스템에 입력되는 신호가 $x(t)=\exp(j20\pi t)$일 때 출력 신호를 구하라.

풀이

식 (3.7)로 표현한 주파수 응답의 물리적 의미를 고려하면, 출력 신호는 입력되는 복소 지수 신호에 $H(10)$을 곱한 값이므로 $\exp(j20\pi t-j20\pi)$가 된다.

한편, $H(f)$는 복소 함수이므로 다음과 같이 크기와 위상의 형태로 표현할 수 있다.

$$H(f)=|H(f)|\exp(j\theta(f)) \tag{3.8}$$

이를 그래프 형태로 표현할 때 진폭(amplitude)을 나타내는 그래프와 위상(phase)을 나타내는 그래프를 사용한다. 일반적으로 진폭 그래프는 데시벨(dB)로 표현하는데, $|H(f)|$를 데시벨로 표현할 때는 $20\log_{10}|H(f)|$ [dB]를 사용하는 것이 일반적이다.

4 통신 시스템의 왜곡

이상적인 증폭기는 출력 신호의 형태가 입력 신호의 형태와 닮은 꼴이 된다. 하지만 각종 필터는 임펄스 응답 또는 주파수 응답에 따라 출력 신호의 형태가 입력 신호의 형태와 달라진다. 만약 신호의 형태가 달라지는 것을 원치 않은 상황에서 이런 경우가 발생했다면, 이를 **왜곡**(distortion)이 발생했다고 표현한다. 왜곡은 크게 **진폭 왜곡**(amplitude distortion)과 **위상 왜곡**(phase distortion)으로 구분한다.

진폭 왜곡은 입력 신호의 주파수에 따라 주파수 응답의 크기가 달라져서 생긴다. 예를 들어, 어떤 시스템에 신호 $\cos(2000\pi t)+\cos(20000\pi t)$가 입력되었을 때 출력이 $\cos(2000\pi t)+2\cos(20000\pi t)$가 된다면, 주파수 응답의 크기가 주파수에 따라 달라서 출력 신호의 형태가 입력 신호의 형태와 달라진 것이므로 진폭 왜곡이 발생했다고 한다.

위상 왜곡은 입력 신호의 모든 주파수 성분이 동일한 시간 지연을 가지고 출력에 나타나지 않아서 출력 신호의 형태가 입력 신호의 형태와 닮은 꼴이 되지 않는 현상을 말한다. 예를 들어, 어떤 시스템이 입력 신호를 t_0만큼 시간 지연시킨다면 해당 시스템의 주파수 응답은 $\exp(-j2\pi f t_0)$가 되어 입력 신호의 주파수에 따라 위상을 $-2\pi f t_0$만큼 변경하는 형태가 되고, 이는 위상 변화가 주파수의 1차 함수가 된다는 것을 의미한다. 만약 위상 변경이 이처럼 주파수에 비례하는 형태가 되지 않는다면 해당 시스템은 입력 신호의 주파수 성분마다 시간 지연이 다르기 때문에 출력 신호의 형태는 입력 신호의 형태와 다르게 된다. 그러므로 위상 왜곡이 발생했다고 한다.

예제 3-3

어떤 선형 시불변 시스템의 전달함수가 $H(f) = \mathrm{rect}\left(\frac{f}{100}\right)\exp(-j2\pi f)$ 라고 한다. 왜곡이 발생하지 않으려면 입력 신호의 대역폭은 최대 얼마가 되어야 하는지 구하라.

풀이

주어진 시스템의 주파수 응답은 50[Hz]까지는 크기가 일정하고 위상은 주파수의 1차 함수가 된다. 그러므로 대역폭이 50[Hz] 이하인 입력 신호는 왜곡되지 않는다. 따라서 왜곡이 발생하지 않는 입력 신호의 최대 대역폭은 50[Hz]이다.

SECTION
3.2 대역 통과 시스템

이 절에서는 대역 통과 신호를 표현하는 방법으로 인페이즈 쿼드러처 형식을 소개하고, 이를 기반으로 대역 통과 신호를 좀 더 간단하게 표현하는 복소 포락선을 설명한다. 그리고 대역 통과 신호를 처리하는 대역 통과 시스템의 입출력 관계를 복소 포락선으로 표현하는 방법을 소개한다.

Keywords | 힐버트 변환 | 해석적 신호 | 기저 대역 신호 | 인페이즈 쿼드러처 형식 | 복소 포락선 |

1 힐버트 변환

통신 신호를 처리하는 과정에서 양의 주파수 성분만을 추출하는 과정이 필요한 경우가 있는데, 이때 사용되는 주요 도구가 **힐버트 변환**(Hilbert transform)이다. 어떤 신호 $x(t)$에 대한 힐버트 변환 신호 $\hat{x}(t)$는 다음과 같이 정의한다.

★ 힐버트 변환 신호 ★

$$\begin{aligned}\hat{x}(t) &= \int_{-\infty}^{\infty} \frac{1}{\pi(t-\tau)} x(\tau) d\tau \\ &= \frac{1}{\pi t} \otimes x(t)\end{aligned} \tag{3.9}$$

이 정의는 시간 영역에서 힐버트 변환을 정의한 것인데, 이를 주파수 영역으로 변환하기 위해 식 (3.9)에 푸리에 변환을 적용하면 다음과 같다.

$$\begin{aligned}F[\hat{x}(t)] &= F\left[\frac{1}{\pi t} \otimes x(t)\right] \\ &= F\left[\frac{1}{\pi t}\right] X(f)\end{aligned} \tag{3.10}$$

2장에서 $F[\text{sgn}(t)] = \frac{1}{j\pi f}$이 성립하고 $F[x(t)] = X(f)$일 때 $F[X(t)] = x(-f)$가 성립함을 학습했다. 이를 이용하면 $F\left[\frac{1}{\pi t}\right] = -j\text{sgn}(f)$가 됨을 알 수 있고, $\hat{X}(f) \equiv F[\hat{x}(t)]$라는 정의를 식 (3.10)에 적용하면 다음과 같은 관계를 도출할 수 있다.

★ $x(t)$와 $\hat{x}(t)$의 스펙트럼 간의 관계 ★

$$\hat{X}(f) = -j\,\mathrm{sgn}(f)X(f) \tag{3.11}$$

따라서 힐버트 변환을 한다는 것은 원래 신호의 스펙트럼에 대해 양의 주파수 영역에서는 위상을 $-\frac{\pi}{2}$ [rad] 만큼 변경하고, 음의 주파수 영역에서는 위상을 $\frac{\pi}{2}$ [rad] 만큼 변경하며, 주파수가 0일 때는 스펙트럼의 값이 0이 되는 것을 의미한다.

식 (3.11)의 관계를 활용하면 음의 주파수 성분은 0이고, 양의 주파수 성분은 $X(f)$의 2배가 되는 $X_+(f)$를 다음과 같이 표현할 수 있다.

$$X_+(f) = X(f) + j\hat{X}(f) \tag{3.12}$$

그리고 스펙트럼이 $X_+(f)$인 신호 $x_+(t)$를 **해석적 신호**(analytic signal)라고 하는데, $x_+(t) = F^{-1}[X_+(f)]$이므로 식 (3.12)로부터 다음과 같은 관계를 도출할 수 있다.

$$x_+(t) = x(t) + j\hat{x}(t) \tag{3.13}$$

예제 3-4

$x(t) = \cos 2\pi f_c t$에 대해 해석적 신호 $x_+(t)$를 구하라(단, $f_c > 0$).

풀이

먼저 식 (3.11)을 이용하여 주어진 신호에 대한 힐버트 변환 $\hat{x}(t)$를 구해보자. 주어진 신호 $x(t)$의 스펙트럼은 다음과 같다.

$$X(f) = \frac{1}{2}\delta(f - f_c) + \frac{1}{2}\delta(f + f_c) \quad \cdots ①$$

식 ①을 식 (3.11)에 대입하면 $\hat{x}(t)$의 스펙트럼 $\hat{X}(f)$는 다음과 같다.

$$\hat{X}(f) = -\frac{j}{2}\mathrm{sgn}(f)\delta(f - f_c) - \frac{j}{2}\mathrm{sgn}(f)\delta(f + f_c) \quad \cdots ②$$

이때 델타 함수의 성질에 의해 $H(f)\delta(f - f_c) = H(f_c)\delta(f - f_c)$가 되므로, 이를 식 ②에 적용하면 다음과 같다.

$$\hat{X}(f) = -\frac{j}{2}\delta(f - f_c) + \frac{j}{2}\delta(f + f_c) \quad \cdots ③$$

마지막으로 스펙트럼 $\hat{X}(f)$를 푸리에 역변환하면 $\hat{x}(t)$는 $\sin 2\pi f_c t$가 된다. 따라서 해석적 신호 $x_+(t)$는 $\cos(2\pi f_c t) + j\sin(2\pi f_c t) = \exp(j2\pi f_c t)$가 된다.

2 대역 통과 신호

대역 통과(bandpass) **신호**는 그 스펙트럼이 0[Hz] 이외의 주파수 주위에 분포하는 신호를 말한다. 이와 다르게 스펙트럼이 0[Hz] 주위에 몰려 있는 신호는 **기저 대역**(baseband) **신호**라고 한다. 통신 시스템에서 다루는 신호 중 상당수는 대역 통과 신호로 분류할 수 있다. 대표적인 예로는 FM 라디오를 비롯한 각종 무선 방송 신호, 휴대전화, 무선랜 신호 등이 있다.

대역 통과 신호의 한 예로 다음과 같이 기저 대역 신호 $m(t)$와 정현파 신호의 곱의 형태인 $x(t)$를 분석해보자.

$$x(t) = m(t)\cos(2\pi f_c t + \phi) \tag{3.14}$$

여기에서 주파수 f_c는 0보다 상당히 큰 임의의 주파수이고 ϕ는 임의의 위상이다. 그러면 $x(t)$를 다음과 같이 전개할 수 있다.

$$\begin{aligned} x(t) &= m(t)\cos(2\pi f_c t + \phi) \\ &= m(t)\cos\phi\cos(2\pi f_c t) - m(t)\sin\phi\sin(2\pi f_c t) \end{aligned} \tag{3.15}$$

식 (3.15)에서 $x_I(t) \equiv m(t)\cos\phi$, $x_Q(t) \equiv m(t)\sin\phi$라고 정의하면, 대역 통과 신호 $x(t)$를 다음과 같이 표현할 수 있다.

★ 대역 통과 신호에 대한 인페이즈 쿼드러처(I/Q) 형식 표현 ★

$$x(t) = x_I(t)\cos(2\pi f_c t) - x_Q(t)\sin(2\pi f_c t) \tag{3.16}$$

이 식에서 $x_I(t)$를 **인페이즈**(inphase) 성분이라고 하고, $x_Q(t)$를 **쿼드러처**(quadrature) 성분이라고 한다. 그리고 이처럼 임의의 대역 통과 신호를 식 (3.16)과 같은 형태로 나타내는 방식을 **인페이즈 쿼드러처**(I/Q) 형식이라고 한다.

대역 통과 신호 $x(t)$는 다음과 같이 표현하기도 한다.

$$x(t) = Re\left[\{x_I(t) + jx_Q(t)\}\exp(j2\pi f_c t)\right] \tag{3.17}$$

여기에서 $Re[x(t)]$는 $x(t)$의 실수부를 말한다. 이때 $\tilde{x}(t) \equiv x_I(t) + jx_Q(t)$를 $x(t)$에 대한 **복소 포락선**(complex envelope) 신호라고 정의하고, 식 (3.17)을 다음과 같이 표현할 수 있다.

★ 대역 통과 신호 $x(t)$와 복소 포락선 $\tilde{x}(t)$의 관계 ★

$$x(t) = Re\left[\tilde{x}(t)\exp(j2\pi f_c t)\right] \tag{3.18}$$

그런데 복소수 c의 실수부를 $\frac{1}{2}(c + c^*)$로 나타낼 수 있다는 성질을 식 (3.18)에 적용하면 다음 식을 도출할 수 있다.

$$x(t) = \frac{1}{2}\left\{\tilde{x}(t)\exp(j2\pi f_c t) + \tilde{x}^*(t)\exp(-j2\pi f_c t)\right\} \tag{3.19}$$

그리고 식 (3.19)를 푸리에 변환하면 다음 식을 유도할 수 있다.

★ $x(t)$와 $\tilde{x}(t)$의 스펙트럼 간의 관계 ★

$$X(f) = \frac{1}{2}\left\{\tilde{X}(f - f_c) + \tilde{X}^*(-f - f_c)\right\} \tag{3.20}$$

또한 해당 대역 통과 신호가 실(real) 신호이므로 양의 주파수 영역에 있는 스펙트럼과 음의 주파수 영역에 있는 스펙트럼 간에는 대칭성(symmetry)이 존재함을 확인할 수 있다. 어떤 대역 통과 신호의 스펙트럼이 실 함수이고 [그림 3-1(a)]와 같을 때, 그에 대한 해석적 신호의 스펙트럼 $X_+(f)$와 복소 포락선의 스펙트럼 $\tilde{X}(f)$는 각각 [그림 3-1(b)], [그림 3-1(c)]와 같다. 그림에서 스펙트럼은 실 함수로 가정한 경우이다.

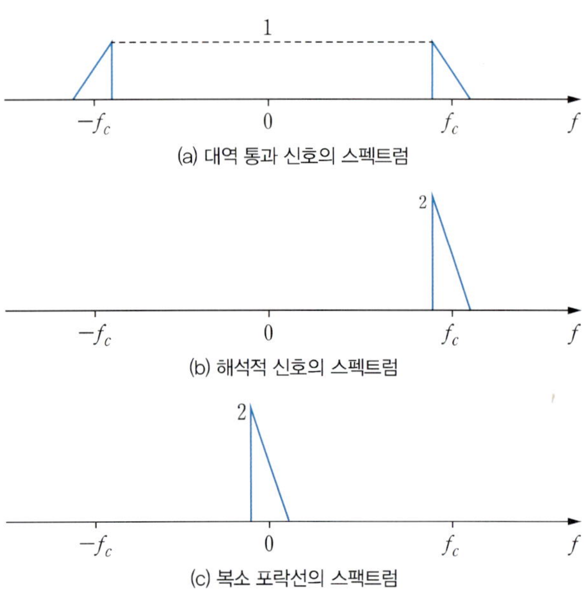

[그림 3-1] 대역 통과 신호, 해석적 신호, 복소 포락선의 스펙트럼 관계

지금까지 대역 통과 신호를 I/Q 형식으로 표현할 수 있음을 살펴보았다. 대역 통과 신호 $x(t)$를 I/Q 형식으로 표현하려면 인페이즈 성분과 쿼드러처 성분을 알아야 한다. 이제 이 두 성분을 추출하는 방법을 살펴보자.

식 (3.16)의 I/Q 형식으로 표현한 대역 통과 신호 $x(t)$에 $\cos 2\pi f_c t$를 곱하면 다음과 같이 전개할 수 있다.

$$
\begin{aligned}
x(t)\cos 2\pi f_c t &= x_I(t)\cos^2 2\pi f_c t - x_Q(t)\sin 2\pi f_c t\cos 2\pi f_c t \\
&= \frac{1}{2}x_I(t) + \frac{1}{2}x_I(t)\cos 4\pi f_c t - \frac{1}{2}x_Q(t)\sin 4\pi f_c t
\end{aligned}
\tag{3.21}
$$

그러면 0[Hz] 주파수 근처 대역에 인페이즈 성분 $x_I(t)$가 위치하고, 나머지 성분은 $2f_c$ 주파수 근처에 위치함을 알 수 있다. 이때 추출하고자 하는 대상이 $x_I(t)$에 비례하면 되기 때문에 f_c가 충분히 크다면, $x(t)\cos(2\pi f_c t)$에 저역 통과 필터를 적용하여 $x_I(t)$ 성분을 분리할 수 있다. 같은 방식으로 $x(t)$로부터 쿼드러처 성분 $x_Q(t)$도 추출할 수 있다. 이러한 관계를 블록도로 표현하면 [그림 3-2]와 같다.

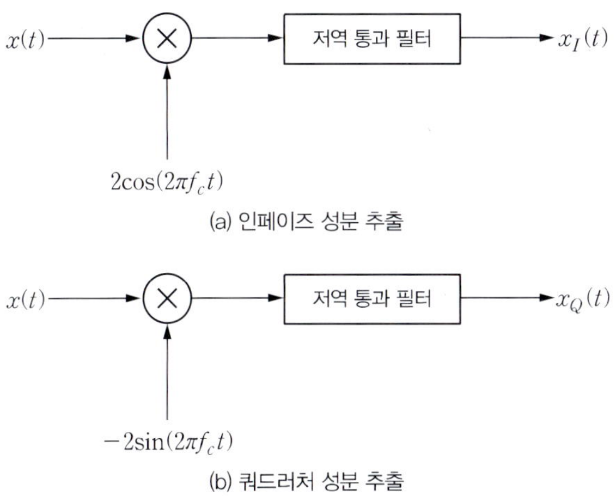

[그림 3-2] 인페이즈 성분과 쿼드러처 성분의 추출 방법

예제 3-5

어떤 대역 통과 신호가 $x(t) = x_I(t)\cos(2\pi f_c t) - x_Q(t)\sin(2\pi f_c t)$로 표현되며, 양의 주파수 대역의 스펙트럼 성분이 $\delta(f - f_c)$일 때, 복소 포락선 신호 $\tilde{x}(t)$를 구하라.

풀이

$x(t)$에 대한 복소 포락선 신호의 스펙트럼을 $\tilde{X}(f)$라고 하면, 식 (3.20)에 의해 양의 주파수 대역 성분은 $\frac{1}{2}\tilde{X}(f - f_c)$이므로 주어진 조건으로부터 $\frac{1}{2}\tilde{X}(f - f_c) = \delta(f - f_c)$가 된다. 따라서 $\tilde{X}(f) = 2\delta(f)$이므로 복소 포락선 $\tilde{x}(t)$는 2가 된다.

3 대역 통과 시스템의 입출력 관계

앞서 대역 통과 신호를 복소 포락선으로 표현하는 방법을 배웠다. 이에 따르면 대역 통과 시스템의 입출력 특성인 임펄스 응답 $h(t)$도 대역 통과 신호이므로 다음과 같이 I/Q 형식으로 표현할 수 있다.

$$h(t) = h_I(t)\cos 2\pi f_c t - h_Q(t)\sin 2\pi f_c t \tag{3.22}$$

이미 학습한 대로 선형 시불변 시스템에서 입력 신호 $x(t)$와 출력 신호 $y(t)$의 관계는 다음과 같다.

$$y(t) = \int_{-\infty}^{\infty} x(\tau)h(t-\tau)d\tau \tag{3.23}$$

그리고 이 관계를 주파수 영역에서 해석하면 다음과 같다.

$$Y(f) = X(f)H(f) \tag{3.24}$$

이때 $x(t)$, $y(t)$, $h(t)$가 모두 대역 통과 신호라면 식 (3.20)을 활용하여 개별 신호의 스펙트럼을 다음과 같이 표현할 수 있다.

$$Y(f) = \frac{1}{2}\left\{\widetilde{Y}(f-f_c) + \widetilde{Y}^*(-f-f_c)\right\} \tag{3.25}$$

$$X(f) = \frac{1}{2}\left\{\widetilde{X}(f-f_c) + \widetilde{X}^*(-f-f_c)\right\} \tag{3.26}$$

$$H(f) = \frac{1}{2}\left\{\widetilde{H}(f-f_c) + \widetilde{H}^*(-f-f_c)\right\} \tag{3.27}$$

그리고 식 (3.25), 식 (3.26), 식 (3.27)을 식 (3.24)에 대입하면 다음의 관계를 얻을 수 있다.

$$\begin{aligned} &\frac{1}{2}\left\{\widetilde{Y}(f-f_c) + \widetilde{Y}^*(-f-f_c)\right\} \\ &= \frac{1}{2}\left\{\widetilde{H}(f-f_c) + \widetilde{H}^*(-f-f_c)\right\} \times \frac{1}{2}\left\{\widetilde{X}(f-f_c) + \widetilde{X}^*(-f-f_c)\right\} \end{aligned} \tag{3.28}$$

여기에서 세 가지 신호가 모두 실 신호이고 대역 통과 신호라면 $\widetilde{X}(f-f_c)$와 $\widetilde{H}^*(-f-f_c)$가 어떤 주파수에서든 동시에 0이 아닐 수 없고 $\widetilde{X}^*(-f-f_c)$와 $\widetilde{H}(f-f_c)$ 도 마찬가지이므로 다음의 등식이 성립한다.

$$\widetilde{X}(f-f_c)\widetilde{H}^*(-f-f_c) = 0 \tag{3.29}$$

$$\widetilde{X}^*(-f-f_c)\widetilde{H}(f-f_c) = 0 \tag{3.30}$$

따라서 식 (3.28)로부터 다음이 성립함을 알 수 있다.

$$\tilde{Y}(f-f_c)=\frac{1}{2}\tilde{H}(f-f_c)\tilde{X}(f-f_c) \tag{3.31}$$

이를 다시 시간 영역으로 변환하면 다음의 관계를 얻을 수 있다.

★ 대역 통과 시스템의 입출력 관계 ★

$$\tilde{y}(t)=\frac{1}{2}\int_{-\infty}^{\infty}\tilde{x}(\tau)\tilde{h}(t-\tau)d\tau \tag{3.32}$$

일반적으로 대역 통과 신호 $x(t)$는 그에 대한 복소 포락선 신호 $\tilde{x}(t)$보다 수학적으로 복잡한 형태이기 때문에 컨벌루션 연산을 적용하는 것이 매우 번거롭다. 하지만 복소 포락선 신호를 사용하면 수학적 표현이 상대적으로 간단해 연산도 그만큼 쉬워진다는 장점이 있다. 따라서 일반적으로 통신 시스템에서 대역 통과 신호를 표현할 때는 원래 신호의 형태보다는 그에 대한 복소 포락선 신호 형태로 표현하는 경우가 많다.

이제 대역 통과 신호 $x(t)$로부터 복소 포락선 신호 $\tilde{x}(t)$를 구하는 두 가지 방법을 정리해보자. 첫 번째는 $x(t)$에 대해 인페이즈 성분 $x_I(t)$와 쿼드러처 성분 $x_Q(t)$를 알고 있을 때 $\tilde{x}(t)=x_I(t)+jx_Q(t)$로 구하는 것이다. 두 번째는 $x(t)$와 $\tilde{x}(t)$의 스펙트럼 간에 $X(f)=\frac{1}{2}\{\tilde{X}(f-f_c)+\tilde{X}^*(-f-f_c)\}$의 관계를 활용하는 것이다. 이 관계에 따르면 $\tilde{x}(t)$의 스펙트럼은 $x(t)$의 스펙트럼 중 양의 주파수 영역에 있는 스펙트럼을 0[Hz] 주파수 영역으로 이동시킨 후 크기를 2배로 증폭한 것으로 해석할 수 있다. 따라서 푸리에 변환의 주파수 이동 성질을 이용하면 다음과 같이 $x(t)$로부터 복소 포락선 신호 $\tilde{x}(t)$를 결정할 수 있다.

$$\tilde{x}(t)=x_+(t)\exp(-j2\pi f_c t)=\{x(t)+j\hat{x}(t)\}\exp(-j2\pi f_c t) \tag{3.33}$$

예제 3-6

$x(t)=\cos 2\pi f_c t$의 복소 포락선 신호 $\tilde{x}(t)$를 구하라.

풀이

$X(f)=\frac{1}{2}\{\delta(f-f_c)+\delta(f+f_c)\}$이므로 양의 주파수 성분은 $\frac{1}{2}\delta(f-f_c)$가 된다. 이를 2배로 증폭해 $-f_c$만큼 주파수 영역에서 이동하면 $\delta(f)$가 된다. 따라서 복소 포락선 신호 $\tilde{x}(t)$는 $\tilde{x}(t)=1$이 된다. 이를 통해 $\tilde{x}(t)$가 $x(t)$보다 간단한 형태가 됨을 확인할 수 있다. 또한 $x(t)$를 I/Q 형식으로 나타내면 $x(t)=1\cdot\cos 2\pi f_c t-0\cdot\sin 2\pi f_c t$가 되고, 이로부터 $x(t)$에 대해 $x_I(t)=1$이고 $x_Q(t)=0$이므로 $\tilde{x}(t)=1$이 됨을 알 수 있다.

예제 3-7

$x(t)=\text{sinc}(tT)\cos(2\pi f_c t)$의 복소 포락선 신호 $\tilde{x}(t)$를 구하라.

풀이

푸리에 변환의 쌍대성 성질을 이용하면 $\text{sinc}(tT)$의 푸리에 변환은 $\frac{1}{T}\text{rect}\left(\frac{f}{T}\right)$이므로, 주어진 신호 $x(t)$의 스펙트럼은

$$X(f)=\frac{1}{2}\left\{\frac{1}{T}\text{rect}\left(\frac{f-f_c}{T}\right)+\frac{1}{T}\text{rect}\left(\frac{f+f_c}{T}\right)\right\}$$

가 된다. $\text{rect}(\cdot)$ 함수의 성질을 적용하면 $X(f)$에서 양의 주파수 성분은 $\frac{1}{2T}\text{rect}\left(\frac{f-f_c}{T}\right)$가 된다. 이를 2배로 증폭하여 주파수 영역에서 $-f_c$만큼 이동하면 $\frac{1}{T}\text{rect}\left(\frac{f}{T}\right)$가 된다. 그러므로 복소 포락선 신호는 $\tilde{x}(t)=\text{sinc}(tT)$가 된다. 또한 $x(t)$를 $x(t)=\text{sinc}(tT)\cdot\cos(2\pi f_c t)-0\cdot\sin(2\pi f_c t)$로 표현할 수 있으므로 $x_I(t)=\text{sinc}(tT)$이고 $x_Q(t)=0$이 되어 $\tilde{x}(t)=\text{sinc}(tT)$가 된다고 할 수도 있다.

CHAPTER

03 핵심요약

- 선형 시스템에 $x_1(t)$를 입력했을 때 출력을 $y_1(t)$라고 하고, $x_2(t)$를 입력했을 때 출력을 $y_2(t)$라고 하면, $c_1x_1(t)+c_2x_2(t)$를 입력했을 때 출력이 $c_1y_1(t)+c_2y_2(t)$가 된다. 이때 c_1, c_2는 임의의 상수이다.
- 선형 시스템은 입출력 관계가 시간에 따라 변하는 시변 시스템과 그렇지 않은 시불변 시스템으로 구분할 수 있다.
- 선형 시스템의 임펄스 응답은 입력이 임펄스 혹은 델타 신호 $\delta(t)$일 때의 출력을 의미한다.
- 선형 시불변 시스템의 출력 $y(t)$는 다음과 같이 입력 $x(t)$와 임펄스 응답 $h(t)$의 컨벌루션 형태가 된다.

$$y(t)=\int_{-\infty}^{\infty}x(\tau)h(t-\tau)d\tau$$

- 주파수 응답 $H(f)$는 임펄스 응답 $h(t)$를 푸리에 변환한 것이다.
- 선형 시불변 시스템이 왜곡을 일으키지 않으려면 주파수 응답 $H(f)$의 크기가 주파수와 관계없이 일정해야 하고, 위상은 주파수의 1차 함수가 되어야 한다.
- 어떤 신호 $x(t)$에 대한 힐버트 변환 신호는 $\hat{x}(t)=\int_{-\infty}^{\infty}\frac{1}{\pi(t-\tau)}x(\tau)d\tau$로 정의하고, $x(t)$와 $\hat{x}(t)$의 스펙트럼 간의 관계는 $\hat{X}(f)=-j\,\mathrm{sgn}(f)X(f)$이다.
- 대역 통과 신호 $x(t)$는 다음과 같이 I/Q 형식으로 표현할 수 있다.

$$x(t)=x_I(t)\cos(2\pi f_ct)-x_Q(t)\sin(2\pi f_ct)$$

  이때 $x_I(t)$를 인페이즈 성분이라고 하고, $x_Q(t)$를 쿼드러처 성분이라고 한다.
- 대역 통과 신호 $x(t)$의 복소 포락선 $\tilde{x}(t)$는 $\tilde{x}(t)=x_I(t)+jx_Q(t)$로 정의되며, $x(t)$와 $\tilde{x}(t)$의 관계는

$$x(t)=Re\left[\tilde{x}(t)\exp(j2\pi f_ct)\right]$$

  이고, $x(t)$와 $\tilde{x}(t)$의 스펙트럼 간의 관계는 다음과 같다.

$$X(f)=\frac{1}{2}\left\{\tilde{X}(f-f_c)+\tilde{X}^*(-f-f_c)\right\}$$

- 대역 통과 시스템의 입력 신호 $x(t)$, 임펄스 응답 $h(t)$, 출력 신호 $y(t)$의 복소 포락선 간의 관계는 다음과 같다.

$$\tilde{y}(t)=\frac{1}{2}\int_{-\infty}^{\infty}\tilde{x}(\tau)\tilde{h}(t-\tau)d\tau$$

CHAPTER

03 연습문제

3.1 어떤 시스템의 출력 $y(t)$와 입력 $x(t)$가 $y(t)=\int_{t-1}^{t} x(u)\,du$의 관계가 있다고 한다.

(a) 이 시스템이 선형 시스템인지 판별하라.

(b) 이 시스템이 시불변 시스템인지 판별하라.

3.2 어떤 선형 시스템의 임펄스 응답 $h(t)$가 $\delta(t-1)$이라고 한다.

(a) 이 시스템의 주파수 응답을 구하라.

(b) 주어진 시스템에 $\mathrm{rect}(t)$를 입력했을 때 출력을 구하라.

3.3 신호 $x(t)=\mathrm{sinc}(t)\cos(2000\pi t)$가 주파수 응답이 $H(f)=\mathrm{rect}\left(\frac{f}{4000}\right)$인 시스템에 입력된다고 한다. 이때 왜곡이 발생하는지를 판정하라.

3.4 $x(t)=\mathrm{sinc}(t)\cos(2000\pi t)$의 힐버트 변환 $\hat{x}(t)$를 구하고, $x(t)$와 $\hat{x}(t)$를 이용하여 $x(t)$에 대한 해석적 신호 $x_{+}(t)$를 구하라.

3.5 다음 신호의 복소 포락선 신호 $\tilde{x}(t)$를 구하라.

(a) $x(t)=\sin\left(2000\pi t+\frac{\pi}{2}\right)$

(b) $x(t)=\mathrm{sinc}(t)\sin(2000\pi t)$

(c) $x(t)=\cos(20\pi t)\sin(2\pi 10^{6} t)$

3.6 어떤 선형 시불변 시스템의 주파수 응답 특성이 다음과 같다고 한다. 이 시스템에 $\cos(2000\pi t)$인 신호가 입력되었을 때 출력을 구하라.

$$H(f)=\begin{cases} 2\exp\left(-j\frac{\pi}{2}\right), & f>0 \\ 0, & f=0 \\ 2\exp\left(j\frac{\pi}{2}\right), & f<0 \end{cases}$$

3.7 다음 시스템의 주파수 응답을 구하라. 그림에서 T로 표시한 블럭은 T[초] 시간 지연을 의미한다.

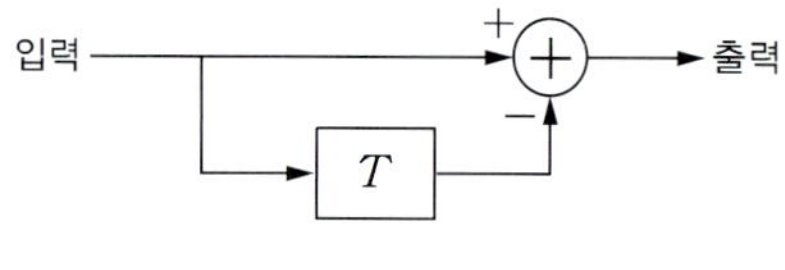

CHAPTER
04

아날로그 통신 시스템

아날로그 통신은 음성, 음악, 영상 등의 신호를 전송하는 데 주로 사용되며, FM 라디오와 아날로그 TV 방송 등이 대표적인 예이다. 이 장에서는 아날로그 통신 시스템의 기본 구조를 소개하고, 주요 구성 요소를 간략히 살펴본다. 그리고 대표적인 수신기 구조로 슈퍼헤테로다인(superheterodyne) 수신기를 소개한다. 또한 아날로그 통신 시스템에서 가장 중요한 요소인 변조(modulation) 방식을 소개하고, 변조 방식별로 스펙트럼 특성과 복조(demodulation) 방식을 살펴본다.

CONTENTS

SECTION

4.1 통신 시스템의 기본 구조

이 절에서는 통신 시스템에서 정보를 전달하는 신호를 만들어내는 송신기와 이를 수신하여 정보를 추정하는 수신기의 간략한 구조와 구성 요소를 살펴본다.

Keywords | 변조기 | 혼합기 | 국부 발진기 | 전력 증폭기 | 저잡음 증폭기 | 복조기 |

우리가 주위에서 흔히 볼 수 있는 통신 기기는 대개 정보를 전달하는 신호를 만들어 내보내는 송신 기능과 수신 신호를 분석하여 정보를 추정하는 수신 기능을 함께 보유하고 있다. 그러나 간혹 송신 또는 수신 기능만 갖는 통신 기기가 있다. 예를 들어, 라디오나 TV는 수신 기능만 갖는다. 아무래도 송신 혹은 수신 기능만을 갖는 통신 기기의 구성이 송수신 기능을 갖는 통신 기기보다는 단순하다. 이처럼 **통신 시스템**(telecommunication system)은 주요 구성 요소로 송신기와 수신기를 포함하는데, 여기에서는 이러한 송신기와 수신기의 기본 구조를 살펴보고자 한다.

1 송신기의 구조

송신기의 기본 기능은 변조(modulation), 혼합(mixing), 증폭(amplification)이다. [그림 4-1]은 송신기(transmitter)의 구성을 가장 기본적인 기능 위주로 간략하게 나타낸 것이다(실제 송신기는 이보다 훨씬 복잡하게 구성되어 있다).

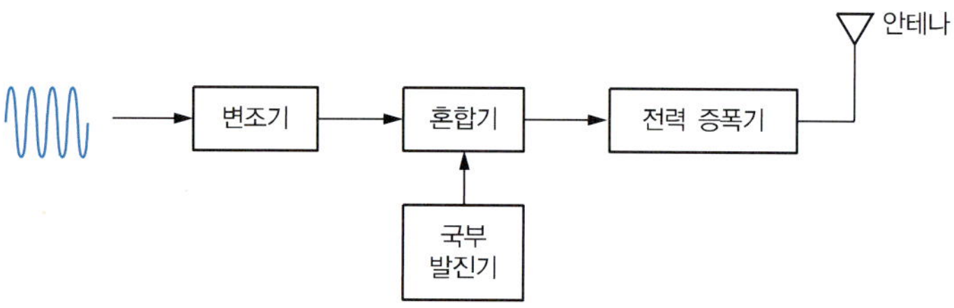

[그림 4-1] 송신기의 구조

■ 변조기

먼저 변조란 정보 신호를 전달 매체, 즉 통신 채널을 통해 수신기에 잘 전달될 수 있는 형태로 변환하는 것을 말한다. [그림 4-1]의 송신기 구조에서 음성이나 영상 신호 같은 정보 신호를 전달에 유리한 형태로 변환하는 장치가 **변조기**(modulator)이다.

예를 들어, 다른 사람에게 정보를 전달하는 경우를 생각해보자. 사람의 음성 신호는 변조 과정 없이 멀리 전달하기가 어렵다. 육성보다는 확성기를 이용하면 좀 더 멀리 있는 사람에게 정보를 전달할 수는 있지만 아무래도 통신 거리가 제한된다. 이보다는 라디오 방송처럼 AM이나 FM 같은 변조 과정을 사용하면 훨씬 먼 거리에 있는 사람에게 정보를 전달할 수 있다.

■ 혼합기와 국부 발진기

송신기에서 혼합은 변조된 신호의 스펙트럼을 더 높은 주파수 대역으로 이동시키는 과정을 말한다. 변조된 신호의 스펙트럼은 대개 정보 신호의 스펙트럼보다 높은 주파수 대역에 위치한다. 그러나 이 주파수 위치가 충분히 높지 않거나 다른 대역으로 이동시켜야 할 경우에는 추가로 주파수 대역을 옮기는 과정이 필요한데, 이런 일을 하는 장치가 **혼합기**(mixer)이다. 이때 주파수 이동 거리를 결정하는 것은 혼합기의 또 다른 입력 신호인 정현파 신호의 주파수이며, 이 정현파 신호를 만들어내는 장치를 **국부 발진기**(local oscillator)라고 한다.

■ 전력 증폭기

혼합기의 출력 신호는 신호의 세기가 충분히 강하지 않아서 먼 거리에서는 수신이 어려울 수 있다. 이를 해결하기 위해 출력 신호의 세기를 높이는 **전력 증폭기**(Power Amplifier : PA)를 사용한다. 송신기에서 사용하는 증폭기는 고출력의 신호를 만들어야 하며, 증폭기의 입력 신호가 이미 충분히 커서 증폭기 내부 잡음의 세기에 대한 제약이 상대적으로 크지 않다.

Note 전력의 단위

신호의 세기를 표현하는 단위로 흔히 사용하는 것은 전력으로, 기본 단위는 와트(Watt, [W])이다. 이와 함께 널리 사용되는 단위로 데시벨 와트([dBW])와 데시벨 밀리와트([dBm])가 있다. [dBW]는 1[W] 전력에 대한 전력의 비율을 데시벨([dB])로 나타낸 것이고, [dBm]는 1[mW] 전력에 대한 전력의 비율을 데시벨로 나타낸 것이다.

전력 P[W]를 [dBW] 단위로 환산하는 방법과 [dBm] 단위로 환산하는 방법은 각각 다음과 같다.

$$10\log_{10}\frac{P}{1\,[\mathrm{W}]}\,[\mathrm{dBW}]$$

$$10\log_{10}\frac{P}{1\,[\mathrm{mW}]}\,[\mathrm{dBm}]$$

예를 들어, 1[W]의 전력을 [dBW] 단위로 환산하면 0[dBW]가 되고, [dBm] 단위로 환산하면 30[dBm]가 된다. 그리고 증폭기를 비롯한 각종 장치의 입력 전력이 P_i이고 출력 전력이 P_o라면, 해당 장치의 전력 이득은 $10\log_{10}\frac{P_o}{P_i}$[dB]로 표시한다.

2 혼합기의 역할

앞서 설명한 바와 같이 혼합기의 역할은 입력 신호의 중심 주파수를 다른 위치로 변경하는 것이다. 예를 들어, 송신기에서는 변조된 신호의 중심 주파수를 높이고 수신기에서는 수신된 신호의 중심 주파수를 낮추기 위해 혼합기를 사용한다. 혼합기를 개념적으로 표현하면 [그림 4-2]와 같다.

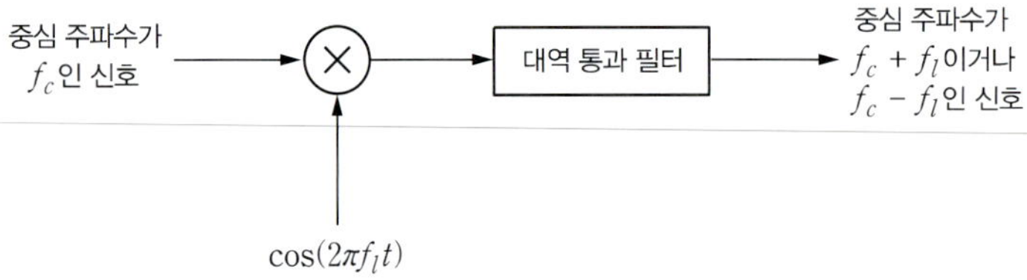

[그림 4-2] 혼합기의 개념

혼합기의 입력 신호 $x(t)$를 임의의 대역 통과 신호라고 하면, 다음과 같이 인페이즈 쿼드러처(I/Q) 형식으로 표현할 수 있다.

$$x(t) = x_I(t)\cos 2\pi f_c t - x_Q(t)\sin 2\pi f_c t \tag{4.1}$$

식 (4.1)에 정현파 신호 $\cos(2\pi f_l t)$를 곱하면 그 결과 신호인 $y(t)$는 다음과 같이 표현할 수 있다.

$$\begin{aligned} y(t) &= x(t)\cos 2\pi f_l t \\ &= \frac{1}{2}\{x_I(t)\cos 2\pi(f_c + f_l)t - x_Q(t)\sin 2\pi(f_c + f_l)t\} \\ &\quad + \frac{1}{2}\{x_I(t)\cos 2\pi(f_c - f_l)t - x_Q(t)\sin 2\pi(f_c - f_l)t\} \end{aligned} \tag{4.2}$$

식 (4.2)에서 우변 첫 번째 항의 신호는 입력 신호 $x(t)$의 중심 주파수를 f_l 만큼 높인 결과에 해당하는 성분이며, 두 번째 항의 신호는 f_l 만큼 낮춘 성분에 해당한다. 만약 이후 대역 통과 필터에서 첫 번째 항에 해당하는 높은 주파수 대역 성분을 선택하게 되면 혼합기의 출력은 결과적으로 입력 신호의 중심 주파수를 f_l 만큼 높인 결과가 된다. 반대로 낮은 주파수 대역을 선택하게 되면 중심 주파수를 f_l 만큼 낮춘 결과가 된다.

[그림 4-3]은 혼합기의 입력 신호의 스펙트럼과 출력 신호의 스펙트럼 간의 관계를 나타낸다. 이처럼 신호의 스펙트럼을 이동시키는 혼합 과정을 **헤테로다이닝**(heterodyning) 혹은 **주파수 변환**(frequency conversion)이라고 한다.

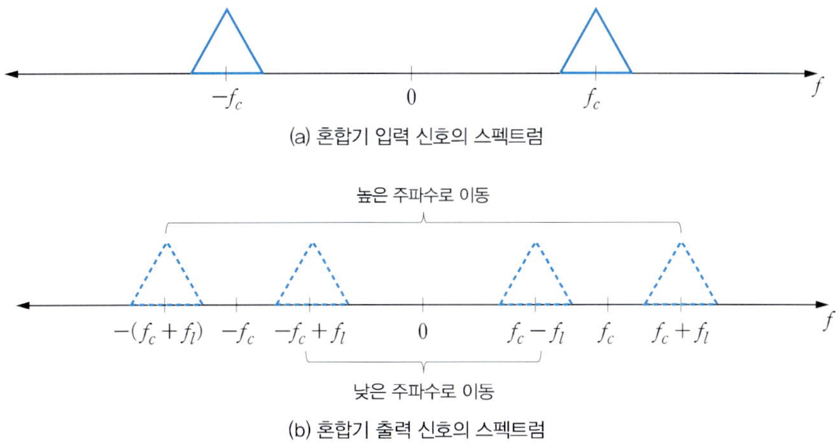

[그림 4-3] 주파수 영역에서 혼합기의 입력 신호와 출력 신호의 관계

3 수신기의 구조

수신기(receiver)는 수신한 신호로부터 정보 신호를 추출하는 과정을 수행하므로, 송신기가 하는 일을 역으로 수행한다고 보면 된다. 그러므로 수신기가 제일 먼저 하는 일은 송・수신 장치가 사용하기로 약속한 주파수 대역 내에 존재하는 신호를 선택하는 것이며, 이를 위해 해당 대역 신호만을 선별해내는 대역 통과 필터(bandpass filter)를 사용한다. 이를 통해 해당 대역 이외에 존재하는 신호나 잡음을 제거할 수 있어 좀 더 양호한 형태의 신호를 확보할 수 있다.

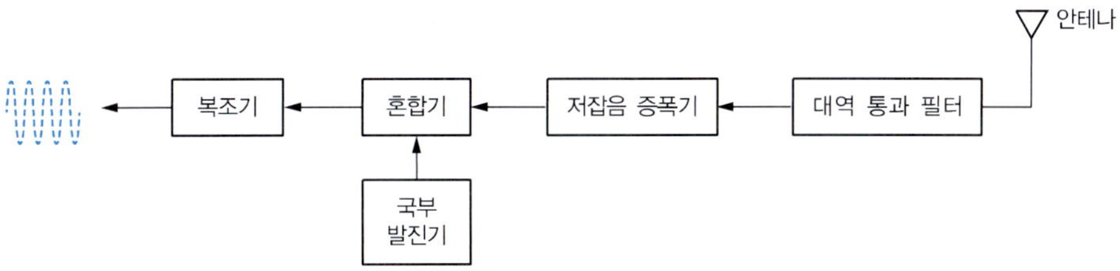

[그림 4-4] 수신기의 구조

■ 저잡음 증폭기

송신기가 보낸 신호가 통신 채널을 거쳐 수신기에 도달할 때면 신호의 세기가 매우 작아져 있을 수 있다. 따라서 수신기의 대역 통과 필터를 거친 출력 신호는 매우 미약하므로 신호의 세기를 높여주는 증폭기가 필요한데, 이때 사용하는 증폭기를 **저잡음 증폭기**(Low Noise Amplifier : LNA)라고 한다. '저잡음'이라는 용어를 사용하는 이유는 증폭기 자체에서 발생하는 잡음이 매우 작기 때문이다. 모든 전자회로가 그렇듯이 실제 사용하는 증폭기는 사용 과정에서 어느 정도 내부 잡음을 발생시킬 수밖에 없다. 그런데 대역 통과 필터의 출력 신호가 미약한 상황에서 이를 증폭시키는 증폭기의 내부 잡음이 크면 증폭기 출력에 상당한 양의 잡음이 포함되므로 바람직하지 않다. 따라서 수신기에서는 저잡음 증폭기를 사용한다.

■ 혼합기와 국부 발진기

저잡음 증폭기의 출력 신호는 혼합기를 거치면서 좀 더 낮은 주파수 대역으로 이동한다. 송신기 구조에서와 마찬가지로, 이때 주파수 이동 거리를 결정하는 것은 혼합기에 연결된 국부 발진기의 출력 신호인 정현파 신호의 주파수이다.

■ 복조기

변조기의 역함수 역할을 하는 복조기를 거치면서 송신기에서 전달하려고 했던 정보 신호와 유사한 신호를 만들어낸다. 이때 얼마나 비슷한 신호를 재생해내는가는 송·수신기의 성능이나 채널 상태에 따라 달라질 수 있다.

4 수신기의 특성 지표

수신기의 특성을 나타내는 대표적인 지표로는 감도(sensitivity), 동적 범위(dynamic range), 잡음 지수(noise figure)가 있다.

- **감도** : 해당 수신기가 정상적인 수신을 할 수 있는 최소 수신 전력을 나타낸다. 따라서 감도가 낮을수록 성능이 우수한 수신기라고 할 수 있다.
- **동적 범위** : 수신기가 감당할 수 있는 수신 전력 범위를 나타낸다. 수신기는 기본적으로 전자회로이므로 수신 신호의 세기가 너무 작거나 과도하게 크면 제대로 동작할 수 없다. 이런 현상을 피할 수 있는 수신 신호 세기의 범위를 해당 수신기의 동적 범위라고 한다. 일반적으로 동작 범위의 최솟값은 해당 수신기의 감도에 의해 결정된다고 할 수 있다.
- **잡음 지수** : 해당 수신기가 자체적으로 발생시키는 잡음 전력의 세기를 우회적으로 나타내는 지표이다. 수신기 출력단에서 나타나는 **신호 대 잡음 전력의 비율**(Signal to Noise Ratio : SNR)에 대한 수신기 입력단에서의 신호 대 잡음 전력의 비율을 가리키며, 통상적으로 잡음 지수는 데시벨 단위로 표현한다. 예를 들어, 자체적으로 잡음을 발생시키지 않는 증폭기의 경우 출력단의 SNR에 대한 입력단의 SNR의 비율이 1이므로 잡음 지수가 1이 되고 데시벨 단위로는 0 [dB]이 된다. 그러나 실제 증폭기는 자체 잡음의 발생을 피할 수 없으므로 입력단의 SNR이 출력단의 SNR보다 클 수밖에 없다. 따라서 잡음 지수는 1보다 크고 데시벨 단위로는 0 [dB] 보다 크다. 정리하면 잡음 지수가 크다는 것은 그만큼 수신기 자체에서 발생하는 잡음이 크다는 것을 의미한다.

예제 4-1

어떤 증폭기에서 입력단의 SNR이 출력단의 SNR보다 두 배 크다고 한다. 이 증폭기의 잡음 지수를 데시벨 단위로 구하라.

풀이

입력단의 SNR이 출력단의 SNR보다 두 배 크므로 잡음 지수는 2가 된다. 이를 데시벨 단위로 변경하면 $10\log_{10}2 \approx 3[\mathrm{dB}]$이 된다.

SECTION 4.2

슈퍼헤테로다인 수신기

이 절에서는 대표적인 수신기 구조인 슈퍼헤테로다인 수신기의 구조와 구성 요소를 살펴본다.

Keywords | 주파수 분할 다중화 | 슈퍼헤테로다인 수신기 | 중간 주파수 | 영상 주파수 |

1 주파수 분할 다중화

여러 가지 정보 신호를 단일 전송 매체를 통해 동시에 전송하는 방법을 **다중화**(multiplexing) 기술이라고 한다. 다중화 기술에는 여러 가지가 있지만, 앞에서 학습한 혼합기를 사용하면 **주파수 분할 다중화**(Frequency Division Multiplexing : FDM)를 구현할 수 있다.

이 방식의 기본 개념은 복수의 신호를 혼합기를 사용하여 서로 겹치지 않은 주파수 대역에 배치하는 것이다. 이렇게 하면 단일 전송 매체를 통해 전달하더라도 수신기에서 대역 통과 필터를 사용하여 원하는 대역의 신호만을 분리할 수 있기 때문이다. 주파수 분할 다중화 방식을 사용했을 때 개별 채널별 스펙트럼 배치와 시간 주파수 영역 점유 사례는 [그림 4-5]에 나타낸 바와 같다. 이때 주파수 영역에서 개별 채널 사이에 빈 공간을 두는데, 이것을 **보호 대역**(guard band)이라고 하며 채널 간에 간섭을 방지하는 역할을 한다.

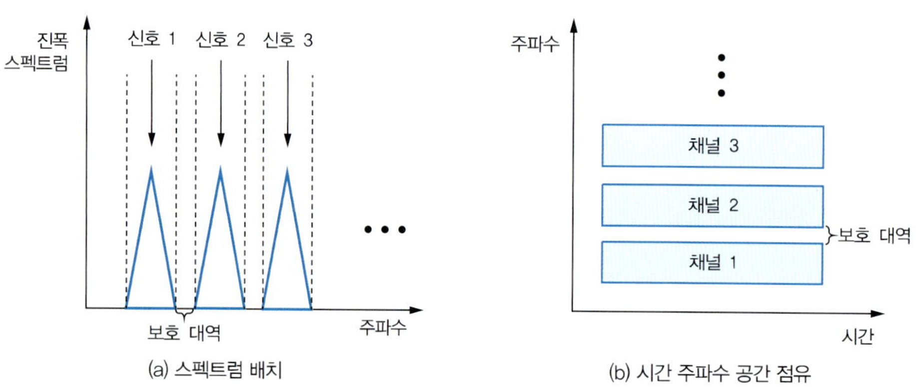

[그림 4-5] 주파수 분할 다중화 방식의 스펙트럼 배치 및 시간 주파수 공간 점유

2 슈퍼헤테로다인 수신기의 구조

앞서 간단한 수신기의 구조를 살펴보았다. 그런데 이 수신기의 구조는 수신하고자 하는 신호의 주파수 대역이 고정된 경우를 전제로 한 것이다. 그러나 만약 주파수 분할 다중화 방식 등을 사용해서 복수의 신호가 서로 다른 주파수 대역으로 송신되는 경우에 이 중의 하나를 선택해서 수신하려면 이 수신기의 구조를 보완해야 한다.

예를 들어, 라디오 방송을 듣고자 할 때는 청취하고자 하는 방송을 선택해야 한다. 이를 지원하기 위해서는 기본적으로 중심 주파수가 가변인 대역 통과 필터 기능이 필요하다. 이를 구현하기 위한 제일 간단한 방법은 대역 통과 필터의 중심 주파수를 임의로 변경할 수 있게 만드는 것이다.

그러나 일정한 주파수 대역폭을 유지하는 동시에 중심 주파수를 임의로 바꿀 수 있는 대역 통과 필터를 제작하는 것은 매우 어렵다. 이에 대한 대안으로 수신하고자 하는 신호를 항상 고정 주파수 대역으로 이동시킨 다음 대역 통과 필터를 사용하여 원하는 신호를 추출하는 방법이 있는데, 이를 **슈퍼헤테로다인**(superheterodyne) **수신기**라고 한다. 슈퍼헤테로다인 수신기의 기본 구조는 [그림 4-6]과 같다.

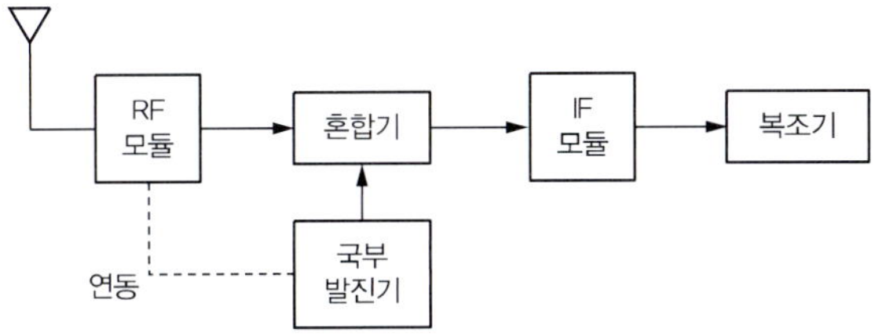

[그림 4-6] 슈퍼헤테로다인 수신기의 구조

■ RF 모듈

RF(Radio Frequency) 모듈을 구성하는 대역 통과 필터와 증폭 과정을 사용하여 수신하고자 하는 주파수 대역의 신호를 선택한다. 이때 대역 통과 필터의 선택도는 높지 않으므로 수신하고자 하는 신호뿐만 아니라 그 인접 신호까지 선택될 수 있다.

■ 혼합기와 국부 발진기

RF 모듈의 출력 신호를 혼합기를 사용하여 **중간 주파수**(Intermediate Frequency : IF) 대역으로 이동시킨다.

■ IF 모듈

IF 모듈에서 최종적으로 수신하고자 하는 신호만을 선별하고 증폭한다. RF 모듈의 대역 통과 필터는 주파수 선택 기능이 강하지 않아서 수신하고자 하는 신호를 포함하여 인접 신호까지 선택하지만, IF

모듈의 대역 통과 필터는 중심 주파수가 고정되어 있으며 선택도가 높아 원하는 신호만을 추출할 수 있다.

■ 복조기

최종적으로 IF 모듈의 출력 신호는 복조 과정을 거치면서 송신기가 전달하려고 한 정보를 복원한 결과가 된다.

3 혼합기의 국부 발진기 주파수 결정

이제 슈퍼헤테로다인 수신기에서 혼합기의 국부 발진기 주파수를 어떻게 결정하는지 구체적으로 살펴보도록 하자. 먼저 수신하고자 하는 신호의 중심 주파수를 f_d라고 하면 수신하고자 하는 대역 통과 신호 $x(t)$는 다음과 같이 표현할 수 있다.

$$x(t) = x_I(t)\cos(2\pi f_d t) - x_Q(t)\sin(2\pi f_d t) \tag{4.3}$$

이 신호를 중간 주파수 대역으로 이동시키기 위해 혼합기의 국부 발진기 신호로 $\cos(2\pi f_l t)$를 사용했다고 가정하자. 그러면 혼합기가 수신기에 사용되므로 입력 신호를 낮은 주파수 대역으로 이동시키는 역할을 한다. 혼합기 출력 신호 $y(t)$는 다음과 같은 형태가 된다.

$$y(t) = c\{x_I(t)\cos(2\pi(f_d - f_l)t - x_Q(t)\sin(2\pi(f_d - f_l)t)\} \tag{4.4}$$

여기에서 c는 임의의 상수이다. 따라서 $f_d - f_l$이 중간 주파수인 f_{IF}가 되도록 f_l을 설정하면 된다. 그러므로 $f_l = f_d - f_{IF}$가 되어야 한다. 그런데 만약 $x(t)$의 쿼드러처 성분인 $x_Q(t)$가 0이면 $\cos(2\pi(f_d - f_l)t$가 우함수이기 때문에 $|f_d - f_l| = f_{IF}$를 만족하면 되므로 $f_l = f_d - f_{IF}$와 $f_l = f_d + f_{IF}$ 모두 가능하다. 따라서 수신하고자 하는 신호가 쿼드러처 성분을 포함하지 않은 신호라면, 두 가지 선택 중 f_l의 조정 비율이 작은 것을 선택하는 편이 하드웨어 제작 측면에서 유리하므로 $f_l = f_d + f_{IF}$를 선택하는 것이 보편적이다.

앞에서 설명한 것처럼 슈퍼헤테로다인 수신 방식은 고정된 중간 주파수 대역에서 증폭과 필터링을 수행하기 때문에 구현 측면에서 유리하다. 그러나 단점으로 영상 신호(image signal)에 의한 간섭 현상, 즉 영상 신호 문제가 있다. 영상 신호 문제란 예를 들어 국부 발진 주파수가 $f_l = f_d + f_{IF}$인 경우에 중심 주파수가 f_d인 신호는 당연히 중간 주파수 대역으로 이동하지만 중심 주파수가 $f_d + 2f_{IF}$인 신호도 동일한 주파수 대역으로 이동하게 되어 두 신호가 함께 동일한 중간 주파수 대역에 위치하는 것이다. 이때 $f_d + 2f_{IF}$를 f_d에 대한 **영상 주파수**(image frequency)라고 한다. [그림 4-7]은 이러한 상황을 보여준다.

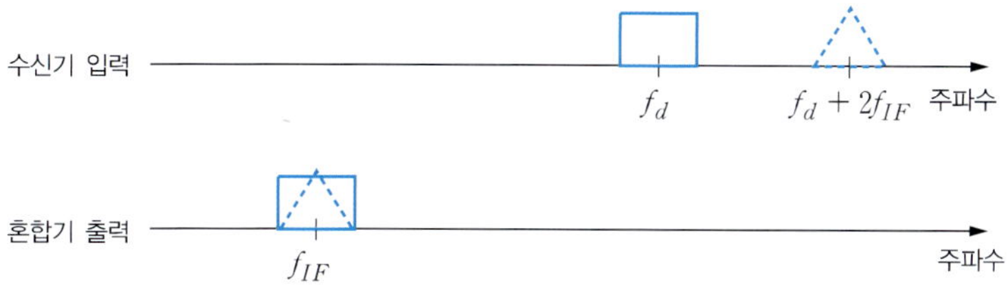

[그림 4-7] 영상 신호에 의한 간섭 현상

영상 신호 문제를 해결하기 위해서는 RF 모듈의 대역 통과 필터링 단계에서 미리 영상 신호를 걸러내는 수밖에 없다. 이때 중간 주파수가 높아질수록 원래 수신하려고 하는 신호와 영상 신호 간의 주파수 간의 간격이 커지므로 RF 필터링 단계에서 영상 신호를 차단하는 것이 더 수월하다. 그러나 중간 주파수를 무작정 높일 수만은 없으므로 적절한 타협이 필요하다.

예제 4-2

92.7[MHz]의 FM 라디오 방송을 슈퍼헤테로다인 방식으로 청취하려고 한다. 그리고 중간 주파수로 10.7[MHz]를 사용한다고 할 때 다음을 구하라. 단, 수신 신호의 쿼드러처 성분 $x_Q(t)$는 0이라고 가정한다.

(a) 혼합기에 공급되는 국부 발진기 정현파 신호의 주파수

(b) 영상 주파수

풀이

주어진 조건으로부터 중심 주파수는 $f_d = 92.7$[MHz], 중간 주파수는 $f_{IF} = 10.7$[MHz]이다.

(a) 국부 발진기 정현파 신호의 주파수 f_l은 $|f_d - f_l| = f_{IF}$의 관계를 만족해야 한다.
따라서 $f_l = 92.7 - 10.7 = 82$[MHz] 또는 $f_l = 92.7 + 10.7 = 103.4$[MHz]가 가능하다.

(b) $f_l = 82$[MHz]인 경우에는 영상 주파수가 $f_d - 2f_{IF}$이므로 71.3[MHz]가 되며, $f_l = 103.4$[MHz]인 경우에는 영상 주파수가 $f_d + 2f_{IF}$이므로 114.1[MHz]가 된다.

SECTION 4.3

아날로그 변조

이 절에서는 아날로그 통신 시스템이 사용하는 대표적인 변조 방식인 진폭 변조(AM), 양측파대 변조(DSB-SC), 단측파대 변조(SSB), 잔류 측파대 변조(VSB), 위상 변조(PM), 주파수 변조(FM) 방식을 소개한다.

Keywords | 변조 | 반송파 | AM | 변조 지수 | 포락선 검파 | DSB-SC | 동기 검파 | SSB | VSB | PM | FM | 카슨의 규칙 |

변조(modulation)란 송신기가 전달하고 싶은 정보를 통신 채널 전송에 적합한 형태로 변환하는 과정이다. 일반적으로 변조 과정에 관여하는 신호는 두 가지이다. 하나는 보내고 싶은 신호, 즉 정보 신호이고 다른 하나는 **반송파**(carrier)이다. 반송파는 정보를 운반하는 역할을 하는 신호로, 대표적인 예로는 정현파(sinusoidal wave)와 펄스파(pulse wave)가 있다.

예를 들어, 어두운 밤에 정보를 전달하려고 하는 상황을 가정해보자. 밤이기 때문에 맨눈으로 멀리서 잘 보이는 신호로 빛을 떠올릴 수 있다. 이때 빛의 밝기를 정보 신호에 따라 조절한다면 이 빛을 수신할 수 있는 입장, 즉 수신기는 빛의 밝기가 변하는 것을 인지하여 빛을 송신하는 입장, 즉 송신기가 전달하려고 하는 정보를 알아낼 수 있을 것이다. 이때 빛은 반송파의 역할을 하며, 빛의 밝기를 조절하는 과정을 변조 과정으로 생각할 수 있다. 지금부터는 대표적인 아날로그 변조 방식을 순차적으로 소개하고자 한다.

1 진폭 변조(AM)

진폭 변조(Amplitude Modulation : AM)란 매 순간 정보 신호 값에 따라 반송파의 진폭을 조정하는 방식이다. 정보 신호를 $m(t)$라고 하고 반송파를 $c(t) = A_c \cos 2\pi f_c t$라고 할 때, AM 신호 $s_{AM}(t)$는 다음과 같이 정의한다.

★ AM 신호 형태 ★

$$s_{AM}(t) = A_c\{1 + k_a m(t)\} \cos(2\pi f_c t) \quad (4.5)$$

여기에서 A_c는 반송파의 진폭, f_c는 반송파 주파수이며, k_a는 정보 신호 값이 진폭 변화로 반영되는 정도를 나타내는 일종의 비례 상수이다.

$s_{AM}(t)$가 AM 신호가 되려면 $1+k_a m(t) \geq 0$이라는 조건을 항상 충족해야 한다. 이 조건 때문에 AM 신호는 시간에 따른 진폭 변화가 정보 신호 $m(t)$와 닮은 꼴이 된다. [그림 4-8]은 진폭 변조의 사례를 보여준다. 그림에서 보는 것처럼 AM 파형의 포락선, 즉 $A_c\{1+k_a m(t)\}$가 정보 신호와 닮은 꼴이 됨을 알 수 있다.

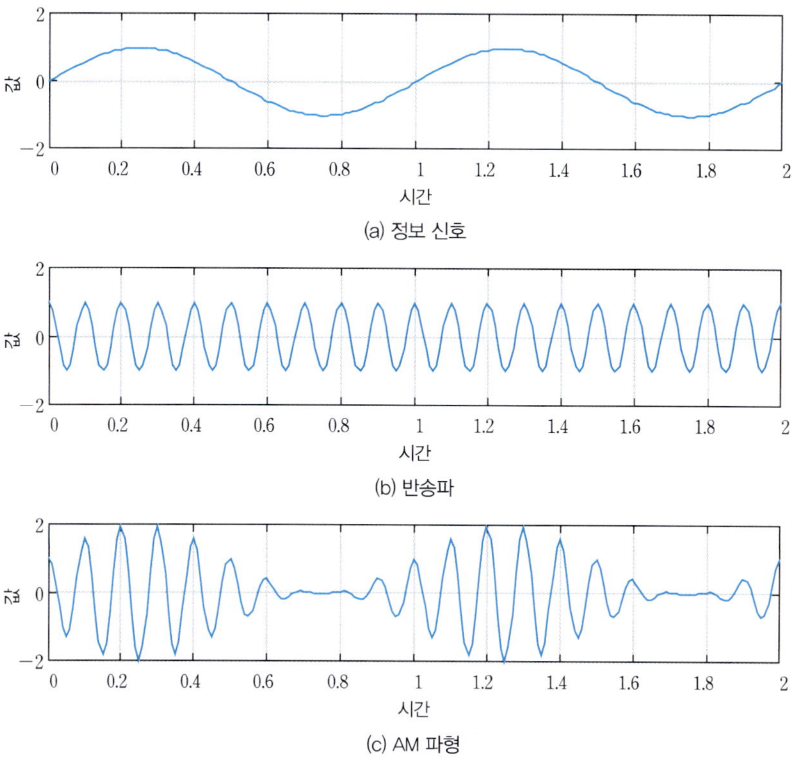

[그림 4-8] 진폭 변조의 사례

$s_{AM}(t)$의 스펙트럼을 살펴보기 위해, 식 (4.5)에 푸리에 변환을 적용하면 스펙트럼 $S_{AM}(f)$는 다음과 같다.

$$S_{AM}(f)=\frac{A_c}{2}\{\delta(f-f_c)+\delta(f+f_c)\}+\frac{k_a A_c}{2}\{M(f-f_c)+M(f+f_c)\} \qquad (4.6)$$

[그림 4-9]는 AM 방식에서 정보 신호의 스펙트럼과 AM 신호의 스펙트럼 간의 관계를 그림으로 나타낸 것이다.

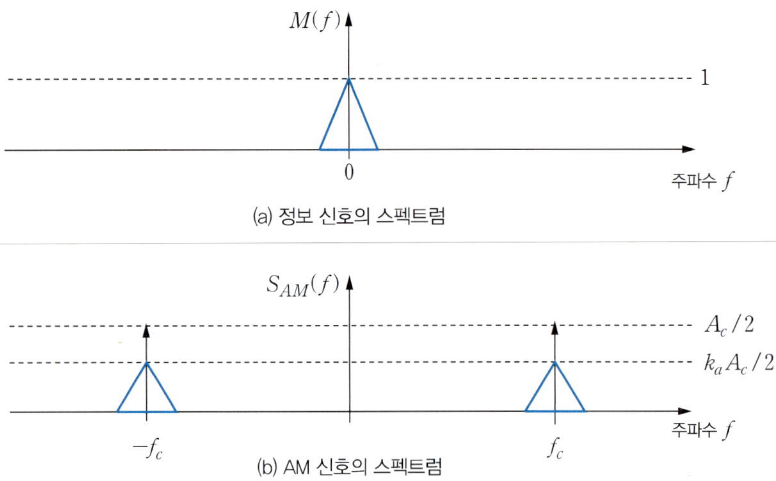

[그림 4-9] 주파수 영역에서 정보 신호와 AM 신호의 관계

진폭 변조는 정보 신호에 따라 반송파의 진폭을 조정하는 방식으로, 이때 진폭의 변동 폭을 어느 정도로 할 지는 사용자가 설정할 수 있다. AM 신호의 진폭 변동 정도를 정량적으로 표현한 것을 **변조 지수**(modulation index)라고 하며, 다음과 같이 정의한다.

★ 변조 지수 ★

$$\mu = \frac{A_{max} - A_{min}}{A_{max} + A_{min}} \tag{4.7}$$

이 식에서 A_{min}과 A_{max}는 각각 $s_{AM}(t)$의 최소 진폭과 최대 진폭을 가리킨다. 예를 들어, $m(t) = A_m \cos(2\pi f_m t)$이면 최대 진폭과 최소 진폭은 $A_{max} = A_c(1 + k_a A_m)$, $A_{min} = A_c(1 - k_a A_m)$이 되고, 변조 지수 μ는 다음과 같아진다.

$$\mu = k_a A_m \tag{4.8}$$

이때 $A_{max} \geq A_{min}$이므로 식 (4.7)에서 변조 지수 μ는 적어도 0 이상이 된다. 만약 전혀 변조되지 않았다면 $A_{max} = A_{min}$이 되어 변조 지수 μ는 0이 된다. 그리고 진폭 변동 폭을 최대로 하면 $A_{min} = 0$이므로 $\mu = 1$이 된다. 따라서 변조 지수 μ의 범위는 $0 \leq \mu \leq 1$이 된다.

예제 4-3

정보 신호 $m(t) = 0.5\cos(2000\pi t)$에 대한 AM 신호가 다음과 같다.

$$s_{AM}(t) = A_c\{1 + k_a m(t)\}\cos(2\pi 10^6 t)$$

(a) k_a의 최댓값은 얼마인가?

(b) $k_a = 1$일 때 변조 지수는 얼마인가?

(c) AM 신호의 대역폭은 얼마인가?

풀이

(a) $s_{AM}(t)$가 AM 신호이면 $1 + k_a m(t) \geq 0$이라는 조건을 만족해야 하므로 비례 상수 k_a의 최댓값은 2가 된다.

(b) $k_a = 1$일 때 $A_{\max} = A_c(1 + 1 \times 0.5) = 1.5A_c$이고 $A_{\min} = A_c(1 - 1 \times 0.5) = 0.5A_c$이므로 변조 지수는 $\mu = \dfrac{A_{\max} - A_{\min}}{A_{\max} + A_{\min}} = \dfrac{1}{2}$이 된다.

(c) 주어진 정보 신호의 대역폭은 1[kHz]이고, 식 (4.6)을 적용하면 AM 신호의 대역폭은 정보 신호 대역폭의 두 배가 되므로 2[kHz]가 된다.

앞에서도 언급한 바와 같이 AM 신호의 진폭 변화는 정보 신호 $m(t)$와 닮은 꼴이다. 따라서 AM 신호에 대한 복조 방법은 변조된 신호에서 진폭에 해당하는 부분을 추출하는 것으로 생각할 수 있다. 이를 수행하는 가장 간단한 방법이 [그림 4-10]에 나타낸 **포락선 검파기**(envelope detector)이다.

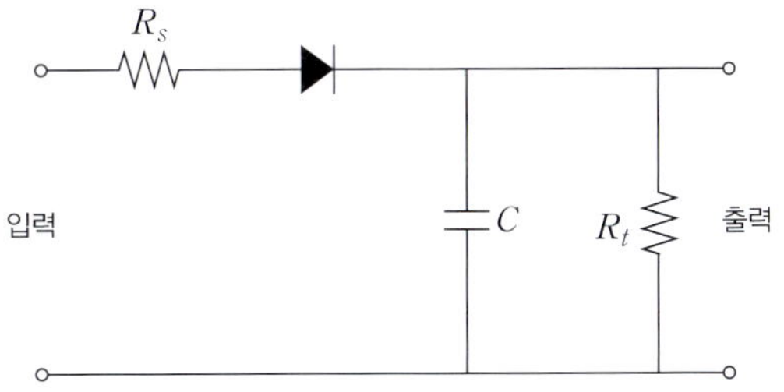

[그림 4-10] 포락선 검파기의 구조

그림에서 보는 바와 같이 포락선 검파기는 다이오드와 RC 회로로 구성된다. 회로에서 다이오드는 입력 신호의 값이 0 이상이 되는 부분만 출력하는 역할을 한다. 또한 다이오드 입력 신호의 전압과 커패시터에 걸린 전압 사이의 대소 관계에 따라 커패시터가 충전되기도 하고 방전되기도 하는데, 이때 충전과 방전을 반복하면서 결과적으로 AM 신호의 포락선과 유사한 모양의 신호를 만들어낸다. 이때 충전 속도와 방전 속도는 각각 $R_s C$와 $R_l C$값에 따라 달라진다. [그림 4-11]은 AM 변조 신호와 포락선 검파의 결과 사례를 비교한 것이다.

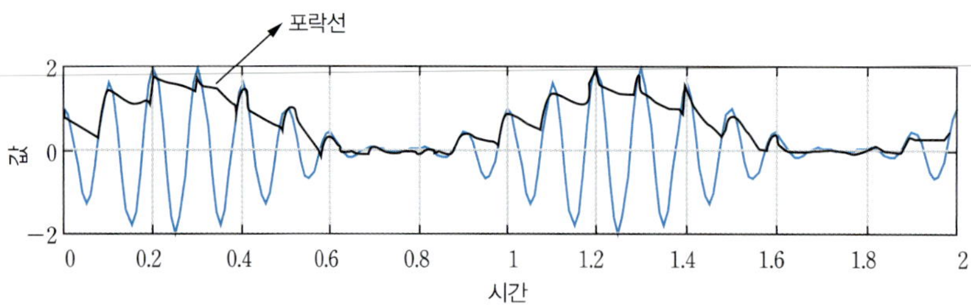

[그림 4-11] 포락선 검파기의 출력 사례

식 (4.5)의 $s_{AM}(t)$를 살펴보면 구성 성분 중 $A_c \cos 2\pi f_c t$가 있다. 이는 전달하고자 하는 정보 신호 $m(t)$와는 아무런 관련이 없는 성분이므로 송신 전력을 정보 전달에 사용하려는 관점에서 보면 송신 전력의 효율을 낮추는 결과를 가져온다. 그러나 이 성분 때문에 AM 신호의 진폭 변화가 정보 신호의 형태와 닮은 꼴이 되어 포락선 검파기와 같은 단순한 수신기를 사용하는 것이 가능하게 된다는 긍정적인 측면도 있다. AM 방식은 이런 특성으로 인해 수신기 가격을 낮출 수 있으며, 결과적으로 라디오 방송과 같이 한 개의 송신기와 다수의 수신기가 사용되는 환경에 유리하다.

2 양측파대 변조(DSB-SC 변조)

정보 신호를 $m(t)$라고 하고 반송파를 $c(t) = A_c \cos 2\pi f_c t$라고 할 때, 양측파대(Double SideBand Suppressed Carrier : DSB-SC) 변조된 신호 $s_{DSB}(t)$는 다음과 같이 정의한다.

★ DSB-SC 변조 신호 형태 ★

$$s_{DSB}(t) = A_c m(t) \cos(2\pi f_c t) \quad (4.9)$$

[그림 4-12]는 DSB-SC 변조의 사례를 보여준다.

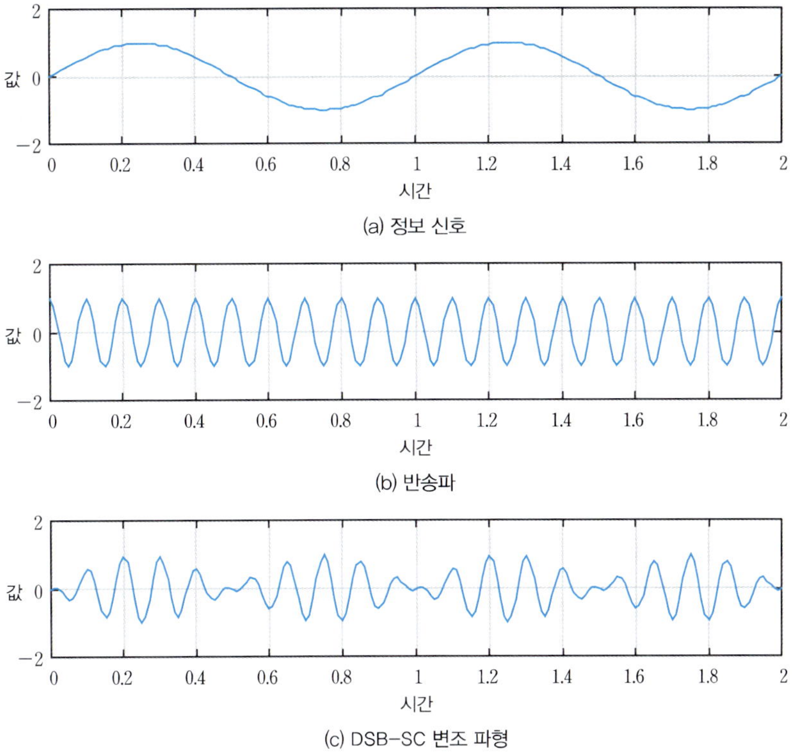

[그림 4-12] DSB-SC 변조의 사례

그리고 $s_{DSB}(t)$의 스펙트럼 $S_{DSB}(f)$는 다음과 같다.

$$S_{DSB}(f) = \frac{1}{2}A_c\{M(f-f_c) + M(f+f_c)\} \tag{4.10}$$

이를 AM 신호의 스펙트럼과 비교해보면 DSB-SC 변조된 신호는 반송파 성분을 포함하고 있지 않다는 것을 알 수 있다. 따라서 AM 신호에 비해 송신 전력의 이용 효율이 높다.

[그림 4-13]은 정보 신호의 스펙트럼과 DSB-SC 변조된 신호 스펙트럼의 관계를 나타낸다.

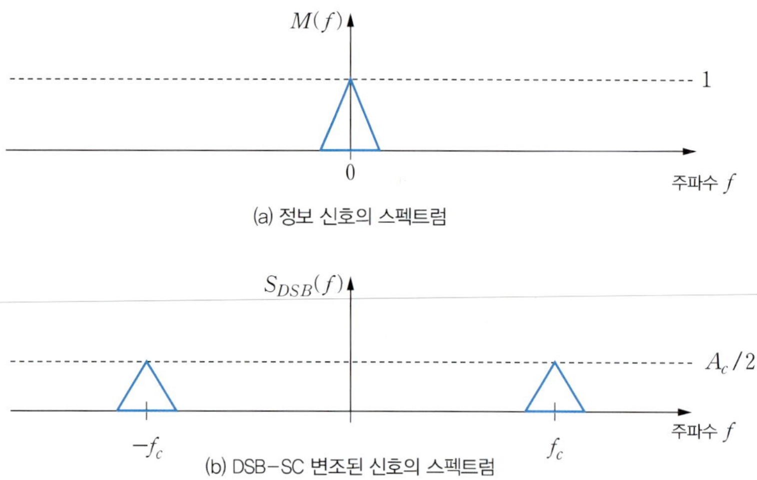

[그림 4-13] 주파수 영역에서 정보 신호와 DSB-SC 변조된 신호의 관계

DSB-SC 변조된 신호를 복조하는 방법으로는 [그림 4-14]에 나타낸 **동기 검파기**(coherent detector)가 있다. 단, 그림에서는 국부 발진기가 만들어내는 정현파의 위상이 수신된 신호의 반송파 위상과 동일한 경우를 가정했지만 실제로는 약간의 오차가 존재할 수 있다.

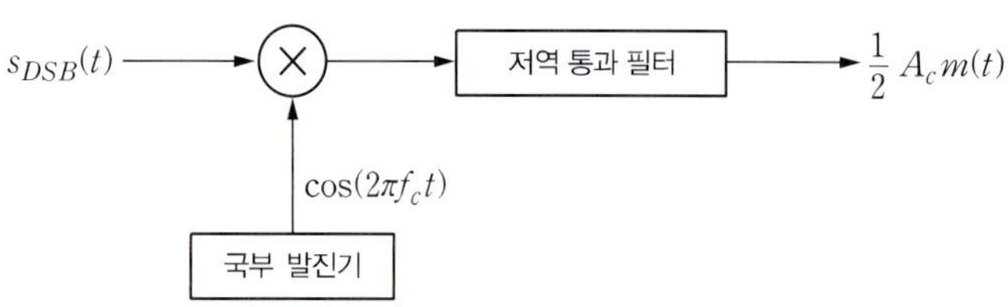

[그림 4-14] 동기 검파기의 구조

[그림 4-14]에서 곱셈기(multiplier)의 출력을 $y(t)$라고 하면 다음과 같이 나타낼 수 있다.

$$\begin{aligned} y(t) &= \cos(2\pi f_c t) s_{DSB}(t) \\ &= \cos(2\pi f_c t) A_c \cos(2\pi f_c t) m(t) \\ &= \frac{1}{2} A_c \cos(4\pi f_c t) m(t) + \frac{1}{2} A_c m(t) \end{aligned} \tag{4.11}$$

이 신호가 저역 통과 필터에 입력되면, 필터의 출력 $z(t)$는 다음과 같이 표현할 수 있다.

$$z(t) = \frac{1}{2} A_c m(t) \tag{4.12}$$

이때 저역 통과 필터의 대역폭은 정보 신호의 대역폭 이상이 되어야 한다. 식 (4.12)에서 알 수 있듯이 최종 출력은 정보 신호 $m(t)$의 상수 배가 되므로 송신기가 전달하려고 한 정보 신호를 복원한 것으로 볼 수 있다.

예제 4-4

정보 신호 $m(t) = \cos(2000\pi t)$를 DSB-SC 변조 방식으로 전송하고 [그림 4-14]의 동기 검파기를 이용하여 복조하려고 한다. 동기 검파기를 구성하는 저역 통과 필터의 최소 대역폭은 얼마가 되어야 하는지 구하라.

풀이

저역 통과 필터의 최소 대역폭은 정보 신호의 대역폭과 동일해야 한다. 주어진 조건에서 정보 신호의 대역폭은 1[kHz]이므로 저역 통과 필터의 최소 대역폭도 1[kHz]가 되어야 한다.

3 단측파대 변조(SSB 변조)

DSB-SC 변조 방식을 사용하여 변조된 신호를 만들었을 때 주파수 절댓값이 반송파 주파수보다 낮은 영역의 스펙트럼을 **하측파대**(Lower SideBand : LSB)라고 하고, 반송파 주파수보다 높은 영역의 스펙트럼을 **상측파대**(Upper SideBand : USB)라고 한다. 이를 그림으로 나타내면 [그림 4-15]에 표현한 바와 같다.

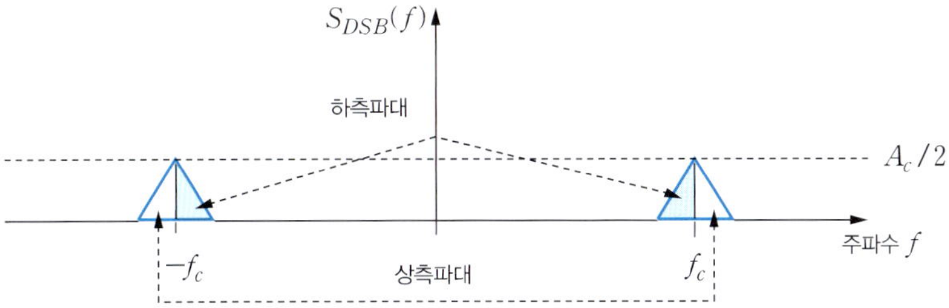

[그림 4-15] DSB-SC 변조된 신호의 스펙트럼에서 상측파대와 하측파대

하측파대와 상측파대 사이에는 일대일 대응 관계가 존재한다. 따라서 두 개의 측파대 중에서 하나만 알고 있어도 이 대응 관계를 활용하여 나머지 측파대를 추정할 수 있다. 이런 관점에서 송신기가 두 개의 측파대를 모두 전송하기보다는 한 개의 측파대만을 전송하여 주파수 이용 효율을 높이는 방식이 **단측파대**(Single SideBand : SSB) 변조 방식이다.

[그림 4-16]은 SSB 변조 및 복조 과정을 개념적으로 간단하게 나타낸 것이다.

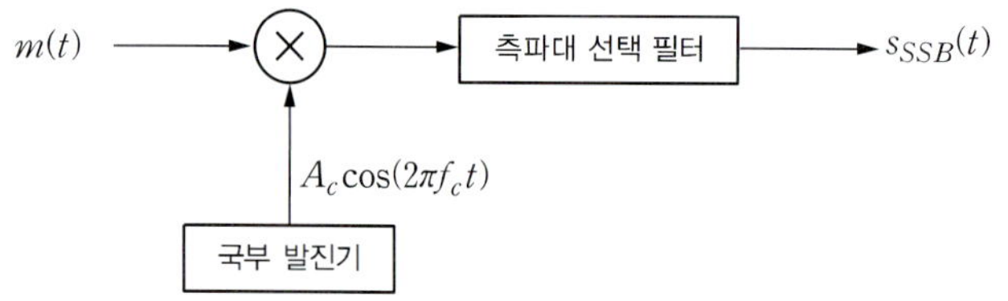

(a) 변조 과정

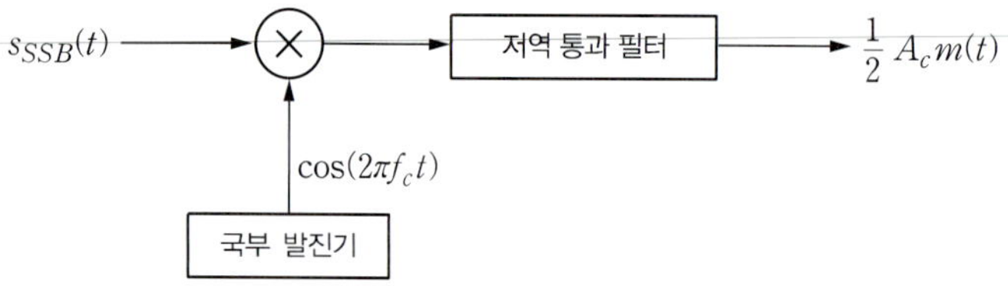

(b) 복조 과정

[그림 4-16] SSB 변조 및 복조 과정

[그림 4-16]은 단순히 양측파대 변조 이후 두 개의 측파대 중에서 하나를 선택하는 대역 통과 필터를 사용하는 형태이다. 만약 주파수 영역에서 하측파대와 상측파대 사이에 빈 공간이 존재한다면 이 중 한 개의 측파대를 선택하는 대역 통과 필터를 설계하는 것이 가능하다. 그러나 빈 공간이 없거나 매우 협소하면 측파대 선택을 위한 대역 통과 필터를 설계하는 것이 매우 어렵다.

DSB-SC 변조된 신호에서 상측파대를 선택하는 필터 $H(f)$를 다음과 같이 $\mathrm{sgn}(f)$ 함수를 사용하여 정의할 수 있다.

$$H(f) = \frac{1}{2}\{1 + \mathrm{sgn}(f - f_c)\} + \frac{1}{2}\{1 - \mathrm{sgn}(f + f_c)\} \tag{4.13}$$

상측파대를 선택한 SSB 변조 신호의 스펙트럼을 $S_{USSB}(f)$라고 할 때, $S_{USSB}(f)$는 양측파대 변조 신호의 스펙트럼인 $S_{DSB}(f)$와 다음과 같은 관계를 갖는다.

$$\begin{aligned} S_{USSB}(f) &= H(f)S_{DSB}(f) \\ &= \frac{1}{2}\{1 + \mathrm{sgn}(f - f_c)\}S_{DSB}(f) + \frac{1}{2}\{1 - \mathrm{sgn}(f + f_c)\}S_{DSB}(f) \end{aligned} \tag{4.14}$$

[그림 4-17]은 정보 신호의 스펙트럼과 USSB 변조 신호의 스펙트럼 간의 관계를 그림으로 나타낸 것이다.

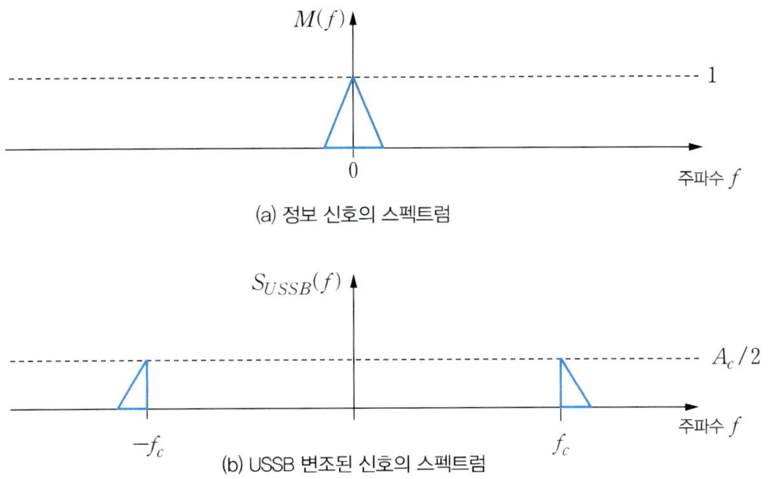

[그림 4-17] 주파수 영역에서 정보 신호와 USSB 변조된 신호의 관계

식 (4.10)의 $S_{DSB}(f)$를 식 (4.14)에 반영하면 식 (4.14)의 우변 첫 번째 항은 $\frac{1}{2}A_cM(f)$ 스펙트럼 중에서 양의 주파수 대역에 있는 스펙트럼을 $+f_c$만큼 주파수 이동한 것으로 생각할 수 있다.

먼저 $\frac{1}{2}A_cM(f)$에서 양의 주파수 대역에 있는 스펙트럼을 힐버트 변환으로 표현하면 $\frac{1}{4}A_c\{M(f)+j(-j)\mathrm{sgn}(f)M(f)\}$로 나타낼 수 있다. 이를 시간 영역으로 변환하면 $\frac{1}{4}A_c\{m(t)+j\hat{m}(t)\}$가 된다. 따라서 식 (4.14)의 우변 첫 번째 항의 스펙트럼을 갖는 신호는 $\frac{1}{4}A_c\{m(t)+j\hat{m}(t)\}\exp(j2\pi f_ct)$가 된다. 마찬가지로 식 (4.14)의 우변 두 번째 항의 스펙트럼을 갖는 신호는 $\frac{1}{4}A_c\{m(t)-j\hat{m}(t)\}\exp(-j2\pi f_ct)$가 된다.

이러한 결과를 식 (4.14)에 적용하면 $s_{USSB}(t)$는 다음과 같이 정리할 수 있다.

★ USSB 변조 신호 형태 ★

$$s_{USSB}(t)=\frac{1}{2}A_cm(t)\cos(2\pi f_ct)-\frac{1}{2}A_c\hat{m}(t)\sin(2\pi f_ct) \tag{4.15}$$

식 (4.15)는 상측파대를 사용하는 SSB 변조 신호의 형태이다. 동일한 방식으로 하측파대를 사용하는 SSB 변조 신호는 다음과 같이 표현할 수 있다.

★ LSSB 변조 신호 형태 ★

$$s_{LSSB}(t)=\frac{1}{2}A_cm(t)\cos(2\pi f_ct)+\frac{1}{2}A_c\hat{m}(t)\sin(2\pi f_ct) \tag{4.16}$$

[그림 4-18]은 하측파대 SSB 변조 신호의 사례를 보여준다.

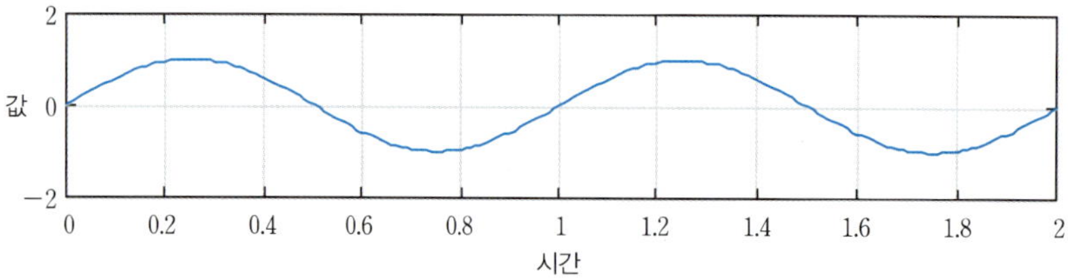

(a) 정보 신호

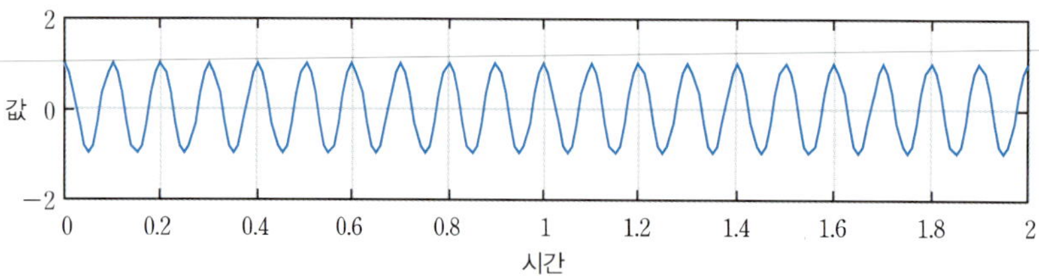

(b) 반송파

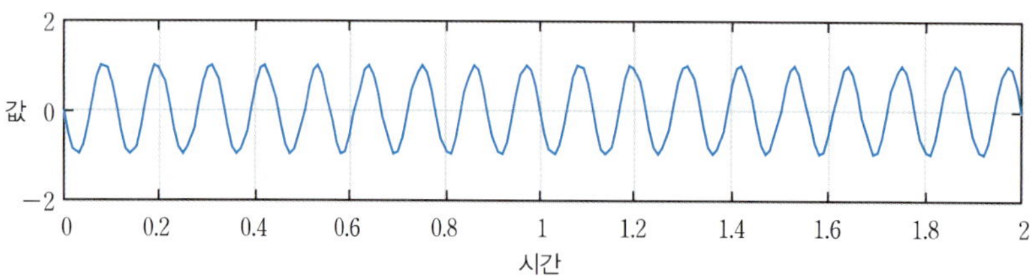

(c) 하측파대 SSB 변조된 파형

[그림 4-18] 하측파대 SSB 변조 신호의 사례

식 (4.15)에 근거하여 상측파대를 사용하는 SSB 변조 신호를 만드는 과정을 나타내면 [그림 4-19]와 같다. 이 구조는 [그림 4-14]와는 달리 대역 통과 필터 대신 힐버트 변환을 사용하여 단측파대 변조 신호를 만드는 방법을 보여준다.

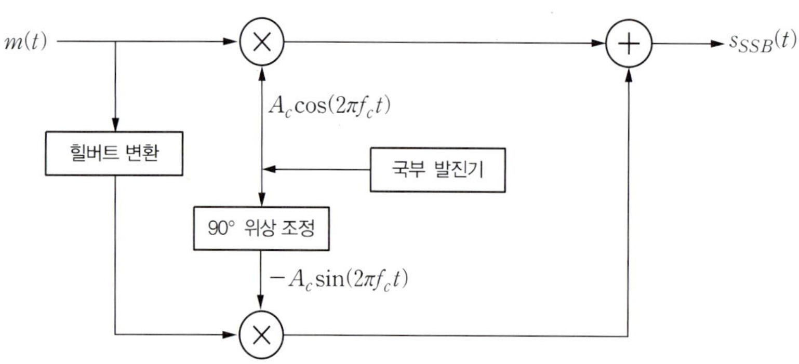

[그림 4-19] SSB 변조 신호 발생 방법

예제 4-5

정보 신호 $m(t) = \cos(2000\pi t)$를 SSB 변조 방식으로 전송하려고 한다. 이때 상측파대를 전송하는 SSB 변조 신호는 다음과 같다.

$$s_{SSB}(t) = A_c m(t)\cos(2\pi 10^6 t) - A_c \hat{m}(t)\sin(2\pi 10^6 t)$$

(a) $\hat{m}(t)$를 구하라.

(b) $s_{SSB}(t)$의 대역폭을 구하라.

풀이

(a) $\hat{m}(t)$는 $m(t)$를 힐버트 변환한 것이므로 $\hat{M}(f) = -j\,\text{sgn}(f)M(f)$의 관계를 활용하면 다음과 같이 전개할 수 있다.

$$\begin{aligned}\hat{M}(f) &= -j\,\text{sgn}(f)M(f) \\ &= -j\,\text{sgn}(f)\frac{1}{2}\{\delta(f-10^3)+\delta(f+10^3)\} \\ &= -\frac{j}{2}\{\delta(f-10^3)-\delta(f+10^3)\}\end{aligned}$$

따라서 $\hat{m}(t) = \sin(2000\pi t)$가 된다.

(b) SSB 변조 방식은 측파대 중 하나만 전송하는 방식이다. 주어진 정보 신호의 대역폭이 1[kHz]이므로 SSB 변조된 신호의 대역폭도 1 [kHz]가 된다.

4 잔류 측파대 변조(VSB 변조)

하나의 측파대만을 전송하는 단측파대 변조 방식은 최소의 대역폭을 사용한다는 장점이 있다. 그러나 정보 신호 $m(t)$의 스펙트럼에서 직류(DC) 주변 성분이 무시할 수 없을 정도라면 필터를 사용하여 하나의 측파대만을 선별해내는 것이 현실적으로 어려울 수 있다. 예를 들어, 영상 신호는 0[Hz] 주파수 주변의 스펙트럼 성분이 상당하므로 이런 스펙트럼 특성을 갖는 정보 신호에 대해 단측파대 변조 방식을 적용하는 것은 쉽지 않다. 이에 대한 대안으로 등장한 것이 **잔류 측파대**(Vestigial Side-Band : VSB) **변조** 방식이다.

지금부터는 수신기로 동기 검파기를 사용하는 것을 전제로 할 때 양측파대 변조 신호에서 측파대 하나를 온전히 선택하는 측파대 필터 이외에 다른 형태의 측파대 필터가 가능한지 살펴보고자 한다. 문제를 단순화하기 위해 전송하고자 하는 정보 신호를 $m(t) = A_m \cos(2\pi f_m t)$라고 하자. 그리고 이를 DSB-SC 변조한 결과를 $s_{DSB}(t)$라고 하면 다음과 같이 나타낼 수 있다.

$$s_{DSB}(t) = A_c A_m \cos(2\pi f_m t) \cos(2\pi f_c t) \quad (4.17)$$

이 신호를 주파수 특성이 $H(f)$인 측파대 필터에 입력하면 출력 신호 $s_{VSB}(t)$의 스펙트럼은 다음과 같이 나타낼 수 있다.

$$\begin{aligned} S_{VSB}(f) = \frac{1}{4} A_c A_m \{ & H(-f_c - f_m)\delta(f + f_c + f_m) + H(-f_c + f_m)\delta(f + f_c - f_m) \\ & + H(f_c - f_m)\delta(f - f_c + f_m) + H(f_c + f_m)\delta(f - f_c - f_m)\} \end{aligned} \quad (4.18)$$

신호 $s_{VSB}(t)$를 [그림 4-14]의 동기 검파기에 입력하면 그 출력의 스펙트럼 $Y(f)$는 다음과 같다.

$$\begin{aligned} Y(f) = & \frac{1}{8} A_c A_m \{H(-f_c - f_m) + H(f_c - f_m)\}\delta(f + f_m) \\ & + \frac{1}{8} A_c A_m \{H(f_c + f_m) + H(-f_c + f_m)\}\delta(f - f_m) \end{aligned} \quad (4.19)$$

따라서 동기 검파기의 출력이 정보 신호 $m(t)$의 상수 배가 되려면 다음의 조건을 만족해야 한다.

$$H(-f_c - f_m) + H(f_c - f_m) = H(f_c + f_m) + H(-f_c + f_m) \quad (4.20)$$

이 조건을 여러 주파수 성분으로 구성된 일반적인 정보 신호에 대한 것으로 확장하면 다음과 같다.

$$H(f - f_c) + H(f + f_c) = \text{상수}, \quad -W \le f \le W \quad (4.21)$$

여기에서 W는 정보 신호의 대역폭이다. 식 (4.21)에서 상수를 1로 할 때 이런 조건을 만족하는 측파대 필터의 주파수 응답 사례로 [그림 4-20]의 주파수 응답을 생각해 볼 수 있다(편의상 주파수 응답이 실수인 경우를 가정했다). 식 (4.21)에 의해 $H(f_c + W) = 1$이므로 $H(-f_c + W) = 0$이 된다.

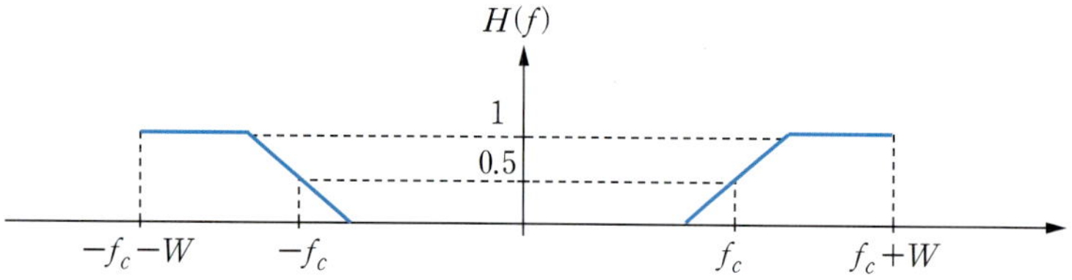

[그림 4-20] 측파대 필터의 주파수 응답 사례

이때 측파대 필터의 임펄스 응답에 대한 복소 포락선 스펙트럼을 $\widetilde{H}(f)$라고 하고, 새로운 주파수 응답 $H_1(f)$를 $H_1(f) \equiv \widetilde{H}(f) - 1$이라고 정의한다. 이미 언급한 바와 같이 VSB 변조 신호는 DSB–SC 변조한 신호에 측파대 필터를 적용한 결과이다. 정보 신호 $m(t)$로부터 양측파대 변조한 결과를 $s_{DSB}(t) = A_c m(t) \cos(2\pi f_c t)$라고 하면 이 신호의 복소 포락선 $\tilde{s}_{DSB}(t) = A_c m(t)$가 된다. 따라서 측파대 필터의 출력에 대한 복소 포락선 $\tilde{s}_{VSB}(t)$를 다음과 같이 표현할 수 있다.

$$\begin{aligned} \tilde{s}_{VSB}(t) &= \frac{1}{2} A_c m(t) \otimes \tilde{h}(t) \\ &= \frac{1}{2} A_c m(t) \otimes \{\delta(t) + h_1(t)\} \\ &= \frac{1}{2} A_c m(t) + \frac{1}{2} A_c m(t) \otimes h_1(t) \end{aligned} \tag{4.22}$$

이 식에서 $h_1(t) \equiv F^{-1}[H_1(f)]$이다. 그러면 $s_{VSB}(t)$와 $\tilde{s}_{VSB}(t)$의 관계에 따라 $s_{VSB}(t)$를 다음과 나타낼 수 있다.

$$\begin{aligned} s_{VSB}(t) &= Re\left[\tilde{s}_{VSB}(t) \exp(j2\pi f_c t)\right] \\ &= \frac{1}{2} Re\left[A_c m(t) \exp(2\pi f_c t)\right] + \frac{1}{2} Re\left[A_c \{m(t) \otimes h_1(t)\} \exp(j2\pi f_c t)\right] \end{aligned} \tag{4.23}$$

여기에서 $H_1(f)$가 $|f| \leq W$의 영역에서 기함수 형태를 가지므로 $h_1(t)$는 순허수 함수가 된다. 따라서 $h_2(t) \equiv -jh_1(t)$로 정의하면 $h_2(t)$는 실함수가 된다. $h_2(t)$를 이용하여 식 (4.23)을 표현하면 다음과 같다.

$$\begin{aligned} s_{VSB}(t) = &\frac{1}{2} Re\left[A_c m(t) \exp(2\pi f_c t)\right] \\ &+ \frac{1}{2} Re\left[A_c \{m(t) \otimes h_2(t)\} j \exp(j2\pi f_c t)\right] \end{aligned} \tag{4.24}$$

그리고 $m_1(t) \equiv m(t) \otimes h_2(t)$라고 정의하면 식 (4.24)를 다음과 같이 다시 정리할 수 있다.

★ VSB 변조 신호 형태 ★

$$s_{VSB}(t) = \frac{1}{2} A_c m(t) \cos(2\pi f_c t) - \frac{1}{2} A_c m_1(t) \sin(2\pi f_c t) \tag{4.25}$$

이 결과는 $H(f)$가 실함수라는 전제에서 나온 것이지만 복소 함수로 확대하더라도 $H_1(f)$의 실수부는 기함수, 허수부는 우함수가 되어 동일한 결과를 얻을 수 있다. 한편, 식 (4.25)를 식 (4.15)와 비교해보면 VSB 변조 신호의 형태가 SSB 변조 신호의 형태와 유사하며, 측파대 필터 형태에 따라 SSB 변조 신호가 될 수도 있음을 알 수 있다.

5 위상 변조(PM)

위상 변조(Phase Modulation : PM)는 반송파의 특징 중에서 위상을 정보 신호에 따라 변경하는 방식이다. 따라서 PM 신호를 $s_{PM}(t)$라고 하면 다음과 같이 정의한다.

★ PM 신호 형태 ★

$$s_{PM}(t) = A_c \cos\{2\pi f_c t + k_p m(t)\} \tag{4.26}$$

이 식에서 알 수 있듯이 PM 신호는 반송파의 위상만을 조정하므로 진폭은 일정하다. [그림 4-21]은 PM 신호의 사례를 보여준다.

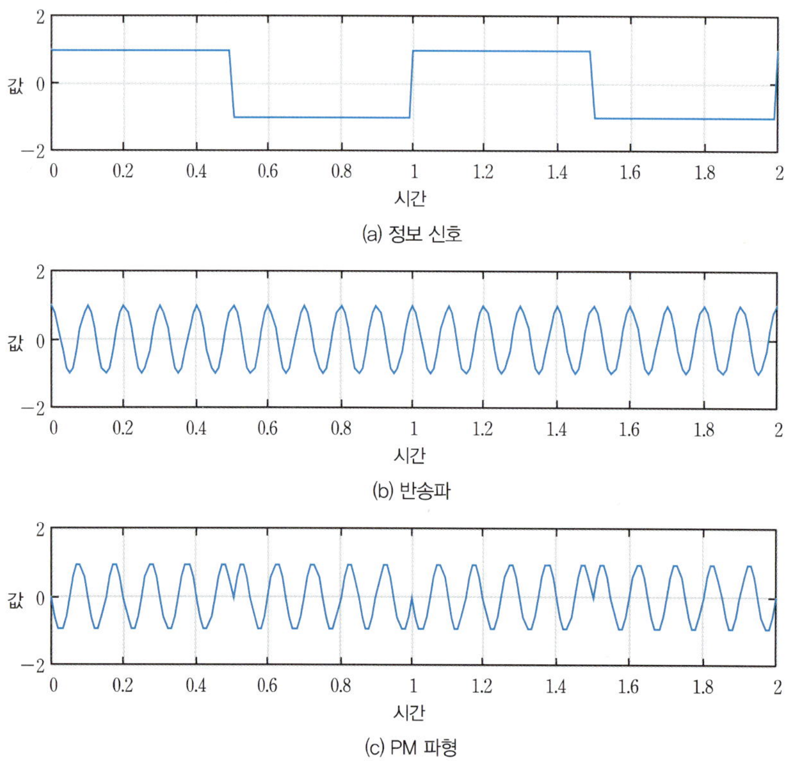

[그림 4-21] PM 신호의 사례

6 주파수 변조(FM)

주파수 변조(Frequency Modulation : FM)는 반송파의 순시 주파수를 정보 신호에 따라 조절하는 방식이다. 순시 주파수는 매 순간 갖는 주파수를 의미하며, 주파수 변조의 경우에는 순시 주파수 $f_i(t)$가 정보 신호 $m(t)$와 다음과 같은 관계를 갖는다.

$$f_i(t) = f_c + k_f m(t) \tag{4.27}$$

이 식에서 k_f는 정보 신호가 순시 주파수에 미치는 영향의 정도를 표현하는 비례 상수이다. FM 신호 $s_{FM}(t) = A_c \cos\{\theta(t)\}$라고 할 때 $f_i(t) = \dfrac{1}{2\pi}\dfrac{d\theta(t)}{dt}$이므로 식 (4.27)로부터 $s_{FM}(t)$를 다음과 같이 유도할 수 있다.

★ FM 신호 형태 ★

$$s_{FM}(t) = A_c \cos\left(2\pi f_c t + 2\pi k_f \int_0^t m(u)\,du\right) \tag{4.28}$$

[그림 4-22]는 FM 신호의 사례를 보여준다.

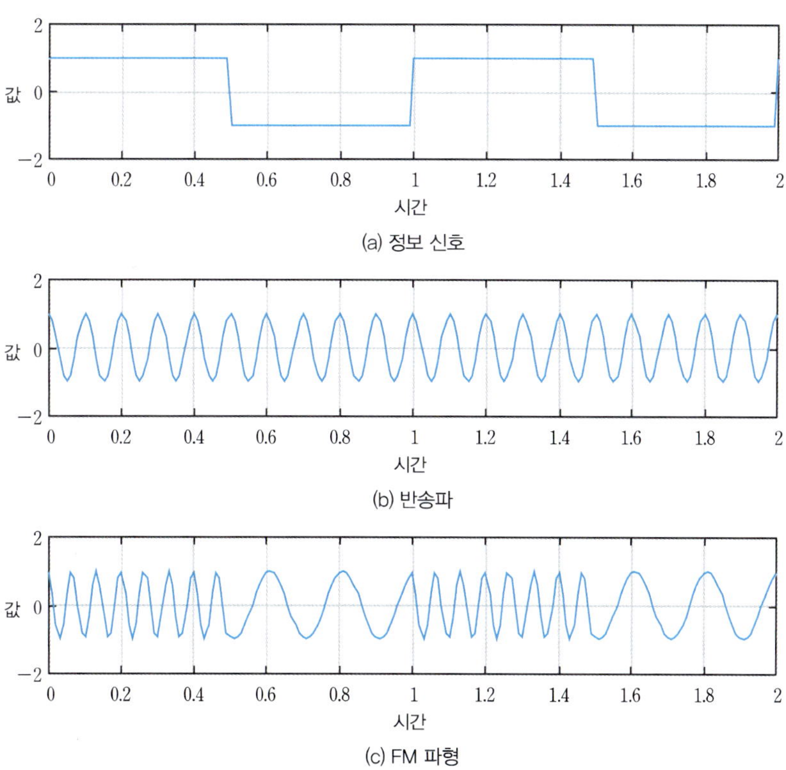

[그림 4-22] FM 신호의 사례

식 (4.28)에서 보는 바와 같이 FM 신호는 정보 신호의 비선형 함수 형태가 되므로 일반적인 정보 신호에 대해서는 주파수 변조 신호의 스펙트럼을 계산하기 어렵다. 그렇지만 FM 신호의 스펙트럼 특성을 살펴보기 위해 간단한 형태의 정보 신호에 대한 FM 신호의 스펙트럼을 구하고, 이를 통해 일반적인 정보 신호에 대한 스펙트럼 특성을 유추해보고자 한다.

정보 신호를 $m(t) = A_m \cos(2\pi f_m t)$라고 하면 순시 주파수 $f_i(t)$는 다음과 같이 표현할 수 있다.

$$\begin{aligned} f_i(t) &= f_c + k_f A_m \cos(2\pi f_m t) \\ &= f_c + \Delta f \cos(2\pi f_m t) \end{aligned} \tag{4.29}$$

여기에서 $\Delta f \equiv k_f A_m$으로, **주파수 편이**(frequency deviation)라고 한다. 그리고 순시 주파수를 적분하여 얻는 순시 위상을 $\theta_i(t)$라고 하면, $\theta_i(t)$는 다음과 같이 나타낼 수 있다.

$$\begin{aligned} \theta_i(t) &= 2\pi \int_0^t f_i(u) du \\ &= 2\pi f_c t + \frac{\Delta f}{f_m} \sin(2\pi f_m t) \end{aligned} \tag{4.30}$$

여기에서 $\frac{\Delta f}{f_m}$는 정보 신호의 대역폭에 대한 주파수 편이의 비율을 나타내는 값으로, **변조 지수** β라고 한다. 그러면 식 (4.28)에 따라 $s_{FM}(t)$는 다음과 같이 나타낼 수 있다.

$$s_{FM}(t) = A_c \cos(2\pi f_c t + \beta \sin 2\pi f_m t) \tag{4.31}$$

그리고 $s_{FM}(t)$에 대한 복소 포락선 $\tilde{s}_{FM}(t)$는 다음과 같다.

$$\tilde{s}_{FM}(t) = A_c \exp\{j\beta \sin(2\pi f_m t)\} \tag{4.32}$$

이때 $\tilde{s}_{FM}(t)$는 주기가 $\frac{1}{f_m}$인 주기 신호로, 다음과 같이 푸리에 급수로 전개할 수 있다.

$$\tilde{s}_{FM}(t) = \sum_{n=-\infty}^{\infty} c_n \exp(j2\pi n f_m t) \tag{4.33}$$

여기에서 푸리에 급수 계수를 나타내는 c_n은 다음과 같이 전개할 수 있다.

$$\begin{aligned} c_n &= f_m \int_{-\frac{1}{2f_m}}^{\frac{1}{2f_m}} \tilde{s}_{FM}(t) \exp(-j2\pi n f_m t) dt \\ &= f_m A_c \int_{-\frac{1}{2f_m}}^{\frac{1}{2f_m}} \exp\{j\beta \sin(2\pi f_m t) - j2\pi n f_m t\} dt \end{aligned} \tag{4.34}$$

식 (4.34)에서 새로운 적분 변수를 $x \equiv 2\pi f_m t$로 정의하면 다음과 같이 변환할 수 있다.

$$c_n = \frac{A_c}{2\pi}\int_{-\pi}^{\pi} \exp\{j(\beta \sin x - nx)\}dx = A_c J_n(\beta) \tag{4.35}$$

이 식에서 $J_n(\beta)$는 변형된 베셀 함수라고 하며, $J_n(\beta) \equiv \frac{1}{2\pi}\int_{-\pi}^{\pi} \exp\{j(\beta \sin x - nx)\}dx$로 정의한다. 이러한 식 (4.35)를 식 (4.33)에 적용하면 $s_{FM}(t)$를 다음과 같이 급수 형태로 나타낼 수 있다.

$$s_{FM}(t) = A_c \sum_{n=-\infty}^{\infty} J_n(\beta)\cos\{2\pi(f_c + nf_m)t\} \tag{4.36}$$

푸리에 변환을 적용하면 FM 신호 $s_{FM}(t)$에 대한 스펙트럼 $S_{FM}(f)$는 다음과 같다.

$$S_{FM}(f) = \frac{A_c}{2}\sum_{n=-\infty}^{\infty} J_n(\beta)\{\delta(f - f_c - nf_m) + \delta(f + f_c + nf_m)\} \tag{4.37}$$

이 식에서 볼 수 있듯이 정보 신호가 단순한 정현파임에도 불구하고 FM 신호인 $s_{FM}(t)$는 무수히 많은 주파수 성분으로 이루어져 있으며, 이웃하는 주파수 성분 간의 주파수 차이는 정보 신호의 주파수 f_m과 같다는 것을 알 수 있다. 이는 FM과 같은 비선형 변조 과정의 특징으로써 이전에 학습했던 DSB-SC 변조, AM 변조, SSB 변조와는 전혀 다른 스펙트럼 특성이다. 따라서 대역폭을 정하기 애매한 측면이 있다. 따라서 일반적으로 전력의 상당 부분을 차지하는 주파수 성분들의 주파수 범위를 대역폭으로 정하는데, 대표적인 방법으로 **카슨의 규칙**(Carson's Rule)이 있다. 이 규칙에 따르면 FM 신호의 대역폭 B_T는 다음과 같이 정의한다.

★ 카슨의 규칙 ★

$$B_T \approx 2\Delta f + 2W = 2\Delta f\left(1 + \frac{1}{\beta}\right) \tag{4.38}$$

이 식에서 W는 정보 신호의 대역폭을 나타내며, $\beta = \frac{\Delta f}{W}$이다.

FM 신호의 일반적인 형태는 이미 식 (4.28)로 나타낸 바 있다. 이 식을 보면 정보 신호 $m(t)$가 위상에 포함되어 있으므로 복조를 위해 앞서 언급했던 포락선 검파기나 동기 검파기 같은 복조 방식을 그대로 적용할 수 없다. 그런데 이 신호를 미분하면 다음과 같은 결과를 얻는다.

$$\frac{ds_{FM}(t)}{dt} = -A_c\{2\pi f_c + 2\pi k_f m(t)\}\sin\left(2\pi f_c t + 2\pi k_f \int_0^t m(u)du\right) \tag{4.39}$$

이 식을 보면 정보 신호가 위상 부분에 여전히 남아 있기는 하지만 진폭 부분에도 나타나기 때문에 형태적으로 보면 AM 신호와 매우 유사하다는 것을 알 수 있다.

따라서 포락선 검파기를 이용하여 정보 신호를 추출할 수 있다. 이 특징을 활용하면 FM 신호의 복조 구조는 [그림 4-23]과 같이 표현할 수 있는데, 미분기와 포락선 검파기를 묶어 **주파수 변별기**(frequency discriminator)라고 부른다. 포락선 검파기 출력에서 DC 성분을 제거하면 정보 신호와 닮은 꼴의 신호를 얻을 수 있다.

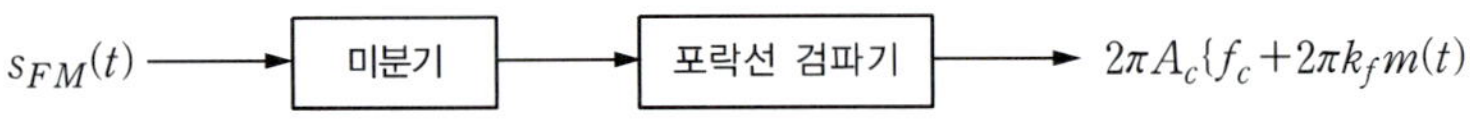

[그림 4-23] 복조 방식

예제 4-6

정보 신호 $m(t)=\cos(2000\pi t)$를 FM 방식으로 전송하려고 한다. 변조 신호 $s_{FM}(t)$는 다음과 같다.

$$s_{FM}(t) = A_c\cos\left(2\pi 10^6 t + 2\pi k_f \int_0^t m(u)du\right)$$

(a) $k_f = 10^4$일 때의 주파수 편이는 얼마인가?

(b) 변조 지수는 얼마인가?

(c) 카슨의 규칙에 따른 대역폭을 구하라.

풀이

(a) 순시 주파수 $f_i(t)$는 정보 신호 $m(t)$와 $f_i(t)=f_c+k_f m(t)$의 관계를 갖는다. 따라서 주파수 편이는 $\Delta f = 10^4$[Hz]가 된다.

(b) 변조 지수 β는 정보 신호의 대역폭에 대한 주파수 편이의 비율이다. 이때 정보 신호의 대역폭이 1[kHz]이고, 주파수 편이가 10[kHz]이므로 $\beta=10$이 된다.

(c) 카슨의 규칙에 따르면 FM 신호의 대역폭 $B_T = 2\times 10^4 + 2\times 10^3 = 22$[kHz]이다.

SECTION 4.4

반송파 복구 방식

이 절에서는 반송파 복구 방식으로 위상 고정 루프와 코스타스 루프를 소개한다.

Keywords | 위상 고정 루프 | 위상 검출기 | 루프 필터 | 전압 제어 발진기 | 코스타스 루프 |

앞에서 아날로그 변조에 대한 복조 방식으로 동기 검파기를 소개한 바 있다. 동기 검파기에서 국부 발진기의 출력은 변조 과정에서 사용한 국부 발진기의 출력인 반송파와 동일 주파수와 위상을 가지는 것이 바람직하다. 따라서 동기 검파기에서 이 두 가지 국부 발진기의 주파수와 위상을 일치시키는 과정이 필요한데, 이를 **반송파 복구**(carrier recovery)라고 부른다. 지금부터 반송파 복구 방식으로 위상 고정 루프와 코스타스 루프를 소개한다.

1 위상 고정 루프(PLL)

위상 고정 루프(Phase-Locked Loop : PLL)는 잡음에 섞여 들어오는 입력 정현파와 동일한 주파수 및 위상을 갖는 정현파를 만들어내는 장치로, 통신 시스템에서 동기화, 주파수 합성, 변복조 등에 널리 활용된다. 예를 들면, AM 신호는 반송파 성분을 갖고 있으므로 대역 통과 필터를 이용하여 반송파 성분을 추출한 후 PLL을 적용하여 수신된 AM 신호의 반송파 성분을 복구할 수 있고, 이를 동기 검파기의 국부 발진기 출력으로 사용할 수 있다. DSB-SC 변조 신호는 원래 신호에는 반송파 성분이 없으나 해당 신호를 제곱하면 반송파의 주파수와 위상이 2배가 되는 성분이 생긴다. 이를 대역 통과 필터를 이용하여 추출한 후 PLL을 적용하여 주파수와 위상을 $\frac{1}{2}$ 배하면 반송파 복구를 할 수 있고, 이를 이용하여 동기 검파를 할 수 있다. PLL의 구조는 [그림 4-24]에 나타낸 바와 같다.

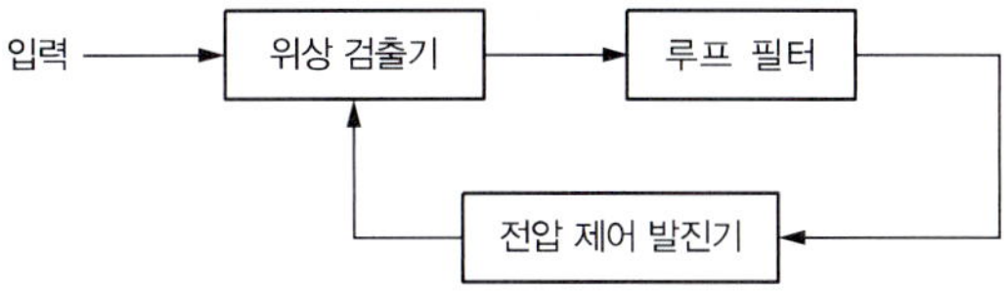

[그림 4-24] 위상 고정 루프의 구조

- **위상 검출기** : 입력과 전압 제어 발진기 출력의 곱을 수행한다.
- **루프(loop) 필터** : 위상 검출기의 출력으로부터 PLL 입력 신호와 전압 제어 발진기 출력 신호 간의 위상 차이에 비례하는 성분을 추출하는 역할을 한다.

- **전압 제어 발진기**(Voltage Controlled Oscillator : VCO) : 입력 신호 값에 따라 출력 정현파의 순시 주파수(instantaneous frequency)를 조절하는 장치이다. [그림 4-24]에서는 루프 필터의 출력을 기반으로 출력 신호의 위상을 제어하는데, 위상 제어의 목적은 PLL 입력 신호의 위상과 전압 제어 발진기 출력 신호의 위상차를 줄이는 것이다.

출력은 PLL을 사용하는 목적에 따라 루프 필터의 출력이 될 수도 있고 전압 제어 발진기의 출력이 될 수도 있다. 만약 주파수 복조를 목표로 사용한다면 루프 필터의 출력이 최종 출력이 되지만, 동기화나 주파수 합성을 목표로 사용한다면 전압 제어 발진기의 출력이 최종 출력이 된다.

다음으로 PLL에서 사용하는 몇 가지 용어를 살펴보자.

- **자유 발진 주파수**(free running frequency) : 전압 제어 발진기에서 입력이 0일 때 출력되는 신호의 주파수를 의미한다.
- **포획 범위**(capture range) : 위상 고정 루프의 입력 신호와 전압 제어 발진기의 출력 신호 간에 주파수가 차이가 나는 상태에서 잠금 상태(lock state), 즉 주파수 차이가 없는 상태로 천이할 수 있는 PLL 입력 신호의 주파수 범위이다.
- **추적 범위**(tracking range) : 이미 잠금 상태에서 PLL 입력 신호의 주파수가 바뀌었을 때, 잠금 상태를 계속 유지할 수 있는 PLL 입력 신호의 주파수 범위를 가리킨다.

2 코스타스 루프

코스타스 루프(Costas loop)는 PLL을 기반으로 한 반송파 복구 방식이다. 예를 들어 DSB-SC 변조 신호를 대상으로 코스타스 루프를 사용한 코스타스 수신기(Costas receiver)의 구조는 [그림 4-25]와 같다.

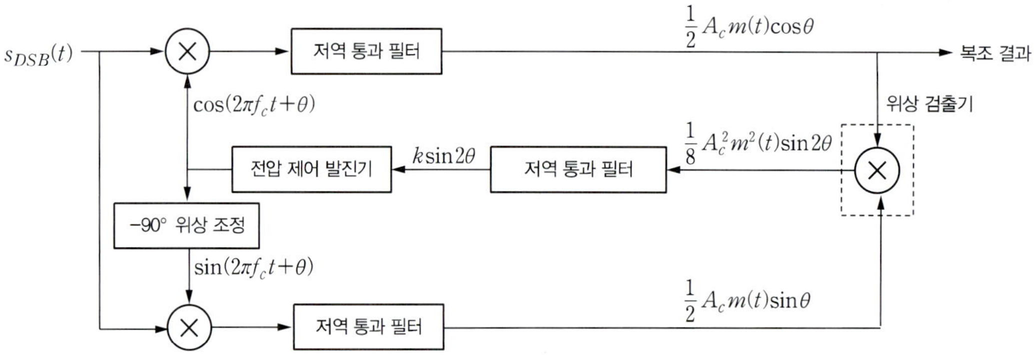

[그림 4-25] 코스타스 수신기의 구조

그림에서 보는 바와 같이 코스타스 수신기는 부귀환(negative feedback) 경로가 2개이지만, PLL의 경우에는 부귀환 회로가 1개이다.

그리고 PLL은 반송파 성분이 이미 있거나 혹은 만들어낼 수 있는 변조 신호에 적용할 수 있지만, 코스타스 루프 혹은 수신기는 DSB-SC 변조 신호처럼 반송파 성분을 포함하지 않는 경우에도 적용할 수 있다는 차이점이 있다.

수신된 신호와 전압 제어 발진기의 출력 간 위상 차이가 θ일 때 상단에 있는 저역 통과 필터의 출력은 $\frac{1}{2}A_c m(t)\cos\theta$가 되며, 하단에 있는 저역 통과 필터의 출력은 $\frac{1}{2}A_c m(t)\sin\theta$가 된다. 위상 검출기는 이들 두 신호를 곱한 다음, 매우 좁은 대역폭을 갖는 저역 통과 필터를 적용하여 위상 차이 θ에 비례하는 출력을 만든다. 이때 상단과 하단 저역 통과 필터의 출력 신호를 곱하면 $\frac{1}{8}A_c^2 m^2(t)\sin 2\theta$가 되는데, θ가 비교적 적은 값이면 $\sin 2\theta \approx 2\theta$로 근사화할 수 있다. 매우 좁은 대역폭을 갖는 저역 통과 필터는 거의 DC 성분만을 출력으로 내보내므로 결국 위상 차이 θ에 비례하는 양을 출력하는 셈이다. 그림에서는 저역 통과 필터의 출력을 $k\sin 2\theta$로 표현했으며, 여기에서 k는 임의의 상수이다. 전압 제어 발진기는 이 값을 근거로 출력 정현파의 위상을 수신된 신호의 반송파 위상에 근접하도록 제어한다.

CHAPTER

04 핵심요약

- 송신기의 기본 구성 요소로는 변조기, 혼합기, 전력 증폭기가 있고, 수신기의 기본 구성 요소로는 대역 통과 필터, 저잡음 증폭기, 혼합기, 복조기가 있다.
- 변조는 통신 채널을 통해 정보 신호가 원활하게 전달되도록 정보 신호의 형태를 변환하는 기술이다.
- 혼합기는 입력 신호의 스펙트럼을 주파수 영역에서 이동시키는 역할을 수행한다.
- 전력 증폭기와 저잡음 증폭기는 모두 증폭 기능을 수행하지만, 전자는 증폭 기능에만 주력한다면 후자는 내부 잡음을 최소화하면서 신호를 증폭하는 데 주안점을 둔다.
- 슈퍼헤테로다인 수신기는 수신하고자 하는 신호를 중간 주파수 대역으로 이동시킨 후 대역 통과 필터를 사용하여 원하는 신호를 추출하고 복조하는 방법이다.
- 슈퍼헤테로다인 수신기는 수신하고자 하는 신호와 영상 신호가 중간 주파수 대역에 혼재할 수 있는 영상 신호 문제를 갖고 있으며, 이를 해결하려면 혼합기 이전 단계에서 영상 신호를 미리 제거해야 한다.
- 변조 방식별로 변조된 신호의 형태를 표로 정리하면 다음과 같다. 표에서 W는 정보 신호의 대역폭을 의미한다.

변조 방식	변조 신호	대역폭
AM	$s_{AM}(t) = A_c\{1 + k_a m(t)\}\cos(2\pi f_c t)$	$BW = 2W$
DSB-SC	$s_{DSB}(t) = A_c m(t)\cos(2\pi f_c t)$	$BW = 2W$
SSB	$s_{SSB}(t) = A_c m(t)\cos(2\pi f_c t) \pm A_c \hat{m}(t)\sin(2\pi f_c t)$	$BW = W$
VSB	$s_{VSB}(t) = A_c m(t)\cos(2\pi f_c t) - A_c m_1(t)\sin(2\pi f_c t)$ 단, $m_1(t)$는 $m(t)$로부터 도출된다.	$W \leq BW \leq 2W$
FM	$s_{FM}(t) = A_c\cos\left(2\pi f_c t + 2\pi k_f \int_0^t m(u)du\right)$	$BW = 2W(1+\beta)$ β : 변조 지수

- AM 복조 방식으로는 포락선 검파기가 있다. 그리고 DSB-SC, SSB, VSB에 대한 복조 방식으로는 동기 검파기가 있다. FM에 대한 복조 방식으로는 미분기와 포락선 검파기가 직렬로 연결된 주파수 변별기가 있다.
- 위상 고정 루프는 위상 검출기, 루프 필터, 전압 제어 발진기로 구성되며 동기화, 주파수 합성, 변복조 등에 널리 활용되는 장치이다.
- 주파수 분할 다중화는 복수의 신호를 서로 겹치지 않은 주파수 대역에 배치하는 다중화 기술이다.

CHAPTER

04 연습문제

4.1 0 [dBW]를 [W] 단위로 표현하라.

4.2 다음과 같이 A, B, C 장치를 직렬로 연결한 시스템이 있다. A, C의 전력 이득이 각각 20 [dB], 40 [dB]이라고 하고, B의 전력 손실은 80 [dB]이라고 한다. $x(t) = \cos(2000\pi t)$일 때 $y(t)$의 전력을 구하라.

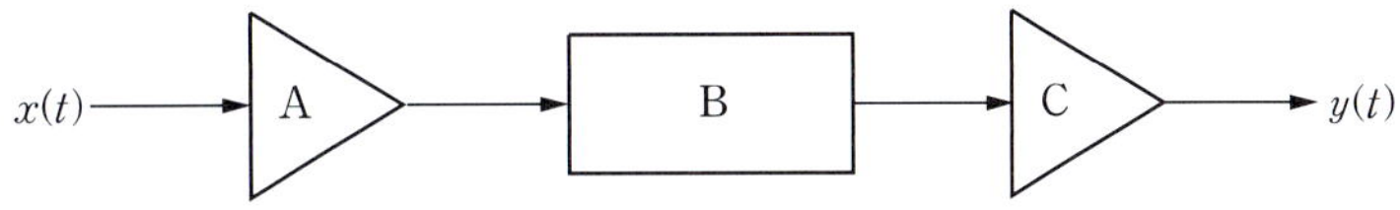

4.3 어떤 대역 통과 신호 $x(t) = \text{sinc}(10t)\cos(2\pi 10^6 t)$가 있다. 이 신호를 혼합기를 사용하여 스펙트럼 위치를 100 [kHz] 대역으로 옮기려고 한다. 혼합기에서 사용하는 국부 발진기 주파수 f_l은 얼마가 되어야 하는지 구하라.

4.4 슈퍼헤테로다인 수신기에서 반송파 주파수가 1600 [kHz]인 AM 신호를 수신하고자 한다. 이 신호에 대한 영상 신호의 반송파 주파수가 2510 [kHz]일 때 중간 주파수를 구하라.

4.5 AM 신호 $s_{AM}(t) = \{100 + 80\cos(800\pi t)\}\cos(2\pi 10^6 t)$가 있다.

(a) 변조 지수를 구하라.

(b) $s_{AM}(t)$의 전력에 대한 측파대 성분의 전력비(송신 전력 효율)를 구하라.

4.6 AM 신호 $s_{AM}(t)$가 다음과 같을 때 k_a의 최댓값은 얼마인가?

$$s_{AM}(t) = \cos(2\pi 10^6 t) + 0.1k_a\cos(2000\pi t)\cos(2\pi 10^6 t)$$

4.7 정보 신호 $m(t) = \text{sinc}(t)\cos(2000\pi t)$를 SSB 변조 방식으로 전송하려고 한다. 그리고 상측파대를 전송하는 SSB 변조 신호 $s_{USSB}(t)$가 다음과 같다. 여기에서 f_c는 반송파 주파수를 의미한다. 이때 $x(t)$를 구하라.

$$s_{USSB}(t) = 10m(t)\cos(2\pi f_c t) - x(t)\sin(2\pi f_c t)$$

SECTION 5.1

확률의 기초

이 절에서는 어떤 사건의 발생 가능성을 정량적으로 표현하는 도구로 확률을 소개하고, 그 기본 성질을 살펴본다. 그리고 전제 조건이 있을 때 어떤 사건의 발생 가능성을 나타내는 조건부 확률을 알아본다.

Keywords | 시행 | 표본공간 | 사건 | 상호 배제 | 조건부 확률 | 베이즈 정리 |

우리 주변에는 실제 시도해보기 전에는 그 결과를 미리 예측할 수 없는 일들이 많이 있다. 각종 운동 경기의 결과나 미래의 주가 등이 대표적인 사례이다. 통신공학에서는 다양한 형태의 신호를 다루는데, 앞에서 살펴본 정현파나 구형파는 미래의 어느 시점에 그 신호의 값이 얼마가 될지 정확하게 예상할 수 있다. 따라서 매 순간 어떤 값을 갖는지를 시간 t의 함수인 $x(t)$ 형태로 표현할 수 있다.

반면에, 전자회로에서 발생하는 열잡음(thermal noise)은 전자의 불규칙한 움직임에 의해 발생하기 때문에 해당 잡음이 미래의 어느 순간에 어떤 값을 가질지 예측할 수 없다. 그러나 잡음에 대한 각종 분석이 필요하기 때문에 어떤 형태로든 이런 잡음을 수학적으로 표현할 수 있어야 한다. 그래서 잡음을 $x(t)$ 형태만으로 표현하는 대신 확률이라는 도구를 함께 사용하여, 시간 t에서 잡음의 값이 어떤 범위에 있을 가능성을 숫자로 표현하는 방법을 사용한다. 이를 위해 이 절에서는 사건의 발생 가능성을 나타내는 양으로 확률을 소개하면서 확률의 정의와 기본적인 성질을 살펴본다. 아울러 전제 조건이 있을 때 사건의 발생 가능성을 나타내는 조건부 확률을 설명한다.

1 확률의 정의

확률을 정의하기에 앞서 몇 가지 용어를 살펴보자. 먼저 그 결과를 예측할 수 없지만 반복할 수 있는 실험을 **시행**(random experiment)이라고 한다. 예를 들어, 주사위를 던져서 나오는 눈의 수를 확인하는 실험은 그 결과를 예측할 수 없고 반복할 수 있는 과정이므로 시행이라고 할 수 있다. 시행을 실시하면 결과가 나오는데, 이때 발생 가능한 결과들을 **근원 사건**(sample point)이라고 한다. 그리고 모든 발생 가능한 근원 사건들의 집합을 **표본공간**(sample space)이라고 한다. 표본공간을 전체 집합으로 보았을 때, 이에 대한 임의의 부분 집합을 **사건**(event)이라고 한다. 사건 A 또는 사건 B가 발생하는 사건은 $A+B$로 나타내며, 사건 A와 사건 B가 동시에 발생하는 사건은 AB로 표시한다.

예제 5-1

주사위를 던지는 시행에 대한 표본공간을 구하라.

풀이

주사위를 던졌을 때 발생할 수 있는 결과는 1, 2, 3, 4, 5, 6이므로 이들의 개별 결과가 근원 사건이 되며, 이 시행에 대한 표본공간은 {1, 2, 3, 4, 5, 6}이 된다.

확률을 정의하는 방법은 크게 두 가지가 있다. 첫 번째는 시행을 무한히 반복했을 때 사건 A가 발생하는 빈도를 사건 A의 확률로 정의하는 것이다. 이 방법은 시행을 무한히 반복해야 한다는 단점을 가질 뿐만 아니라 때에 따라서는 시행을 반복하는 것이 쉽지 않은 경우가 있어 확률의 정의로 사용하기에는 어려움이 있다.

두 번째는 다음과 같은 세 가지 조건을 만족하는 양으로 확률을 정의하는 것이다. 이 방법은 사건 A에 대한 확률을 $P(A)$라고 표현할 때, 확률 $P(\cdot)$가 다음의 조건을 만족해야 한다는 것이다.

조건1 사건 A가 표본공간 S이면 확률 $P(S)=1$이 된다.

표본공간이라는 사건은 시행에 따른 모든 결과를 포함한 하나의 사건이다. 예를 들어, 동전을 던지는 시행의 경우 표본공간 S는 앞면과 뒷면이라는 근원 사건을 모두 포함하고 있다. 따라서 시행을 실행했을 때 표본공간이라는 사건은 항상 발생한다고 할 수 있다. 따라서 $P(S)=1$이 되어야 한다.

조건2 어떤 사건 A에 대해 $0 \leqq P(A) \leqq 1$이어야 한다.

어떤 사건도 그 발생 가능성을 나타내는 $P(A)$가 0보다 작을 수는 없다. 또한 어떤 사건이든 시행을 실행한 횟수보다 사건 A가 더 많이 발생할 수는 없으므로 $P(A)$는 1을 초과할 수 없다.

조건3 만약 두 사건 A, B가 동시에 발생하지 않는다면, 사건 A 또는 B가 발생할 확률 $P(A+B)$는 $P(A)+P(B)$와 같다.

두 개의 사건이 함께 발생할 수 없을 때 두 사건은 **상호 배제**(mutual exclusive)의 관계를 갖는다고 표현한다. 예를 들어, 동전을 던지는 시행의 경우 앞면이 나오는 사건과 뒷면이 나오는 사건은 상호 배제의 관계를 갖는다. 따라서 동전을 던지는 시행에서 앞면 또는 뒷면이 나오는 사건에 대한 확률은 앞면이 나오는 사건에 대한 확률과 뒷면이 나오는 사건에 대한 확률을 합산한 값이 되는 것이다.

이러한 세 가지 조건은 확률이라는 함수가 갖추어야 할 최소한의 조건을 규정한 것으로, 많은 문헌에서 확률에 대한 정의로 사용하고 있다. 따라서 어떤 함수가 이 세 가지 조건을 충족한다면 확률로 사용할 수 있다.

2 확률의 성질

확률의 정의로부터 도출될 수 있는 성질에는 몇 가지가 있는데, 여기에서는 다음 두 가지를 소개하고자 한다.

성질1 사건 A가 발생하지 않는 사건을 $\overline{A}$ 라고 할 때, 확률 $P(\overline{A}) = 1 - P(A)$가 된다.

사건 A와 사건 $\overline{A}$는 상호 배제의 관계이며, 사건 $A + \overline{A}$는 표본공간 S와 동일하기 때문에 앞서 살펴본 확률이 되기 위한 [조건 3]에 의해 $P(\overline{A}) + P(A) = 1$이 된다. 따라서 $P(\overline{A}) = 1 - P(A)$가 된다.

성질2 임의의 두 사건 A, B에 대해 사건 A 또는 사건 B가 발생할 확률 $P(A+B)$는 다음과 같은 관계를 만족한다.

$$P(A+B) = P(A) + P(B) - P(AB) \tag{5.1}$$

사건 A 또는 사건 B가 일어나는 사건, 즉 $A+B$는 $A + \overline{A}B$로 바꾸어 표현할 수 있으며, 이때 사건 A와 사건 $\overline{A}B$는 상호 배제 관계에 있다. 따라서 확률이 되기 위한 [조건 3]에 의해 $P(A+B)$를 다음과 같이 나타낼 수 있다.

$$\begin{aligned} P(A+B) &= P(A + \overline{A}B) \\ &= P(A) + P(\overline{A}B) \end{aligned} \tag{5.2}$$

또한 사건 B는 $AB + \overline{A}B$로 표현할 수 있고 이때 AB와 $\overline{A}B$는 상호 배제의 관계에 있으므로 확률이 되기 위한 [조건 3]에 의해 $P(B)$는 다음과 같이 전개할 수 있다.

$$\begin{aligned} P(B) &= P(AB + \overline{A}B) \\ &= P(AB) + P(\overline{A}B) \end{aligned} \tag{5.3}$$

식 (5.3)으로부터 $P(\overline{A}B) = P(B) - P(AB)$의 관계를 유도할 수 있고, 이를 식 (5.2)에 대입하면 식 (5.1)을 유도할 수 있다.

3 조건부 확률

앞서 어떤 사건이 발생할 가능성을 표현하는 방법으로 확률을 소개했다. 그런데 경우에 따라서는 어떤 전제 조건이 주어진 상황에서 해당 사건이 발생할 가능성, 즉 확률이 필요할 수도 있다. 예를 들면, 사람의 수명이 80세 이상일 확률이 알려져 있는데, 남자라는 조건 하에서 사람의 수명이 80세 이상일 확률이 필요할 수도 있다. 이를 다루기 위해서 조건부 확률이라는 양을 정의한다.

조건부 확률(conditional probability)은 한 사건이 발생한 조건에서 다른 사건이 발생할 확률을 의미한다. 사건 B가 일어난 상태에서 사건 A가 일어나는 조건부 확률은 $P(A \mid B)$로 표시하고, 다음과 같이 정의한다.

★ 조건부 확률 ★

$$P(A \mid B) = \frac{P(AB)}{P(B)} \tag{5.4}$$

이 정의에 따르면 $P(AB) = P(A \mid B)P(B)$이고 $P(BA) = P(B \mid A)P(A)$이다. 이때 $P(AB) = P(BA)$이므로 다음의 관계가 성립하고, 이를 **베이즈 정리**(Bayes' theorem)라고 한다.

★ 베이즈 정리 ★

$$P(B \mid A) = \frac{P(A \mid B)P(B)}{P(A)} \tag{5.5}$$

베이즈 정리는 $P(A \mid B)$와 $P(B \mid A)$ 간의 관계를 표현하는 식이라고 할 수 있다. 예를 들어, 송신기에서 "0"이라는 정보와 "1"이라는 정보를 보내고, 수신기에서 이를 수신하는 과정에서 오류가 발생할 수 있는 상황을 살펴보자.

송신기에서 "0", "1"을 보내는 사건을 각각 T_0, T_1이라고 하고 이때 수신기에서 관측되는 양으로 "y_0", "y_1"이 있으며, 이들이 관측되는 사건을 각각 R_0, R_1이라고 하자. 그러면 $\{P(R_j \mid T_i),\ i = 0, 1\ \ j = 0, 1\}$은 송신기가 "$i$"을 보냈을 때 수신기가 "$y_j$"를 받은 경우이며, 그 값이 주어지는 경우가 많다. 그런데 수신기 입장에서는 최대한 올바른 판정을 하기 위해서 $\{P(T_j \mid R_i),\ i = 0, 1\ \ j = 0, 1\}$에 대한 정보가 필요하다. 예를 들어, 수신기에서 관측되는 양이 y_0일 때 송신기에서 보낸 정보가 "0"인지 "1"인지를 최대한 정확하게 추정하기 위해서는 $\{P(T_j \mid R_0),\ j = 0, 1\}$의 정보가 필요하며, 이를 결정하기 위해서 베이즈 정리를 활용할 수 있다.

예제 5-2

주사위를 던지는 시행에서 짝수가 나오는 사건을 사건 B라고 하고, 2라는 눈이 나오는 사건을 사건 A라고 한다. 이때 조건부 확률 $P(A|B)$를 구하라.

풀이

사건 AB는 눈이 짝수이면서 2가 나오는 사건이다. 결국 이 사건은 눈이 2가 나오는 사건과 동일하므로 $P(AB)=\frac{1}{6}$이고, 사건 B는 눈이 짝수인 경우로 눈이 2, 4, 6인 사건의 확률을 합한 것이므로 $P(B)=\frac{1}{2}$이다. 따라서 식 (5.4)에 의해 다음과 같이 구할 수 있다.

$$P(A|B)=\frac{P(AB)}{P(B)}=\frac{\frac{1}{6}}{\frac{1}{2}}=\frac{1}{3}$$

눈이 짝수가 되는 사건이 발생했을 때 이는 시행 결과가 2, 4, 6 중의 하나라는 것을 의미한다. 그리고 2, 4, 6이 발생할 각각의 확률은 동일하고 그 합은 1이 되어야 하므로, 그 중에 눈이 2가 될 확률은 $\frac{1}{3}$이 된다고 예상할 수 있다. 그리고 이는 식 (5.4)에 따른 결과와 일치한다.

만약 두 사건 A와 B에 대해 $P(B|A)=P(B)$의 관계가 성립한다면, 이 두 사건은 통계적으로 독립(statistical independence)된 관계에 있다고 정의한다. 이에 따라 통계적으로 독립인 두 사건 A와 B에 대해서 $P(AB)=P(A)P(B)$가 성립함을 알 수 있다.

SECTION

5.2 확률 변수

이 절에서는 시행에 따른 근원 사건을 실수(real number)로 나타내는 확률 변수를 소개하고, 이 변수가 갖는 값들의 분포를 나타내는 확률 밀도 함수를 소개한다. 그리고 확률 변수가 다른 확률 변수로 변환되었을 때 이들 확률 밀도 함수가 어떻게 달라지는지 설명하고, 확률 변수가 갖는 주요 통계량에 대한 정의를 제시한다.

Keywords | 연속 확률 변수 | 이산 확률 변수 | 누적 분포 함수 | 확률 밀도 함수 | 확률 벡터 | 평균 | 분산 | 표준 편차 | 확률 변수 변환 |

1 확률 변수의 개념

확률 변수(stochastic variable)는 [그림 5-1]에 나타낸 바와 같이 근원 사건을 임의의 실수에 대응시키는 일종의 함수로, 주로 영어 대문자로 표시한다. 예를 들어, 확률 변수의 이름이 X라고 할 때 근원 사건 s에 대응되는 실숫값은 $X(s)$이다. 그런데 확률 변수가 함수이기 때문에 $X(s)$로 표현하는 것이 원칙적으로 맞지만 관습적으로 단순히 X로 표기한다. 이런 표기가 변수 형태처럼 보이기 때문에 이러한 함수를 확률 변수라고 불렀다.

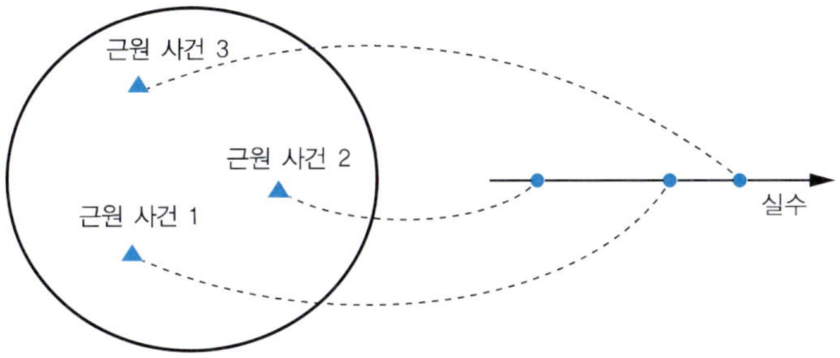

[그림 5-1] 확률 변수의 개념

시행에 따라서 근원 사건이 숫자가 아닐 수 있는데, 숫자가 아닌 경우에는 수학적인 연산을 적용하기 어려워 더 이상의 분석이 어렵다. 그러나 확률 변수를 이용하여 근원 사건을 숫자로 변환하면 다양한 수학 연산을 적용할 수 있으므로 확률 변수를 도입하는 것이 의미가 있다.

예를 들어, 동전을 던지는 시행은 근원 사건으로 '앞면'과 '뒷면'이 있다. 이들 근원 사건을 각각 1과 -1로 대응시키는 확률 변수를 X라고 정의하자. 그러면 동전을 던져서 '앞면'이 나오는 사건은 $X=1$이 되는 사건과 동일하며, 그에 따른 사건의 확률 $P(\text{앞면})$과 $P(X=1)$은 같은 값을 갖는다.

이러한 확률 변수는 값의 특성에 따라 두 가지로 분류할 수 있다. 확률 변수가 갖는 값이 연속적이면 **연속 확률 변수**(continuous random variable)라고 하며, 확률 변수가 갖는 값이 이산적이면 **이산 확률 변수**(discrete random variable)라고 한다. 예를 들어, 확률 변수가 갖는 값이 주사위를 던져 나오는 눈의 개수이면 이산 확률 변수가 되며, 확률 변수가 갖는 값이 매일 일정한 시각에 측정하는 온도이면 연속 확률 변수가 된다.

2 확률 변수의 분포

확률 변수가 갖는 값들에는 어떤 것들이 있으며 발생 가능성이 얼마나 되는지를 살펴보자. 이를 나타내는 함수로 누적 분포 함수와 확률 밀도 함수가 있다.

먼저 확률 변수 X에 대해 누적 분포 함수 $F_X(x)$는 다음과 같이 정의한다.

★ 누적 분포 함수 ★

$$F_X(x) \equiv P(X \leq x) \tag{5.6}$$

누적 분포 함수는 그 자체가 확률이므로 그 값이 0 이상 1 이하가 된다. 또한 이 정의에 따르면 누적 분포 함수 $F_X(x)$는 x가 증가하면 그 값이 감소하지 않는 단조 증가 함수이다. 이때 $x_2 > x_1$이라고 가정하면 $X \leq x_1$에 대응하는 사건과 $x_1 < X \leq x_2$에 대응하는 사건은 상호 배제 사건이므로 다음과 같은 전개가 가능하다.

$$\begin{aligned} F_X(x_2) &= P(X \leq x_2) \\ &= P(X \leq x_1) + P(x_1 < X \leq x_2) \\ &= F_X(x_1) + P(x_1 < X \leq x_2) \end{aligned} \tag{5.7}$$

식 (5.7)로부터 $F_X(x_2) - F_X(x_1) = P(x_1 < X \leq x_2)$의 관계를 도출할 수 있는데, $P(x_1 < X \leq x_2) \geq 0$이므로 $x_2 > x_1$인 경우에는

$$F_X(x_1) \leq F_X(x_2) \tag{5.8}$$

가 되어, 누적 분포 함수가 단조 증가 함수임을 증명할 수 있다.

누적 분포 함수와 동등한 정보를 나타내는 함수로 확률 밀도 함수가 있다. 확률 변수 X에 대한 확률 밀도 함수 $f_X(x)$는 다음과 같이 정의한다.

★ 확률 밀도 함수 ★

$$f_X(x) \equiv \frac{d}{dx} F_X(x) \tag{5.9}$$

앞서 설명한 바와 같이 누적 분포 함수는 단조 증가 함수이다. 따라서 이를 미분한 결과인 확률 밀도 함수는 그 값이 항상 0 이상이 된다. 그리고 식 (5.7)에 따르면 확률 변수 X가 x_1을 초과하고 x_2 이하가 되는 확률은 다음과 같이 확률 밀도 함수를 적분하여 결정할 수 있다.

$$\begin{aligned} P(x_1 < X \le x_2) &= F_X(x_2) - F_X(x_1) \\ &= \int_{-\infty}^{x_2} f_X(x)dx - \int_{-\infty}^{x_1} f_X(x)dx \\ &= \int_{x_1^+}^{x_2} f_X(x)\,dx \end{aligned} \tag{5.10}$$

이 식에서 적분의 하한값으로 사용한 x_1^+는 'x_1을 포함하지는 않는다'를 의미한다.

몇 가지 대표적인 확률 분포를 정리하면 [표 5-1]과 같다. 표에서 균일 분포는 확률 변수 X가 갖는 값의 범위가 (a, b), 즉 $a < x < b$인 경우이다. 그리고 정규 분포에서 m, σ^2은 확률 변수 X의 평균과 분산을 의미한다.

[표 5-1] 여러 가지 확률 분포

종류	확률 밀도 함수
균일 분포	$f_X(x) = \begin{cases} \frac{1}{(b-a)}, & a < x < b \\ 0, & \text{그 외} \end{cases}$
정규 분포 (가우시안 분포)	$f_X(x) = \frac{1}{\sqrt{2\pi\sigma^2}} \exp\left(-\frac{(x-m)^2}{2\sigma^2}\right)$
레일리 분포	$f_X(x) = \frac{1}{\sigma^2} \exp\left(-\frac{x^2}{2\sigma^2}\right)$

중심 극한 정리(central limit theorem)는 동일한 통계 분포를 가지지만 서로 독립적인 N개의 확률 변수를 더해서 새로운 확률 변수를 만들면, 개별 확률 변수의 통계적 분포와 상관없이 새로운 확률 변수의 분포는 N이 커질수록 가우시안 분포(Gaussian distribution)에 가까워진다는 것이다.

실제 자연계에서 나타나는 현상은 여러 가지 독립적인 현상이 합쳐져서 나타나는 경우가 많다. 예를 들어, 열잡음은 수많은 자유전자의 불규칙한 운동에 따른 결과이다. 따라서 중앙 극한 정리를 적용하면 열잡음의 값은 가우시안 분포를 따르게 됨을 예상할 수 있다.

예제 5-3

연속 확률 변수 X가 (0, 1) 구간에서 균일 분포를 따른다고 한다. 이 확률 변수에 대한 확률 밀도 함수와 누적 분포 함수를 구하고, $P(0.1 < X \leq 0.2)$의 값을 구하라.

풀이

균일 분포를 따른다는 것은 확률 밀도 값이 일정 구간에서 상수라는 것을 의미한다. 따라서 X에 대한 확률 밀도 함수 $f_X(x)$는 다음과 같은 형태가 되어야 한다.

$$f_X(x) = \begin{cases} c, & 0 < x < 1 \\ 0, & \text{그 외} \end{cases} \qquad \cdots \text{①}$$

모든 확률 밀도 함수에 대해 $\int_{-\infty}^{\infty} f_X(x)dx = 1$이 항상 성립해야 하므로 식 ①에서 $c = 1$이 되어야 한다. 누적 분포 함수 $F_X(x)$는 확률 밀도 함수 $f_X(x)$를 적분한 형태이므로 다음과 같다.

$$F_X(x) = \begin{cases} 0, & x \leq 0 \\ x, & 0 < x < 1 \\ 1, & x \geq 1 \end{cases} \qquad \cdots \text{②}$$

마지막으로 $P(0.1 < X \leq 0.2)$는 식 (5.10)을 이용하여 다음과 같이 계산할 수 있다.

$$\begin{aligned} P(0.1 < X \leq 0.2) &= \int_{0.1^+}^{0.2} f_X(x)dx \\ &= 0.1 \end{aligned} \qquad \cdots \text{③}$$

확률 밀도 함수 $f_X(x)$와 누적 분포 함수 $F_X(x)$를 그림으로 나타내면 [그림 5-2]와 같다.

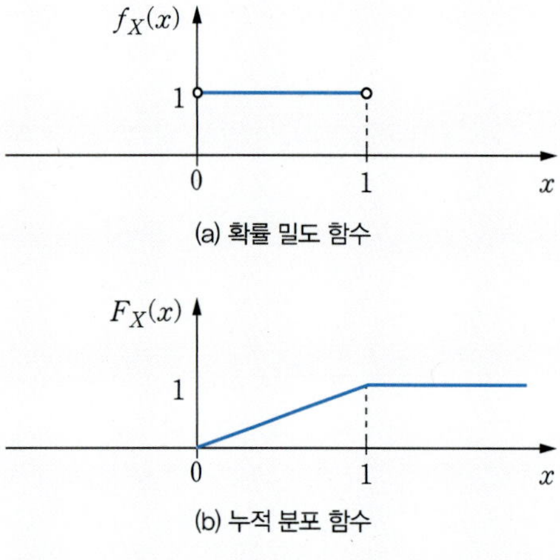

[그림 5-2] 연속 확률 변수의 확률 밀도 함수와 누적 분포 함수

예제 5-4

주사위를 던져서 나오는 눈의 숫자를 확률 변수 X로 표현할 때, 확률 밀도 함수와 누적 분포 함수를 구하고, $P(1 < X \leqq 3)$의 값을 구하라.

풀이

이 경우에 확률 변수 X는 이산 확률 변수가 되며, 각 눈이 나타날 확률은 같으므로 $P[X=i]=\frac{1}{6}$ $(i=1, 2, 3, 4, 5, 6)$이 된다. 이를 사용하여 누적 확률 분포 함수 $F_X(x)$를 결정하면 다음과 같다.

$$F_X(x)=\begin{cases} 0\ , & x<1 \\ 1/6\ , & 1 \leqq x<2 \\ 2/6\ , & 2 \leqq x<3 \\ 3/6\ , & 3 \leqq x<4 \\ 4/6\ , & 4 \leqq x<5 \\ 5/6\ , & 5 \leqq x<6 \\ 1\ , & x \geqq 6 \end{cases} \qquad \cdots ①$$

다음으로 확률 밀도 함수 $f_X(x)$는 누적 분포 함수를 미분하여 결정할 수 있으므로 다음과 같다.

$$f_X(x)=\sum_{i=1}^{6}\frac{1}{6}\delta(x-i) \qquad \cdots ②$$

확률 밀도 함수 $f_X(x)$와 누적 분포 함수 $F_X(x)$를 그림으로 나타내면 [그림 5-3]과 같다.

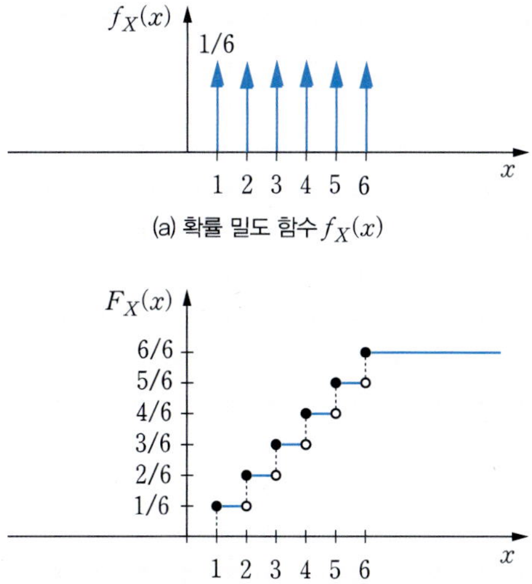

(a) 확률 밀도 함수 $f_X(x)$

(b) 누적 분포 함수 $F_X(x)$

[그림 5-3] 이산 확률 변수에 대한 확률 밀도 함수 및 누적 분포 함수

마지막으로 $P(1< X\leq 3)$은 식 (5.10)을 이용하여 다음과 같이 계산할 수 있다.

$$\begin{aligned} P(1< X\leq 3) &= \int_{1^+}^{3} f_X(x)dx \\ &= \frac{1}{3} \end{aligned} \qquad \cdots ③$$

3 확률 벡터

지금까지 동전이나 주사위를 던지는 등 개별적인 시행에 대한 확률을 구하는 방법에 대해 학습했다. 그러나 동전과 주사위를 동시에 던지는 것처럼 복수의 시행을 함께 시행하는 경우도 있다. 이 경우에는 시행 결과를 두 개의 확률 변수로 표현할 수 있다. 이처럼 복수의 확률 변수를 원소로 하는 벡터를 **확률 벡터**(random vector)라고 한다.

확률 벡터를 구성하는 확률 변수가 두 개 이상일 때도 그에 대한 누적 분포 함수와 확률 밀도 함수를 정의할 수 있다. 예를 들면, 확률 벡터 $[X\ Y]$에 대한 누적 분포 함수 $F_{X,Y}(x, y)$의 정의는 다음과 같다.

$$F_{X,Y}(x, y) \equiv P(X\leq x, Y\leq y) \tag{5.11}$$

이 식에서 우변은 $X\leq x$라는 사건과 $Y\leq y$라는 사건이 함께 발생할 확률을 의미한다. 이때 확률 밀도 함수 $f_{X,Y}(x, y)$의 정의는 다음과 같다.

$$f_{X,Y}(x, y) \equiv \frac{\partial^2 F_{X,Y}(x, y)}{\partial x \partial y} \tag{5.12}$$

확률 벡터에 대한 누적 분포 함수나 확률 밀도 함수를 알고 있는 상황에서 확률 벡터를 구성하는 개별 확률 변수에 대한 누적 분포 함수나 확률 밀도 함수를 결정해야 하는 경우가 있다. $f_{X,Y}(x, y)$로부터 확률 밀도 함수 $f_X(x)$를 결정하는 것을 예로 들어보자. 누적 분포 함수 $F_X(x)$는 $P[X\leq x]$인데, 이는 $P[X\leq x, Y< \infty]$로도 나타낼 수 있어 $F_{X,Y}(x, y)$와 다음과 같은 관계를 갖는다.

$$\begin{aligned} F_X(x) &= F_{X,Y}(x, \infty) \\ &= \int_{-\infty}^{\infty}\int_{-\infty}^{x} f_{X,Y}(\alpha, \beta)\, d\alpha\, d\beta \end{aligned} \tag{5.13}$$

따라서 식 (5.13)의 양변을 미분하여 $f_X(x)$를 결정하면 다음과 같이 $f_{X,Y}(x, y)$와 연관지을 수 있다.

$$f_X(x) = \frac{\partial F_X(x)}{\partial x} = \int_{-\infty}^{\infty} f_{X,Y}(x, \beta)\,d\beta \tag{5.14}$$

4 조건부 확률 밀도 함수

확률에서 조건부 확률을 정의한 것처럼 조건부 누적 분포 함수와 조건부 확률 밀도 함수를 정의할 수 있다. 먼저 확률 변수 X의 값이 x일 때 또 다른 확률 변수 Y의 조건부 누적 분포 함수 $F_Y(y|x)$를 다음과 같이 정의한다.

$$F_Y(y|x) \equiv P[Y \leq y | X = x] \tag{5.15}$$

그리고 조건부 확률 밀도 함수 $f_{Y|X}(y|x)$를 다음과 같이 정의한다.

$$f_{Y|X}(y|x) \equiv \frac{f_{XY}(x, y)}{f_X(x)} \tag{5.16}$$

앞서 확률을 설명하면서 사건의 통계적 독립(statistical independence)이라는 개념을 설명한 바 있다. 마찬가지로 두 개 이상의 확률 변수에 대해서도 통계적 독립이라는 개념이 존재한다. 만약 두 개의 확률 변수 X와 Y가 다음의 조건을 만족하면 서로 통계적으로 독립이라고 정의한다.

★ 통계적 독립성 ★

$$f_{Y|X}(y|x) = f_Y(y) \tag{5.17}$$

식 (5.16)을 식 (5.17)에 적용하면 다음의 관계를 유도할 수 있다.

$$f_{X,Y}(x, y) = f_X(x) f_Y(y) \tag{5.18}$$

문헌에 따라서는 식 (5.18)을 통계적 독립에 대한 정의로 사용하기도 한다.

5 확률 변수의 주요 통계량

확률 변수가 갖는 값의 통계적 특성을 가장 포괄적으로 표현하는 것은 누적 분포 함수나 확률 밀도 함수이다. 이를 토대로 하여 통계적 특징의 일부를 나타내는 통계량들을 도출할 수 있으며, 대표적인 사례로는 **평균**(mean), **분산**(variance), **표준 편차**(standard deviation) 등이 있다. 이런 통계량들은 확률 밀도 함수로부터 도출할 수 있으며, 기본적인 통계량으로 많이 활용하고 있다.

먼저 확률 변수 X의 평균 $E[X]$는 다음과 같이 정의한다.

★ 평균 ★

$$E[X] \equiv \int_{-\infty}^{\infty} x f_X(x) dx \tag{5.19}$$

만약 확률 변수 X로부터 새로운 확률 변수, 예를 들어 $Y = 2X + 1$을 만들었다면 이에 대한 평균은 다음과 같이 계산할 수 있다.

$$E[2X+1] = \int_{-\infty}^{\infty} (2x+1) f_X(x) dx \tag{5.20}$$

그러므로 확률 변수 X로부터 임의의 확률 변수 $Y = g(X)$를 만들었다면, 이에 대한 평균 $E[g(X)]$는 다음과 같이 계산할 수 있다.

$$E[g(X)] = \int_{-\infty}^{\infty} g(x) f_X(x) dx \tag{5.21}$$

확률 변수 X에 대한 평균을 m_X라고 할 때, 분산 σ_X^2은 다음과 같이 정의한다.

★ 분산 ★

$$\sigma_X^2 \equiv E[(X - m_X)^2] \tag{5.22}$$

이 식은 다음과 같이 전개하여 분산에 대한 또 다른 표현을 얻을 수 있다.

$$\begin{aligned} \sigma_X^2 &= E[(X - m_X)^2] \\ &= E[X^2 - 2m_X X + m_X^2] \\ &= E[X^2] - 2m_X E[X] + m_X^2 \\ &= E[X^2] - m_X^2 \end{aligned} \tag{5.23}$$

분산은 확률 변수가 갖는 값이 평균값으로부터 얼마나 떨어져 분포하는가를 나타내는 값이다. 따라서 분산이 0이라면 확률 변수가 갖는 값들이 평균값과 같다는 것을 의미하며, 분산값이 클수록 확률 변수가 갖는 값과 평균값이 차이가 큰 경우가 많다는 것을 뜻한다.

그리고 표준 편차는 분산의 제곱근으로 정의하고 σ_X로 표시한다.

예제 5-5

어떤 연속 확률 변수 X가 구간 (0, 1)에서 균일 분포를 따른다고 할 때 X^2의 평균을 구하라.

풀이

주어진 조건으로부터 $f_X(x)$는 (0, 1)에서 1이고, 그 이외 영역에서는 0이다. 그러므로 식 (5.19)에 의해 X^2의 평균, 즉 $E[X^2]$은 다음과 같이 계산할 수 있다.

$$
\begin{aligned}
E[X^2] &= \int_{-\infty}^{\infty} x^2 f_X(x)dx \\
&= \int_0^1 x^2 dx \\
&= \frac{1}{3}
\end{aligned}
$$

이뿐만 아니라 확률 벡터와 관련한 통계량으로 두 개의 확률 변수 X, Y 사이의 통계적 연관성을 표현하는 공분산 $Cov(X, Y)$가 있다. 이에 대한 정의는 다음과 같다.

$$Cov(X, Y) \equiv E[(X-E[X])(Y-E[Y])] \tag{5.24}$$

이러한 공분산 $Cov(X, Y)$로부터 다음과 같이 **상관 계수**(correlation coefficient) $\rho_{X,Y}$를 정의한다.

$$\rho_{X,Y} \equiv \frac{Cov(X, Y)}{\sigma_X \sigma_Y} \tag{5.25}$$

식 (5.25)에 따르면 상관 계수 $\rho_{X,Y}$는 공분산을 정규화한 것으로 볼 수 있으며, 두 확률 변수 X, Y 사이의 통계적 연관성을 $[-1, 1]$ 범위의 값을 표현한 것이다. 만약 두 확률 변수의 관계가 $X=Y$라면 상관 계수 $\rho_{X,Y}=1$이 되며, $X=-Y$라면 $\rho_{X,Y}=-1$이 된다. 그리고 다음과 같은 **코시-슈바르츠**(Cauchy-Schwartz) **부등식**이 항상 성립하기 때문에 상관 계수의 크기 $|\rho_{X,Y}|$는 1이하가 된다.

$$E[(X-E[X])(Y-E[Y])]^2 \leq E[(X-E[X])^2]E[(Y-E[Y])^2] \tag{5.26}$$

특히 $\rho_{X,Y}=0$일 때는 두 확률 변수의 관계가 **무상관**(uncorrelated)이라고 한다.

6 확률 변수의 변환

통신 시스템이 다루는 양 중에서 확률 변수로 표현하는 양에 어떤 연산을 적용하여 다른 양으로 변환하는 경우가 있다. 이 경우 연산 결과로 나타나는 양의 통계적 분포는 원래 확률 변수의 통계적 분포와 다를 수 있다. 바꿔 말하면, 초기의 확률 밀도 함수나 누적 분포 함수가 변하는 것이다. 지금부터 어떤 변환 과정을 통해 확률 변수값을 변환할 때 확률 밀도 함수가 어떻게 변하는지 살펴보자.

먼저 확률 변수 X가 일대일 대응을 통해 새로운 확률 변수 Y로 바뀌는 상황을 생각해보자. 먼저 이산 확률 변수의 경우 확률 변수 X가 x_i라는 값을 가질 확률은 p_i이며, $Y=g(X)$라는 대응 관계에 의해 정의된 새로운 확률 변수 Y가 $g(x_i)$라는 값을 가질 확률도 p_i와 동일하게 된다. 따라서 이산 확률 변수의 경우에 새로운 확률 변수에 대한 확률 분포를 결정하는 것은 어렵지 않다.

반면에, 연속 확률 변수일 때는 해당 확률 변수가 어떤 구간의 값을 가질 확률이 새로운 확률 변수에도 그대로 유지된다는 성질을 이용하여 새로운 확률 변수의 분포를 결정할 수 있다. 만약 Δx가 매우 적은 값이라면 확률 변수 X의 값이 $[x_1,\ x_1+\Delta x]$에 속하는 확률을 $f(x_1)\Delta x$로 근사화할 수 있다. 이때 $Y=g(X)$라는 새로운 확률 변수를 정의하고 [그림 5-4]의 사례와 같이 함수 $g(\cdot)$는 일대일 함수라고 가정한다.

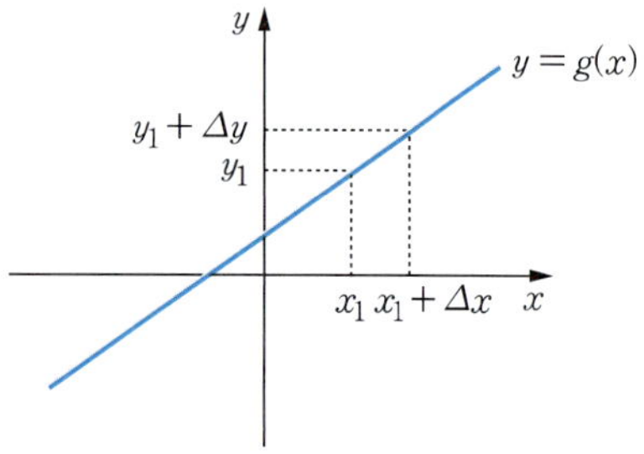

[그림 5-4] 일대일 변환 함수 사례

만약 $y=g(x)$이고 $y_1+\Delta y=g(x_1+\Delta x)$라면 $[x_1,\ x_1+\Delta x]$ 구간이 함수 $g(\cdot)$에 의해 $[y_1,\ y_1+\Delta x]$ 구간에 대응된다고 말할 수 있다. 이때 확률 변수 Y의 값이 $[y_1,\ y_1+\Delta x]$ 구간에 속할 확률은 근사적으로 $f(y_1)\Delta y$로 표현할 수 있는데, 확률 변수 X의 값이 $[x_1,\ x_1+\Delta x]$ 구간에 속하는 확률은 확률 변수 Y의 값이 구간 $[y_1,\ y_1+\Delta x]$에 속할 확률과 같으므로 다음의 등식이 성립해야 한다.

$$f(y_1)|\Delta y| = f(x_1)|\Delta x| \tag{5.27}$$

따라서 x_1, y_1을 x, y로 일반화하면 확률 변수 Y의 확률 밀도 함수 $f_Y(y)$는 확률 변수 X의 확률 밀도 함수 $f_X(x)$와 다음의 관계를 갖는다고 할 수 있다.

$$f_Y(y) = \frac{f_X(x)}{\left|\frac{dy}{dx}\right|} \tag{5.28}$$

이때 $f_Y(y)$는 y의 함수 형태가 되어야 하므로 식 (5.28)의 우변에서 x 대신에 $g^{-1}(y)$를 대입해야 한다.

예제 5-6

확률 변수 X가 (0, 1)에서 균일 분포를 가지며, 확률 변수 X로부터 새로운 확률 변수 $Y=2X+1$을 만들었다고 한다. 확률 변수 Y에 대한 확률 밀도 함수 $f_Y(y)$를 구하라.

풀이

확률 변수 X와 Y는 일대일 대응 관계이므로 식 (5.28)의 결과를 이용하여 확률 밀도 함수를 구할 수 있다. 먼저 확률 변수 X는 균일 분포를 가지므로 확률 밀도 함수 $f_X(x)$를 다음과 같이 나타낼 수 있다.

$$f_X(x) = \begin{cases} 1, & 0 < x < 1 \\ 0, & \text{그 외} \end{cases} \quad \cdots ①$$

$y = 2x+1$이므로 $\left|\frac{dy}{dx}\right| = 2$가 되며, 이를 식 (5.28)에 대입하면 $f_Y(y)$를 다음과 같이 나타낼 수 있다.

$$f_Y(y) = \begin{cases} \frac{1}{2}, & 1 < y < 3 \\ 0, & \text{그 외} \end{cases} \quad \cdots ②$$

만약 $Y = g(X)$에서 $g(\cdot)$ 함수가 다대일 함수라고 한다면 확률 변수 Y가 갖는 값의 구간 $[y,\ y+\Delta x]$에 대응되는 확률 변수 X의 구간도 [그림 5-5]에 나타낸 바와 같이 2개 이상이 될 수 있다.

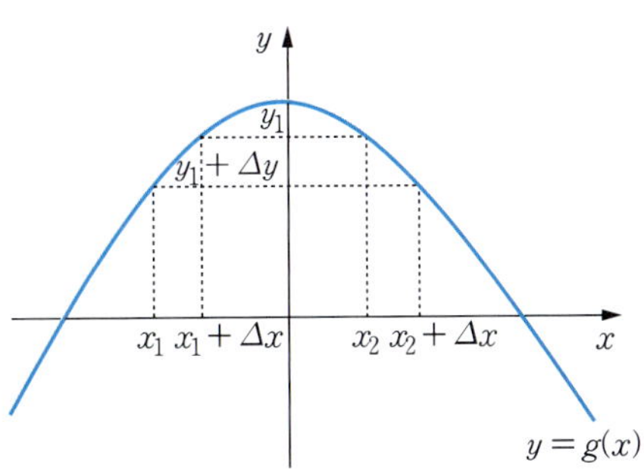

[그림 5-5] 다대일 변환 함수 사례

만약 구간 $[y_1, y_1+\Delta x]$에 대응하는 확률 변수 X의 구간을 $[x_1, x_1+\Delta x_1]$, $\cdots$, $[x_N, x_N+\Delta x_N]$이라고 한다면 확률 변수 Y의 값이 구간 $[y_1, y_1+\Delta y]$에 속할 확률은 확률 변수 X의 값이 이들 구간에 속하는 확률을 모두 합산한 것과 같으므로 다음과 같은 관계가 성립한다.

$$f(y_1)|\Delta y| = \sum_{j=1}^{N} f(x_j)|\Delta x_j| \tag{5.29}$$

따라서 y_1을 y로 일반화하면 확률 변수 Y에 대한 확률 밀도 함수 $f_Y(y)$는 다음과 같이 표현할 수 있다.

$$f_Y(y) = \sum_{j=1}^{N} \left.\frac{f_X(x_j)}{\left|\frac{dy}{dx_j}\right|}\right|_{x_j = g_j^{-1}(y)} \tag{5.30}$$

이 경우에도 식 (5.30)의 우변에 나타나는 x_j를 y로 표현하는 과정이 필요한데, x_j와 y를 대응시키는 일대일 대응 함수를 $g_j(\cdot)$이라고 할 때 $x_j = g_j^{-1}(y)$로 나타낼 수 있다.

예제 5-7

확률 변수 X가 $(-1, 1)$에서 균일 분포를 가지며, 새로운 확률 변수 $Y = X^2$을 만들었다고 한다. 확률 변수 Y에 대한 확률 밀도 함수를 구하라.

풀이

확률 변수 X의 값이 0 미만일 때와 0 초과일 때로 구분하면 각 구간에서 X와 Y는 일대일 대응 관계가 된다. 전자의 구간에서 확률 변수 X가 가지는 값을 x_1, 후자의 구간에서 가지는 값을 x_2라고 하면 식 (5.30)에 의해 확률 변수 Y에 대한 $f_Y(y)$를 다음과 같이 나타낼 수 있다.

$$f_Y(y) = \begin{cases} \left.\frac{f_X(x_1)}{\left|\frac{dy}{dx_1}\right|}\right|_{x_1=-\sqrt{y}} + \left.\frac{f_X(x_2)}{\left|\frac{dy}{dx_2}\right|}\right|_{x_2=\sqrt{y}}, & 0 < y < 1 \\ 0, & \text{그 외} \end{cases} \quad \cdots ①$$

주어진 조건에서 확률 변수 X는 균일 분포를 가지므로 변수 X에 대한 확률 밀도 함수 $f_X(x)$는 다음과 같다.

$$f_X(x) = \begin{cases} \frac{1}{2}, & -1 < x < 1 \\ 0, & \text{그 외} \end{cases} \quad \cdots ②$$

이때 $y=x_1^2$, $y=x_2^2$이므로 $\frac{dy}{dx_1}=2x_1$, $\frac{dy}{dx_1}=2x_1$이고 $x_1=-\sqrt{y}$, $x_2=\sqrt{y}$가 된다. 이를 식 ① 에 대입하여 정리하면 다음과 같이 확률 변수 Y에 대한 확률 밀도 함수를 구할 수 있다.

$$f_Y(y)=\begin{cases}\dfrac{1}{2\sqrt{y}}, & 0<y<1 \\ 0 \ , & \text{그 외}\end{cases} \qquad \cdots ③$$

지금까지 확률 변수 한 개를 또 다른 확률 변수 한 개로 변환할 때 확률 밀도 함수 간의 관계를 설명했다. 이런 관계는 여러 개의 확률 변수, 즉 확률 벡터를 변환 과정을 통해 또 다른 확률 벡터로 변환하는 경우로 확장할 수 있다. 만약 확률 벡터 $[X_1 X_2 \cdots X_N]$을 일대일 대응 과정을 거쳐 다른 확률 벡터 $[Y_1 Y_2 \cdots Y_M]$으로 변환하는 과정이 있다면, 이들 두 확률 벡터의 확률 밀도 함수 사이에는 다음과 같은 관계가 성립하는 것으로 알려져 있다.

★ 확률 변수 변환 ★

$$f_{Y_1, Y_2, \cdots, Y_M}(y_1, y_2, \cdots, y_M) = f_{X_1, X_2, \cdots, X_N}(x_1, x_2, \cdots, x_N) \times \left|\frac{\partial(x_1, x_2, \cdots, x_N)}{\partial(y_1, y_2, \cdots, y_M)}\right|_{x_i=g_i^{-1}(y_1, y_2, \cdots, y_M)} \qquad (5.31)$$

이 식에서

$$\frac{\partial(x_1, x_2, \cdots, x_N)}{\partial(y_1, y_2, \cdots, y_M)} \equiv \begin{pmatrix} \dfrac{\partial x_1}{\partial y_1} & \cdots & \dfrac{\partial x_1}{\partial y_M} \\ \cdots & & \cdots \\ \dfrac{\partial x_N}{\partial y_1} & \cdots & \dfrac{\partial x_N}{\partial y_M} \end{pmatrix} \qquad (5.32)$$

이다.

SECTION
5.3 확률 과정

이 절에서는 근원 사건이 시간에 따라 그 값이 변하는 시간 함수의 형태인 확률 과정을 소개한다. 그리고 확률 과정의 특성을 규정하는 주요 특징인 정상성과 에르고딕성을 살펴보고, 확률 과정이 선형 시스템에 입력되었을 때 입출력 확률 과정의 관계를 전력 스펙트럼 밀도 측면에서 살펴본다. 마지막으로 대표적인 잡음으로 열잡음을 설명하고, 잡음에 대한 이론적인 모델로 백색 잡음을 소개한다.

Keywords | 자기 상관 함수 | 정상성 | 에르고딕성 | 전력 스펙트럼 밀도 | 열잡음 |

1 확률 과정의 개념

동전을 연속으로 5번 던지는 시행에서 근원 사건은 동전을 던질 때마다, 즉 시간에 따라 시행 결과가 달라질 수 있다. 근원 사건의 예로는 {앞면, 뒷면, 앞면, 앞면, 뒷면}을 들 수 있다. 확률 과정은 이런 종류의 시행에 대해 [그림 5-6]에 나타낸 바와 같이 근원 사건을 시간의 함수에 대응시키는 역할을 한다. 따라서 확률 변수(random variable)와 확률 과정(random process)의 차이는 시간이라는 차원의 포함 여부에 달려있다.

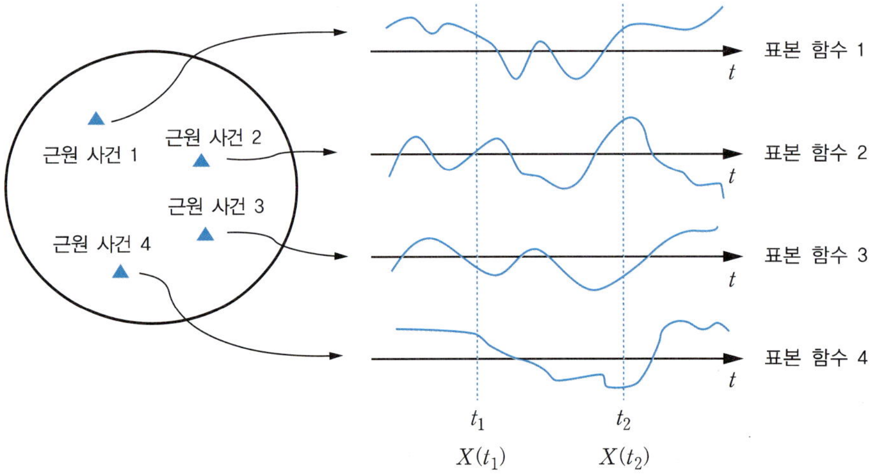

[그림 5-6] 확률 과정의 개념

확률 과정에서는 근원 사건에 대응되는 함수를 **표본 함수**(sample function)라고 부르며, 개별 표본 함수의 발생 가능성을 표현하기 위해 확률 또는 확률 밀도를 사용한다.

확률 과정은 어느 순간 t에 나타나는 값이 어떤 표본 함수가 발생하는가에 따라 달라지므로 $X(s, t)$와 같이 근원 사건 s와 시간 t의 함수 형태로 표현해야 하지만, 관습적으로 근원 사건 s에 대한 표시는 생략하고 $X(t)$로만 나타낸다. 이때 만약 시간 t를 특정 시점 t_1으로 고정하면 $X(t_1)$은 더 이상 시간의 함수가 아니기 때문에 확률 변수로 생각할 수 있다.

확률 과정 $X(t)$의 평균 $E[X(t)]$는 다음과 같이 정의한다.

$$E[X(t)] = \int_{-\infty}^{\infty} x f_{X(t)}(x)\, dx \tag{5.33}$$

이 식에서 알 수 있듯이 확률 과정의 평균은 시간 t의 함수가 된다.

확률 과정 $X(t)$가 실숫값을 가진다고 가정할 때 $X(t)$가 두 시점 $t = t_1$과 $t = t_2$에서 갖는 값의 곱을 평균한 것을 $X(t)$의 **자기 상관 함수**(autocorrelation function) $R_X(t_1, t_2)$라고 하며, 다음과 같이 정의한다.

★ 자기 상관 함수 ★

$$\begin{aligned} R_X(t_1, t_2) &= E[X(t_1)X(t_2)] \\ &= \int_{-\infty}^{\infty}\int_{-\infty}^{\infty} x_1 x_2 f_{X(t_1), X(t_2)}(x_1, x_2)\, dx_1\, dx_2 \end{aligned} \tag{5.34}$$

이 정의에서 알 수 있듯이 자기 상관 함수는 두 개의 시점인 t_1, t_2의 함수가 된다. 만약 확률 과정 $X(t)$가 복소수 값을 갖는 경우에는 $R_X(t_1, t_2) \equiv E\left[X(t_1)X^*(t_2)\right]$로 정의한다.

예제 5-8

확률 과정 $X(t) = A\cos(2\pi f_c t + \theta)$의 평균과 자기 상관 함수를 구하라. 단, θ는 확률 변수로서 $(0, 2\pi)$의 범위에서 균일 분포를 갖는다.

풀이

주어진 조건으로부터 θ의 확률 밀도 함수는 다음과 같이 구할 수 있다.

$$f_\theta(\theta) = \begin{cases} \dfrac{1}{2\pi}, & 0 < x < 2\pi \\ 0\ , & \text{그 외} \end{cases} \quad \cdots ①$$

그러면 평균은 식 (5.33)에 의해 다음과 같이 구할 수 있다.

$$E[X(t)] = E[A\cos(2\pi f_c t + \theta)]$$

$$= A\int_{-\infty}^{\infty} \cos(2\pi f_c t + \theta) f_\theta(\theta) d\theta \quad \cdots ②$$

$$= 0$$

마찬가지로 자기 상관 함수 $R(t_1, t_2)$는 식 (5.34)에 의해 다음과 같이 구할 수 있다.

$$R(t_1, t_2) = E[A\cos(2\pi f_c t_1 + \theta) A\cos(2\pi f_c t_2 + \theta)]$$

$$= A^2\int_{-\infty}^{\infty} \cos(2\pi f_c t_1 + \theta)\cos(2\pi f_c t_2 + \theta) f_\theta(\theta) d\theta \quad \cdots ③$$

$$= \frac{A^2}{2}\cos\{2\pi f_c(t_1 - t_2)\}$$

2 확률 과정의 주요 특성

3장에서 시스템을 설명할 때 선형 시스템을 주로 다루었다. 그 이유는 실제 시스템 중에서 선형 시스템으로 근사화할 수 있는 경우가 많고, 선형 시스템이 분석이 용이하다는 장점이 있기 때문이다. 마찬가지로 확률 과정의 경우에도 분석이 용이하고 활용 가능성이 높은 주요 특성으로 정상성과 에르고딕성을 소개하고자 한다. **정상성**(stationarity)은 확률 과정 $X(t)$가 다음의 관계를 만족하는 경우를 의미한다.

★ 정상성 ★

$$F_{X(t_1+\tau), \cdots, X(t_k+\tau)}(x_1, \cdots, x_k) = F_{X(t_1), \cdots, X(t_k)}(x_1, \cdots, x_k) \quad (5.35)$$

식 (5.35)에서 $t_1, \cdots, t_k$와 τ는 임의의 실숫값이며, k는 임의의 자연수이다. 식 (5.35)에 따르면 어떤 확률 과정이 정상성을 만족한다면 $t_1, \cdots, t_k$에서 얻는 확률 벡터의 분포 함수와 $t_1 + \tau, \cdots, t_k + \tau$에서 얻는 확률 벡터의 분포 함수는 동일하다. 특히 확률 과정 $X(t)$가 식 (5.35)의 관계를 만족할 때 **엄격한 의미의 정상성**(strict sense stationarity)을 갖는다고 말한다.

확률 과정 $X(t)$가 정상성을 충족하려면 식 (5.35)에 따라 모든 t_1과 τ에 대해 다음의 관계를 만족해야 한다.

$$f_{X(t_1)}(x) = f_{X(t_1+\tau)}(x) \quad (5.36)$$

이때 시간 $t = t_1$과 $t = t_1 + \tau$에서 $X(t)$의 평균은 각각 다음과 같다.

$$E[X(t_1)] = \int_{-\infty}^{\infty} x f_{X(t_1)}(x)dx \tag{5.37}$$

$$E[X(t_1 + \tau)] = \int_{-\infty}^{\infty} x f_{X(t_1 + \tau)}(x)dx \tag{5.38}$$

식 (5.36)을 식 (5.37)과 식 (5.38)에 적용하면 $E[X(t_1)] = E[X(t_1 + \tau)]$가 됨을 알 수 있는데, 이는 정상성을 갖는 확률 과정의 평균은 시간과 관계없이 일정하다는 것을 의미한다.

$X(t)$가 정상성을 충족하는 실수 확률 과정이라면 자기 상관 함수 $R_X(t_1, t_2)$를 다음과 같이 전개할 수 있다.

$$\begin{aligned} R_X(t_1, t_2) &= E[X(t_1)X(t_2)] \\ &= \int_{-\infty}^{\infty} x_1 x_2 f_{X(t_1), X(t_2)}(x_1, x_2)\, dx_1\, dx_2 \\ &= \int_{-\infty}^{\infty} x_1 x_2 f_{X(t_1+\tau), X(t_2+\tau)}(x_1, x_2)\, dx_1\, dx_2 \end{aligned} \tag{5.39}$$

여기에서 $\tau = -t_2$라고 설정하면 식 (5.39)는 다음과 같이 변환될 수 있다.

$$R_X(t_1, t_2) = \int_{-\infty}^{\infty} x_1 x_2 f_{X(t_1 - t_2), X(0)}(x_1, x_2)\, dx_1\, dx_2 \tag{5.40}$$

식 (5.40)을 보면 우변은 $t_1 - t_2$의 함수가 됨을 알 수 있다. 따라서 두 개의 변수 t_1, t_2의 함수인 $R(t_1, t_2)$를 한 개 변수의 함수인 $R(t_1 - t_2)$로 표현하는 것이 가능하다. 이는 정상성을 갖는 확률 과정에 대해서는 자기 상관 함수가 두 시점의 차이인 $t_1 - t_2$의 함수라는 것을 의미한다. 따라서 이후에는 정상성을 갖는 확률 과정에 대한 자기 상관 함수는 $R(t_1, t_2)$라는 표현 대신, $R(t_1 - t_2)$라는 표현을 사용하기로 한다.

엄격한 의미의 정상성에 덧붙여 **넓은 의미의 정상성**(wide sense stationarity)이라는 개념이 있다. 이는 엄격한 의미의 정상성에 대한 조건을 완화한 것인데, 평균이 일정하고 자기 상관 함수가 $t_1 - t_2$의 함수가 된다면 그 확률 과정을 넓은 의미의 정상성을 만족한다고 규정한다.

예제 5-9

다음 확률 과정이 넓은 의미의 정상성을 충족하는지 판단하라.

(a) $X(t) = \cos(2\pi f_c t + \theta)$ 단, θ는 $(0, 2\pi)$에서 균일 분포를 갖는다.

(b) $X(t) = A\cos(2\pi f_c t)$ 단, A는 $(0, 1)$에서 균일 분포를 갖는다.

풀이

넓은 의미의 정상성을 충족하려면 평균이 일정하고 자기 상관 함수가 측정 시간의 차이인 $t_1 - t_2$의 함수여야 한다.

(a) 평균 $E[X(t)]$는 다음과 같이 구할 수 있다.

$$\begin{aligned} E[X(t)] &= \int_{-\infty}^{\infty} \cos(2\pi f_c t + \theta) f_\theta(\theta) d\theta \\ &= \int_0^{2\pi} \cos(2\pi f_c t + \theta) \frac{1}{2\pi} d\theta \qquad \cdots ① \\ &= 0 \end{aligned}$$

따라서 주어진 확률 과정 $X(t)$의 평균은 상수가 됨을 알 수 있다. 자기 상관 함수 $R_X(t_1, t_2)$는 다음과 같이 구할 수 있다.

$$\begin{aligned} R_X(t_1, t_2) &= E[X(t_1)X(t_2)] \\ &= E[\cos(2\pi f_c t_1 + \theta)\cos(2\pi f_c t_2 + \theta)] \\ &= \frac{1}{2} E[\cos(2\pi f_c(t_1 + t_2) + 2\theta)] + \frac{1}{2} E[\cos(2\pi f_c(t_1 - t_2)] \qquad \cdots ② \\ &= \frac{1}{2} \cos(2\pi f_c(t_1 - t_2)) \end{aligned}$$

따라서 자기 상관 함수는 $t_1 - t_2$의 함수가 된다. 그러므로 주어진 확률 과정은 넓은 의미의 정상성의 조건을 충족한다고 할 수 있다.

(b) A의 확률 분포를 나타내면 다음과 같다.

$$f_A(a) = \begin{cases} 1, & 0 < x < 1 \\ 0, & \text{그 외} \end{cases} \qquad \cdots ③$$

이러한 A의 분포를 고려하여 평균 $E[X(t)]$를 구하면 다음과 같다.

$$E[X(t)] = \int_{-\infty}^{\infty} a\cos(2\pi f_c t) f_A(a)\,da$$

$$= \int_0^1 a\cos(2\pi f_c t)\,da \qquad \cdots ④$$

$$= \frac{1}{2}\cos(2\pi f_c t)$$

따라서 확률 과정 $X(t)$ 의 평균은 상수가 되지 않으므로 넓은 의미의 정상성을 충족하지 않는다.

확률 과정의 특성을 설명하는 또 하나의 개념으로 **에르고딕성**(ergodicity)이 있다. 어떤 확률 과정이 에르고딕성을 갖는다는 것은 앙상블 평균(ensemble average)과 시간 평균(time average)이 같다는 것을 의미한다. 여기에서 앙상블 평균은 지금까지 설명한 통계적 평균을 의미하는 것으로, 예를 들어 어떤 시점 $t = t_1$ 에서 확률 과정의 평균이라는 것은 확률 과정을 구성하는 표본 함수가 그 순간에 갖는 값들의 평균이다. 반면에, 시간 평균은 임의의 표본 함수를 시간에 대해 평균한 것이다.

이로써 어떤 확률 과정이 에르고딕성을 가지려면 먼저 모든 표본 함수의 시간 평균이 같다는 것을 전제로 한다는 것을 알 수 있다. 이는 다시 확률 과정의 앙상블 평균이 상수가 되어야 한다는 것을 의미한다. 그러므로 에르고딕성을 갖는 확률 과정이 되려면 기본적으로 정상성을 충족하는 확률 과정이어야 한다.

3 가우시안 확률 과정

가우시안 확률 과정은 임의의 순간에 갖는 값들의 분포가 가우시안 분포를 따른다. 따라서 가우시안 확률 과정 $X(t)$에서 $t_1, t_2, \cdots, t_n$ 시점의 값인 $X(t_1), X(t_2), \cdots, X(t_n)$으로 구성된 확률 벡터 $X = [X(t_1)\,X(t_2)\cdots\,X(t_N)]$의 분포는 다음과 같이 나타낼 수 있다.

★ 가우시안 확률 벡터의 확률 밀도 함수 ★

$$f_X(x) = \frac{1}{(2\pi)^{n/2}|C_X|^{1/2}} \exp\left[-\frac{(x-m_X)^T C_X^{-1}(x-m_X)}{2}\right] \qquad (5.41)$$

이 식에서 평균 m_X와 공분산 행렬 $Cov(X)$의 i행, j열 원소인 $(Cov(X))_{ij}$의 정의는 다음과 같다.

$$m_X = [E[X_1] \ \cdots \ E[X_n]]^T \tag{5.42}$$

$$(Cov(X))_{ij} = E[(X_i - E[X_i])(X_j - E[X_j])], \quad 1 \leq i, \ j \leq n \tag{5.43}$$

여기에서 $(\cdot)^T$는 전치(transposition) 연산을 나타낸다.

가우시안 확률 과정은 몇 가지 유용한 성질이 있다. 첫째, 선형 시스템에 가우시안 확률 과정이 입력되면 출력도 가우시안 확률 과정이 된다. 둘째, 가우시안 확률 과정이 넓은 의미에서 정상성을 가지면 좁은 의미에서도 정상성을 갖는다. 이는 식 (5.41)에서 보는 것처럼 가우시안 확률 벡터의 확률 밀도 함수는 평균과 공분산만으로 결정할 수 있기 때문이다. 셋째, 가우시안 확률 과정의 표본 값들이 서로 무상관이면 통계적으로 독립적이다. 무상관이 되면 식 (5.41)에서 공분산 행렬이 대각선 행렬이 되어 확률 밀도 함수를 개별 확률 변수에 대한 확률 밀도 함수의 곱으로 표현할 수 있기 때문이다.

4 선형 시스템에 대한 확률 과정의 입출력

통신 시스템에서 다루는 신호 중에서 잡음은 확률 과정이며, 통신 시스템 내부에서 다양한 신호 처리 과정을 거친다. 이에 대한 예시를 나타낸 것이 [그림 5-7]이다. 그림에서 입력 확률 과정을 구성하는 표본 함수는 $\{x_i(t), \ i = 1, 2, 3\}$이고 $x_i(t)$의 발생 확률은 P_i이며, 입력이 $x_i(t)$일 때 출력을 $y_i(t)$라고 표기했다. 이 예와 같이 확률 과정이 어떤 시스템에 입력되면 확률 과정의 특성, 즉 확률 과정을 구성하는 표본 함수의 모양이 달라질 수 있는데, 이에 따라 여러 가지 통계적 특성 또한 달라질 수 있다. 여기에서는 확률 과정이 선형 시스템에 입력될 때 평균과 자기 상관 함수가 어떻게 변하는지 살펴보기로 한다.

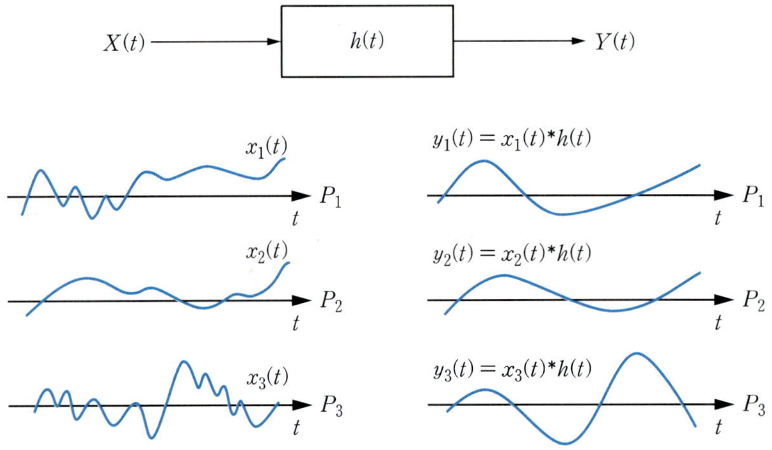

[그림 5-7] 확률 과정의 입출력 개념

임펄스 응답이 $h(t)$인 선형 시스템에 확률 과정 $X(t)$가 입력되고, 출력으로 확률 과정 $Y(t)$가 나타난다고 하자. 그러면 $Y(t)$의 평균은 다음과 같이 구할 수 있다.

$$\begin{aligned} E[Y(t)] &= E\left[\int_{-\infty}^{\infty} h(\alpha)X(t-\alpha)\,d\alpha\right] \\ &= \int_{-\infty}^{\infty} h(\alpha)E[X(t-\alpha)]\,d\alpha \end{aligned} \tag{5.44}$$

만약 확률 과정 $X(t)$가 정상성을 갖는 확률 과정이라면, 그 평균은 상수가 되므로 결국 $Y(t)$의 평균은 $E[Y(t)] = \int_{-\infty}^{\infty} h(\alpha)\,d\alpha\; E[X(t)] = H(0)E[X(t)]$가 된다.

한편, $Y(t)$의 자기 상관 함수 $R_Y(t_1, t_2)$는 다음과 같이 계산할 수가 있다.

$$\begin{aligned} R_Y(t_1, t_2) &= E[Y(t_1)Y(t_2)] \\ &= E\left[\int_{-\infty}^{\infty} h(\alpha)X(t_1-\alpha)\,d\alpha \int_{-\infty}^{\infty} h(\beta)X(t_2-\beta)\,d\beta\right] \\ &= \int_{-\infty}^{\infty} h(\alpha)\int h(\beta)\,E[X(t_1-\alpha)X(t_2-\beta)]\,d\alpha\,d\beta \\ &= \int_{-\infty}^{\infty} h(\alpha)\int h(\beta)R_X(t_1-\alpha,\, t_2-\beta)\,d\alpha\,d\beta \end{aligned} \tag{5.45}$$

여기에서 $X(t)$가 정상성을 갖는 확률 과정이면 $R_X(t_1-\alpha,\, t_2-\beta)$를 $R_X(t_1-\alpha-t_2+\beta)$로 바꾸어 표현할 수 있다. 이때 $\tau \equiv t_1 - t_2$로 정의하면 $Y(t)$의 자기 상관 함수 $R_Y(\tau)$는 $R_X(\tau)$와 다음과 같은 관계를 갖는다.

$$R_Y(\tau) = \int_{-\infty}^{\infty} h(\alpha)\int_{-\infty}^{\infty} h(\beta)\,R_X(\tau-\alpha+\beta)\,d\alpha\,d\beta \tag{5.46}$$

식 (5.46)에서 적분 변수 β를 새로운 적분 변수 $\gamma = \tau-\alpha+\beta$로 치환하면 다음과 같이 전개할 수 있다.

$$\begin{aligned} R_Y(\tau) &= \int_{-\infty}^{\infty} h(\alpha)\int_{-\infty}^{\infty} R_X(\gamma)h(-(\tau-\alpha)+\gamma)\,d\gamma\,d\alpha \\ &= \int_{-\infty}^{\infty} h(\alpha)[R_X(\tau-\alpha)\otimes h(-(\tau-\alpha))]\,d\alpha \\ &= h(\tau)\otimes\{R_X(\tau)\otimes h(-\tau)\} \\ &= h(\tau)\otimes\{h(-\tau)\otimes R_X(\tau)\} \end{aligned} \tag{5.47}$$

한편, 확률 과정 $X(t)$의 자기 상관 함수 $R_X(\tau)$를 푸리에 변환한 결과를 **전력 스펙트럼 밀도**(power spectral density)라고 정의하고, $S_X(f)$로 표기한다. 그러면 $S_X(f) = F[R_X(\tau)]$ 라는 관계로부터 다음과 같은 식을 유도할 수 있다.

$$R_X(\tau) = E[X^2(t)] = \int_{-\infty}^{\infty} S_X(f)df \tag{5.48}$$

$E[X^2(t)]$는 확률 과정 $X(t)$의 전력(power)을 의미하므로 $S_X(f)$가 전력 스펙트럼 밀도라면 식 (5.48)은 적절한 표현이 된다. 식 (5.47)의 양변에 푸리에 변환을 적용하면 다음과 같은 결과를 도출할 수 있다.

$$\begin{aligned} S_Y(f) &= F[R_Y(\tau)] \\ &= F[h(\tau) \otimes \{h(-\tau) \otimes R_X(\tau)\}] \\ &= F[h(\tau)]F[h(-\tau) \otimes R_X(\tau)] \\ &= F[h(\tau)]F[h(-\tau)]F[R_X(\tau)] \\ &= H(f)H^*(f)S_X(f) \\ &= |H(f)|^2 S_X(f) \end{aligned} \tag{5.49}$$

최종적으로 $S_X(f)$와 $S_Y(f)$는 다음과 같은 단순한 관계를 갖는다.

★ 선형 시스템의 입출력 전력 스펙트럼 밀도 관계 ★

$$S_Y(f) = |H(f)|^2 S_X(f) \tag{5.50}$$

식 (5.50)에서 $H(f)$가 대역폭이 매우 좁은 필터라고 하면 출력 확률 과정 신호 $Y(t)$는 입력 확률 과정 신호의 주파수 성분 중에서 필터의 통과 대역에 속하는 성분만을 포함하게 될 것이다. 식 (5.48)과 같이 전력 스펙트럼 밀도를 적분하면 전력이 된다는 점을 고려하면 확률 과정 $Y(t)$에 대한 전력 스펙트럼 밀도 함수 $S_Y(f)$는 $Y(t)$가 주파수 f에서 갖는 전력 밀도라고 이해할 수 있다.

예제 5-10

확률 과정 $X(t) = A\cos(2\pi f_c t + \theta)$의 전력 스펙트럼 밀도를 구하라. 단, θ는 $(0, 2\pi)$에서 균일 분포를 갖는 확률 변수이다.

풀이

[예제 5-8]에서 구한 것처럼 확률 과정 $X(t)$의 자기 상관 함수 $R_X(\tau)$는 $\dfrac{A^2}{2}\cos(2\pi f_c \tau)$이다. 따라서 $R_X(\tau)$의 푸리에 변환인 전력 스펙트럼 밀도는

$$S_X(f) = \frac{A^2}{4}\delta(f - f_c) + \frac{A^2}{4}\delta(f + f_c)$$

가 된다. 확률 과정이 주파수 $\pm f_c$의 두 가지 주파수에서만 0이 아닌 주파수 성분을 갖는다는 점을 고려하면 전력 스펙트럼 밀도가 $\pm f_c$에서만 0이 아닌 것은 당연하다.

5 열잡음

도체에 있는 전자의 불규칙한 움직임에 의해 발생하는 잡음을 **열잡음**(thermal noise)이라고 한다. 전자는 온도가 올라가면 움직임이 활발해지므로 그만큼 열잡음 전력이 커진다. 열잡음의 전력 스펙트럼 밀도 특성을 보면 [그림 5-8]에 나타낸 바와 같이 상당히 높은 주파수까지 일정한 값을 유지하다가 그 이후는 점점 작아지는 것을 확인할 수 있는데, 일정한 값을 유지하는 주파수 대역에서 열잡음의 전력 스펙트럼 밀도 $S_N(f)$는 다음과 같이 나타낼 수 있다.

$$S_N(f) = \frac{1}{2}kT \text{ [W/Hz]} \tag{5.51}$$

이 식에서 k는 볼츠만(Boltzmann) 상수를 나타내고, T는 절대 온도를 가리킨다.

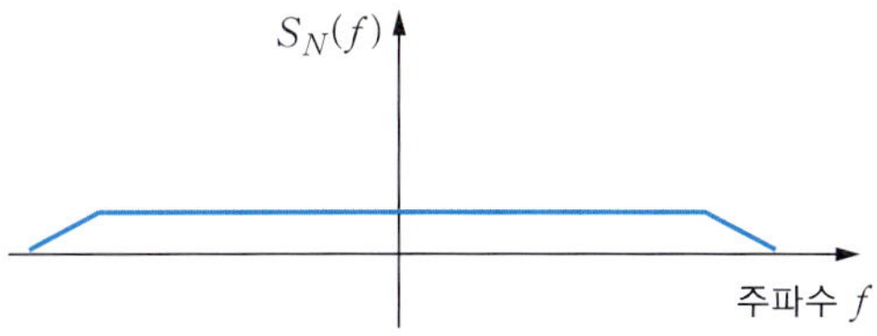

[그림 5-8] 열잡음의 전력 스펙트럼 사례

한편, 실제로 존재하지는 않는 가상의 잡음으로 **백색 잡음**(white noise)이 있다. 백색 잡음을 $w(t)$ 라고 할 때, 백색 잡음의 전력 스펙트럼 밀도 $S_W(f)$는 다음과 같이 정의한다.

★ 백색 잡음의 전력 스펙트럼 밀도 ★

$$S_W(f) = \frac{N_0}{2} \tag{5.52}$$

이 식에서 N_0는 임의의 상수이다. 백색 잡음의 전력 스펙트럼 밀도를 보면 백색 잡음이 실제로는 존재할 수 없다는 것을 알아챌 수 있는데, 그 이유는 주어진 전력 스펙트럼 밀도를 이용하여 결정한 전력 $\int_{-\infty}^{\infty} S_w(f)df$가 무한대가 되기 때문이다.

이처럼 실제로 존재할 수 없는 백색 잡음을 정의하는 이유는 다음과 같다. 첫째로 전력 스펙트럼의 형태가 식 (5.52)처럼 단순하여 계산이 쉽다. 둘째로 실제 나타나는 잡음, 예를 들면 열잡음의 전력 스펙트럼 밀도를 실제 수신기의 수신 대역으로 한정해보면 그 대역 내에서는 백색 잡음처럼 전력 스펙트럼 밀도가 일정한 수준을 유지한다. 결과적으로 통신 시스템을 수학적으로 분석하는 관점에서는 수신 대역 내에 잡음을 훨씬 간단하게 표현할 수 있어 백색 잡음이라는 개념이 유용하게 사용된다.

CHAPTER

05 핵심요약

- 사건 A에 대한 확률을 $P(A)$라고 표현할 때 확률 $P(\cdot)$는 다음의 조건을 만족해야 한다.
  - 사건 A가 표본공간 S이면 확률 $P(S)=1$이 된다.
  - 어떤 사건 A에 대해 $0 \leq P(A) \leq 1$이어야 한다.
  - 만약 두 사건 A, B가 동시에 발생하지 않는다면, 사건 A 또는 B가 발생할 확률 $P(A+B)$는 $P(A)+P(B)$와 같다.
- 확률 변수는 근원 사건을 임의의 실수로 대응시키는 일종의 함수이다.
- 확률 변수 X에 대해 누적 분포 함수 $F_X(x)$는 다음과 같이 정의한다.

$$F_X(x) \equiv P(X \leq x)$$

- 확률 변수 X에 대한 확률 밀도 함수 $f_X(x)$는 다음과 같이 정의한다.

$$f_X(x) \equiv \frac{d}{dx} F_X(x)$$

- 확률 변수 X가 x_1 초과 x_2 이하가 되는 확률은 다음과 같이 확률 밀도 함수를 적분하여 결정할 수 있다.

$$P(x_1 < X \leq x_2) = \int_{x_1^+}^{x_2} f_X(x)\,dx$$

- 중심 극한 정리는 동일한 동일한 통계 분포를 가지지만 서로 독립적인 N개의 확률 변수를 더해서 새로운 확률 변수를 만들면, 개별 확률 변수의 통계적 분포와 상관없이 새로운 확률 변수의 분포는 N이 커질수록 가우시안 분포에 가까워진다는 것이다.
- 조건부 확률 밀도 함수는 다음과 같이 정의한다.

$$f_{Y|X}(y|x) \equiv \frac{f_{XY}(x,y)}{f_X(x)}$$

- 두 개의 확률 변수 X와 Y가 다음의 조건을 만족하면 서로 통계적으로 독립이라고 정의한다.

$$f_{Y|X}(y|x) = f_Y(y)$$

- 확률 변수 X의 평균 $E[X]$는 다음과 같이 정의한다.

$$E[X] \equiv \int_{-\infty}^{\infty} x f_X(x)dx$$

- 확률 변수 X에 대한 평균을 m_X라고 할 때, 분산 σ_X^2은 다음과 같이 정의한다.

$$\sigma_X^2 \equiv E[(X-m_X)^2]$$

- 확률 변수 X를 변환하여 새로운 확률 변수 $Y=g(X)$를 만들었을 때 확률 변수 Y에 대한 확률 밀도 함수 $f_Y(y)$는 다음과 같이 표현할 수 있다.

$$f_Y(y) = \sum_{j=1}^{N} \frac{f_X(x_j)}{\left|\frac{dy}{dx_j}\right|_{x_j=g_j^{-1}(y)}}$$

$\{y=g(x_j),\ j=1,\cdots,N\}$이며, $g_j(\cdot)$는 x_j와 y 사이의 일대일 대응 함수이다.

- 확률 과정은 근원 사건을 시간의 함수에 대응시킨다. 따라서 확률 변수와 확률 과정의 차이는 시간이라는 차원의 포함 여부에 달려있다.
- 실수 확률 과정 $X(t)$에 대한 자기 상관 함수 $R_X(t_1, t_2)$는 다음과 같이 정의한다.

$$R_X(t_1, t_2) = E[X(t_1)X(t_2)]$$

- 어떤 확률 과정 $X(t)$가 다음의 관계를 만족하면 엄격한 의미의 정상성을 갖는다고 한다.

$$F_{X(t_1+\tau),\cdots,X(t_k+\tau)}(x_1,\cdots,x_k) = F_{X(t_1),\cdots,X(t_k)}(x_1,\cdots,x_k)$$

이 식에서 $t_1, \cdots, t_k$와 τ는 임의의 실숫값이며, k는 임의의 자연수이다.

- 어떤 확률 과정 $X(t)$의 평균이 상수이고, 자기 상관 함수 $R_X(t_1, t_2)$가 $R_X(t_1-t_2)$의 형태가 되는 경우에 확률 과정은 넓은 의미의 정상성을 갖는다고 한다.
- 어떤 확률 과정이 에르고딕성을 갖는다는 것은 앙상블 평균과 시간 평균이 같다는 것을 의미한다.
- 확률 과정의 $X(t)$의 자기 상관 함수 $R_X(\tau)$를 푸리에 변환한 결과를 전력 스펙트럼 밀도 $S_X(f)$라고 정의하며, $S_X(f)$는 $X(t)$가 주파수 f에서 갖는 전력 밀도를 나타낸다.
- 주파수 응답이 $H(f)$인 선형 시스템의 입력과 출력 확률 과정을 각각 $X(t)$, $Y(t)$라고 하면, $S_X(f)$와 $S_Y(f)$는 다음과 같은 관계를 갖는다.

$$S_Y(f) = |H(f)|^2 S_X(f)$$

- 백색 잡음을 $w(t)$의 전력 스펙트럼 밀도 $S_W(f)$는 다음과 같이 정의한다.

$$S_W(f) = \frac{N_0}{2}$$

이 식에서 N_0는 임의의 상수이다.

CHAPTER

05 연습문제

5.1 어떤 송신기에서 수신기로 “0”과 “1”을 보낼 확률이 각각 0.4, 0.6이라고 한다. 그리고 송신기에서 보낸 정보를 수신기가 잘못 판단할 확률이 0.1이라고 한다. 수신기에서 “1”을 받은 것으로 판단했을 때 실제 송신기에서 “1”을 보낼 확률을 구하라.

5.2 이산 확률 변수 X에 대해 $P[X=1]=0.3$, $P[X=2]=0.3$, $P[X=3]=0.4$라고 한다.

(a) 누적 분포 함수 $F_X(x)$를 구하라.

(b) 확률 밀도 함수 $f_X(x)$를 구하라.

(c) $Y=|2X-5|$로 정의된 새로운 확률 변수 Y의 확률 밀도 함수를 구하라.

5.3 어떤 확률 변수 X가 다음과 같은 확률 분포를 갖는다고 한다.

$$f_X(x)=\begin{cases} A\exp(-x), & x \geq 0 \\ 0, & x < 0 \end{cases}$$

(a) 상수 A와 확률 변수 X의 누적 분포 함수를 구하라.

(b) 확률 변수 X의 평균을 구하라.

(c) $E[X^2+X+2]$를 구하라.

(d) 확률 변수 X의 분산을 구하라.

(e) 새로운 확률 변수 $Y=X^2$일 때, 확률 변수 Y의 확률 밀도 함수를 구하라.

5.4 확률 변수 X가 가우시안 분포를 따르며, 평균이 1이고 분산이 2라고 한다. 이때 $E[X^2]$의 값은 얼마인가?

5.5 X와 Y는 각각 평균이 0이고 분산이 1이며, 서로 독립인 가우시안 확률 변수라고 한다. 새로운 확률 변수 $N=X+Y$라고 정의할 때 N의 분산을 구하라.

SECTION

6.1 수신기 구조

이 절에서는 다양한 아날로그 변조 방식의 성능을 비교하기 위해, 먼저 평가 척도에 대해 살펴보고 성능 분석을 위한 간략한 수신기 구조를 제시한다.

Keywords | 평가 척도 | SNR |

아날로그 변조 방식의 수신 성능을 평가하기 위해서는 먼저 평가 척도를 결정해야 한다. 만약 송신기에서 전달하려고 하는 정보 신호가 음성이라면 수신기의 최종 출력 신호를 직접 청취해보고 판단하는 것이 가장 바람직한 평가 척도일 것이다. 또한 정보 신호가 영상이라면 수신된 영상을 직접 눈으로 보고 판단하는 것이 가장 바람직한 평가 척도일 것이다.

그러나 이런 평가 방식은 매번 평가 능력을 갖춘 숙련된 평가자가 필요하기 때문에 시스템의 성능을 평가하는 과정에 시간과 비용이 많이 든다. 또한 평가 결과가 평가자에 따라 달라질 수 있어 일관성을 확보하기 어려운 측면이 있다.

이에 대한 대안으로 수신기의 최종 출력 신호를 송신기가 전달하려고 했던 정보 신호와 잡음의 합이라고 보고, 이들 두 가지 양의 전력 비율을 성능 평가 척도로 사용하는 방식이 있다. 이 척도를 **신호 대 잡음비**(Signal to Noise Ratio : SNR)라고 하는데, 객관성을 확보할 수 있고 시간과 비용 측면에서도 유리한 평가 기준이다.

수신기의 SNR 성능을 평가하기 위해서는 일단 수신기의 구조가 결정되어야 한다. 수신기의 구조는 실제 평가하려고 하는 시스템의 구조와 가급적 유사한 것이 바람직하지만 그렇게 되면 고려해야 할 요소가 많아 수학적으로 분석하는 것이 매우 어렵다. 이에 대한 대안으로 컴퓨터 모의실험이나 실제 시스템 구현을 통해 성능을 평가할 수 있지만, 이는 시간과 비용이 많이 드는 단점이 있다. 이 장에서는 수학적으로 성능을 평가하는 것이 목적이므로 시스템의 구조를 되도록 간단하게 하고자 한다. 이렇게 하면 실제 시스템에 포함된 여러 가지 구성 요소들이 반영되지 않아 성능 평가의 정확도는 다소 떨어지겠지만 대략적인 평가를 하는 데는 문제가 없다.

이 장에서 성능 분석을 위해 제시하는 수신기 구조는 [그림 6-1]과 같다.

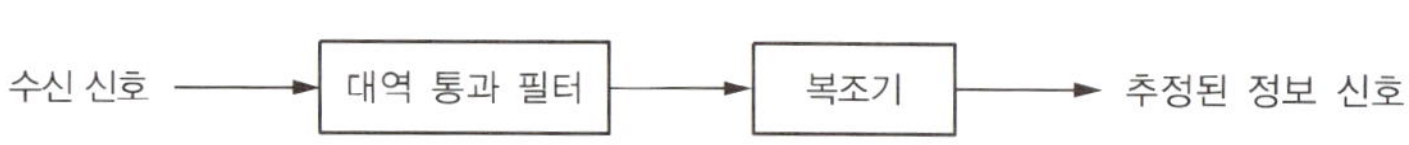

[그림 6-1] 성능 분석을 위한 수신기 구조

이 구조는 수신기를 구성하는 여러 가지 기능 블록 중에서 관심 주파수 대역의 수신 신호를 선택하는 대역 통과 필터와 복조기만으로 구성한 것이다. 4장에서 학습한 슈퍼헤테로다인 방식의 수신기에서 보듯이 실제 수신기에는 증폭기나 혼합기 등 훨씬 다양한 기능 블록들이 포함되어 있다.

[그림 6-1]의 수신기 구조에서 대역 통과 필터 입력단에 나타나는 잡음은 전력 스펙트럼 밀도가 $N_0/2$ 인 백색 가우시안 잡음으로 가정하며, 대역 통과 필터는 이상적인 필터 특성을 갖는 것으로 가정한다.

SECTION 6.2

협대역 잡음의 통계적 특성

수신기는 원하는 대역의 신호를 선택하기 위해 대역 통과 필터를 사용한다. 이 필터 출력단에 나타나는 잡음 신호는 대역이 제한된 잡음, 즉 협대역 잡음이 된다. 이 절에서는 다양한 변조 방식의 수신 성능 분석을 위해 협대역 잡음의 통계적 특성을 살펴본다.

Keywords | 협대역 잡음 | 전력 스펙트럼 밀도 | 확률 밀도 함수 |

[그림 6-1]에서 보는 바와 같이 수신기가 일반적으로 제일 먼저 하는 일은 관심 주파수 대역에 존재하는 신호를 추출하는 일인데, 이를 위해 대역 통과 필터를 사용한다. 수신기 입력단에 존재한다고 가정한 백색 잡음은 무한히 넓은 대역폭을 갖지만, 이 잡음이 대역 통과 필터를 거치고 나면 대역폭이 좁은 잡음이 된다. 이를 **협대역 잡음**(narrowband noise)이라고 한다. 여기에서 '대역폭이 좁다'라는 것은 반송파 주파수에 비해 대역폭이 상당히 좁다는 것을 의미한다.

협대역 잡음은 확률 과정이면서 일종의 대역 통과 신호이기 때문에 표본 신호를 다음과 같이 인페이즈 쿼드러처(I/Q) 형태로 나타낼 수 있다.

★ 협대역 잡음의 I/Q 표현 ★

$$N(t) = N_I(t)\cos(2\pi f_c t) - N_Q(t)\sin(2\pi f_c t) \tag{6.1}$$

이 신호는 반송파 주파수가 f_c이고 인페이즈 성분이 $N_I(t)$, 쿼드러처 성분이 $N_Q(t)$이다. 일반적으로 잡음의 평균은 0으로 가정한다.

이제 $N(t)$의 전력 스펙트럼 밀도가 주어졌을 때 $N_I(t)$, $N_Q(t)$의 전력 스펙트럼 밀도가 어떻게 되는지 살펴보자. 이를 분석하고자 하는 이유는 추후 다양한 변조 방식의 성능 분석 과정에서 이 정보가 필요하기 때문이다.

전력 스펙트럼 밀도를 구하려면 자기 상관 함수를 결정해야 하는데, 이를 위해 먼저 $N_I(t)$, $N_Q(t)$를 $N(t)$와 $\hat{N}(t)$로 표현해보자. 식 (6.1)에 힐버트 변환을 적용하면 다음과 같다.

$$\hat{N}(t) = N_I(t)\sin 2\pi f_c t + N_Q(t)\cos 2\pi f_c t \tag{6.2}$$

그리고 식 (6.1)과 식 (6.2)를 이용하면 $N_I(t)$와 $N_Q(t)$를 다음과 같이 표현할 수 있다.

$$N_I(t) = N(t)\cos(2\pi f_c t) + \hat{N}(t)\sin(2\pi f_c t) \tag{6.3}$$

$$N_Q(t) = \hat{N}(t)\cos(2\pi f_c t) - N(t)\sin(2\pi f_c t) \tag{6.4}$$

앞서 잡음 $N(t)$의 평균이 0이라고 설정했으므로 식 (6.3)과 식 (6.4)에 의해 $N_I(t)$, $N_Q(t)$의 평균 또한 0이 된다. 이제 식 (6.3)에 근거하여 $N_I(t)$에 대한 자기 상관 함수인 $R_{N_I}(\tau)$을 도출해보자. 먼저 $R_{N,\hat{N}}(\tau)$는 다음과 같이 전개할 수 있다.

$$\begin{aligned} R_{N,\hat{N}}(\tau) &= E[N(t+\tau)\hat{N}(t)] \\ &= E\left[N(t+\tau)\frac{1}{\pi}\int_{-\infty}^{\infty}\frac{N(\alpha)}{t-\alpha}d\alpha\right] \\ &= \frac{1}{\pi}\int_{-\infty}^{\infty}\frac{1}{t-\alpha}E[N(t+\tau)N(\alpha)]\,d\alpha \\ &= \frac{1}{\pi}\int_{-\infty}^{\infty}\frac{R_N(t+\tau-\alpha)}{t-\alpha}d\alpha \end{aligned} \tag{6.5}$$

식 (6.5)에서 적분 변수 α를 새로운 적분 변수 $u \equiv t+\tau-\alpha$로 치환하면 다음과 같이 전개할 수 있다.

$$\begin{aligned} R_{N,\hat{N}}(\tau) &= -\frac{1}{\pi}\int_{-\infty}^{\infty}\frac{R_N(u)}{\tau-u}du \\ &= -\widehat{R_N}(\tau) \end{aligned} \tag{6.6}$$

마찬가지로 $R_{\hat{N},N}(\tau)$에 대해 유사한 과정을 적용하면 $R_{\hat{N},N}(\tau) = \widehat{R_N}(\tau)$가 됨을 알 수 있다. 그리고 $R_{\hat{N}}(\tau)$는 다음과 같이 전개할 수 있다.

$$\begin{aligned} R_{\hat{N}}(\tau) &= E[\hat{N}(t+\tau)\hat{N}(t)] \\ &= E\left[\int_{-\infty}^{\infty}\frac{N(t+\tau-\alpha)}{\pi\alpha}d\alpha\int_{-\infty}^{\infty}\frac{N(t-\beta)}{\pi\beta}d\beta\right] \\ &= \int_{-\infty}^{\infty}\int_{-\infty}^{\infty}\frac{R_N(\tau+\beta-\alpha)}{\pi\alpha}d\alpha\frac{1}{\pi\beta}d\beta \\ &= -\frac{1}{\pi}\int_{-\infty}^{\infty}\hat{R}_N(\tau+\beta)\frac{1}{\beta}d\beta \\ &= -\hat{\hat{R}}_N(\tau) \end{aligned} \tag{6.7}$$

여기에서 $\hat{\hat{R}}_N(\tau) = -R_N(\tau)$이므로 결과적으로 $R_{\hat{N}}(\tau) = R_N(\tau)$가 된다.

한편, 식 (6.3)을 이용하면 $R_{N_I}(\tau)$를 다음과 같이 전개할 수 있다.

$$\begin{aligned} R_{N_I}(\tau) &= E[N_I(t+\tau)N_I(t)] \\ &= E[\{N(t+\tau)\cos(2\pi f_c(t+\tau)) + \hat{N}(t+\tau)\sin(2\pi f_c(t+\tau))\} \\ &\quad \times \{N(t)\cos(2\pi f_c t) + \hat{N}(t)\sin(2\pi f_c t)\}] \\ &= R_N(\tau)\cos(2\pi f_c(t+\tau))\cos(2\pi f_c t) \\ &\quad + R_{\hat{N}}(\tau)\sin(2\pi f_c(t+\tau))\sin(2\pi f_c t) \\ &\quad + R_{N,\hat{N}}(\tau)\cos(2\pi f_c(t+\tau))\sin(2\pi f_c t) \\ &\quad + R_{\hat{N},N}(\tau)\sin(2\pi f_c(t+\tau))\cos(2\pi f_c t) \end{aligned} \tag{6.8}$$

식 (6.5), 식 (6.6), 식 (6.7)을 식 (6.8)에 대입하면 최종적으로 다음과 같은 결과를 도출할 수 있다.

$$R_{N_I}(\tau) = R_N(\tau)\cos(2\pi f_c\tau) + \hat{R}_N(\tau)\sin(2\pi f_c\tau) \tag{6.9}$$

같은 방법으로 $R_{N_Q}(\tau)$를 구하면 다음과 같다.

$$R_{N_Q}(\tau) = R_N(\tau)\cos(2\pi f_c\tau) + \hat{R}_N(\tau)\sin(2\pi f_c\tau) \tag{6.10}$$

또한 $N_I(t)$와 $N_Q(t)$의 교차 상관 함수(cross correlation function)인 $R_{N_I N_Q}(\tau)$를 구하면 다음과 같다.

$$\begin{aligned} R_{N_I, N_Q}(\tau) &\equiv E[N_I(t+\tau)N_Q(t)] \\ &= R_N(\tau)\sin(2\pi f_c\tau) - \hat{R}_N(\tau)\cos(2\pi f_c\tau) \end{aligned} \tag{6.11}$$

편의상 협대역 잡음 $N(t)$의 전력 스펙트럼 $S_N(f)$는 $f_c - B \le |f| \le f_c + B$ 구간을 제외한 나머지 구간에서 0이라고 가정한다. 그리고 식 (6.9)에 푸리에 변환을 적용하면 전력 스펙트럼 밀도 $S_{N_I}(f)$는 다음과 같다.

$$\begin{aligned} S_{N_I}(f) &= \frac{1}{2}\{S_N(f+f_c) + S_N(f-f_c)\} \\ &\quad - \frac{1}{2j}\{-j\,\mathrm{sgn}(f+f_c)S_N(f+f_c) + j\,\mathrm{sgn}(f-f_c)S_N(f-f_c)\} \\ &= \frac{1}{2}\{S_N(f+f_c) + S_N(f-f_c)\} \\ &\quad + \frac{1}{2}\{\mathrm{sgn}(f+f_c)S_N(f+f_c) - \mathrm{sgn}(f-f_c)S_N(f-f_c)\} \end{aligned} \tag{6.12}$$

[그림 6-2]는 임의의 협대역 잡음 스펙트럼에 대해 식 (6.12)의 우변 4개의 항이 어떻게 되는지 그림으로 나타내는데, 최종적으로 $S_{N_I}(f)$는 맨 아래 그림처럼 표현할 수 있다.

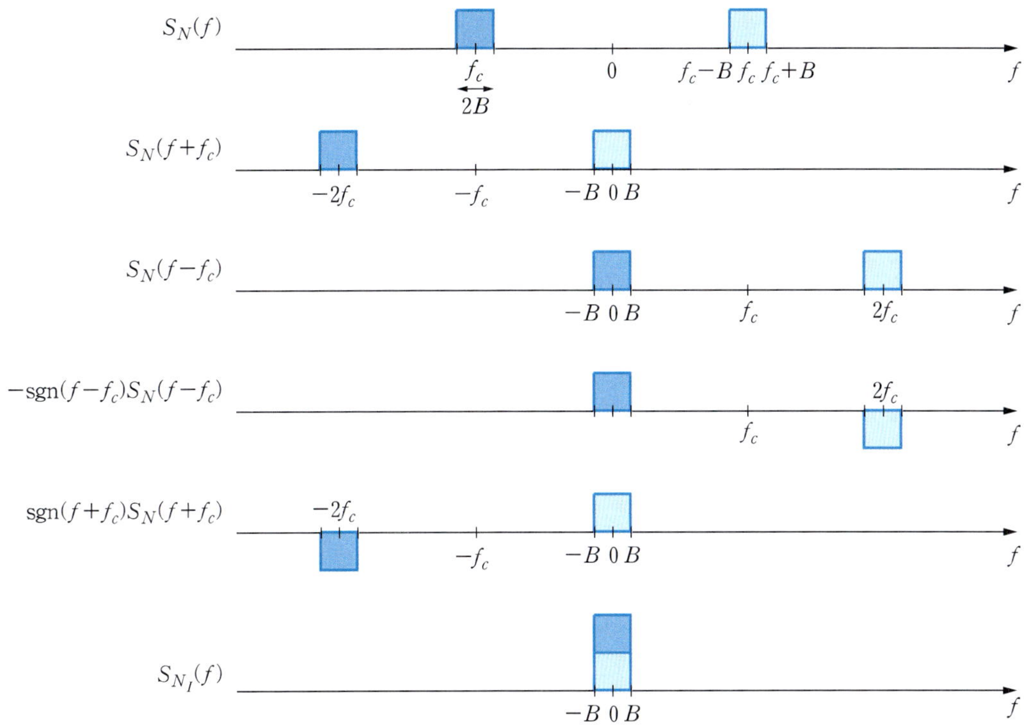

[그림 6-2] 식 (6.12)에 대한 설명

★ 협대역 잡음 인페이즈 성분의 전력 스펙트럼 밀도 ★

$$
\begin{aligned}
S_{N_I}(f) &= S_{N_Q}(f) \\
&= \begin{cases} S_N(f-f_c)+S_N(f+f_c), & |f| \le B \\ 0, & \text{그 외} \end{cases}
\end{aligned}
\tag{6.13}
$$

식 (6.13)에서 볼 수 있듯이 $S_{N_I}(f)=S_{N_Q}(f)$이므로 $N_I(t)$, $N_Q(t)$는 같은 전력을 갖는다. 그리고 $R_{N_I,N_Q}(\tau)$의 푸리에 변환으로 정의한 교차 스펙트럼 밀도(cross spectral density) $S_{N_I,N_Q}(f)$는 다음과 같이 주어진다.

$$
\begin{aligned}
S_{N_I,N_Q}(f) &= S_{N_Q,N_I}(f) \\
&= \begin{cases} j\{S_N(f+f_c)-S_N(f-f_c)\}, & |f| \le B \\ 0, & \text{그 외} \end{cases}
\end{aligned}
\tag{6.14}
$$

그런데 $R_N(\tau)$가 우함수이므로 $S_N(f)$도 우함수가 된다. 여기에 만약 추가적으로 $S_N(f)$가 반송파 주파수를 기준으로 그 주위에서 대칭성을 갖는다면, 즉 $\{S_N(f_c+f)=S_N(f_c-f),\ |f|\leq B\}$이면 $S_N(f+f_c)=S_N(f-f_c)$가 되어 $S_{N_I,N_Q}(f)=0$이 되므로 $N_I(t)$, $N_Q(t)$ 사이에 $R_{N_I,N_Q}(\tau)=0$, 즉 **무상관**(uncorrelated) 관계가 성립한다. 이때 $N(t)$가 가우시안 확률 과정이면 $N_I(t)$, $N_Q(t)$도 가우시안 확률 과정이 되므로 결과적으로 $N_I(t+\tau)$, $N_Q(t)$는 통계적으로 독립인 양이 된다. 따라서 $N_I(t+\tau)$, $N_Q(t)$에 대한 확률 밀도 함수는 다음과 같이 개별 확률 밀도 함수의 곱으로 나타낼 수 있다.

$$
\begin{aligned}
f_{N_I(t+\tau),N_Q(t)}(n_I,n_Q) &= f_{N_I(t+\tau)}(n_I)f_{N_Q(t)}(n_Q) \\
&= \frac{1}{\sigma\sqrt{2\pi}}\exp\left(-\frac{n_I^2}{2\sigma^2}\right)\frac{1}{\sigma\sqrt{2\pi}}\exp\left(-\frac{n_Q^2}{2\sigma^2}\right) \qquad (6.15) \\
&= \frac{1}{2\pi\sigma^2}\exp\left(-\frac{n_I^2+n_Q^2}{2\sigma^2}\right)
\end{aligned}
$$

이 식에서 σ^2은 $N_I(t)$, $N_Q(t)$의 분산을 가리킨다.

이후 개별 변복조 방식의 SNR 성능을 평가하면서 알게 되겠지만 수신기의 최종 출력은 정보 신호에 잡음 성분이 더해지는 형태가 많다. 예를 들어, 협대역 잡음 성분 중에서 인페이즈나 쿼드러처 성분 중의 하나가 정보 신호에 더해지거나 협대역 잡음의 크기와 위상 성분이 더해지는 식이다. 전자의 경우에는 $N_I(t)$, $N_Q(t)$의 통계적 특성을 이미 파악했기 때문에 이 결과를 SNR 분석에 활용하면 된다. 그리고 후자의 경우에는 추가로 크기와 위상에 대한 통계적 특성을 알아야 한다. 협대역 잡음 $N(t)$를 크기 $R(t)$와 위상 $\theta(t)$로 표현하면 다음과 같다.

$$N(t)=R(t)\cos\{2\pi f_c t+\theta(t)\} \qquad (6.16)$$

이 식에서 $R(t)=\{N_I^2(t)+N_Q^2(t)\}^{1/2}$이고 $\theta(t)=\arctan\left[\frac{N_Q(t)}{N_I(t)}\right]$이다. 이때 $N_I(t)$, $N_Q(t)$와 $R(t)$, $\theta(t)$의 관계에 대해 식 (5.31)을 이용하여 확률 밀도 함수를 구하면 다음과 같다.

$$f_{R(t),\Theta(t)}(r,\theta)=\frac{r}{2\pi\sigma^2}\exp\left(-\frac{r^2}{2\sigma^2}\right) \qquad (6.17)$$

이를 토대로 식 (5.14)를 이용하여 크기와 위상에 대한 각각의 확률 밀도 함수를 구하면 다음과 같은 결과를 얻을 수 있다.

$$f_{R(t)}(r)=\begin{cases}\frac{r}{\sigma^2}\exp\left(-\frac{r^2}{2\sigma^2}\right), & r\geq 0\\ 0, & \text{그 외}\end{cases} \qquad (6.18)$$

$$f_{\Theta(t)}(\theta)=\begin{cases}\dfrac{1}{2\pi}, & 0\leq\theta\leq 2\pi\\ 0\ , & \text{그 외}\end{cases} \tag{6.19}$$

예제 6-1

협대역 잡음 $N(t)=N_I(t)\cos(2\pi f_c t)-N_Q(t)\sin(2\pi f_c t)$에 대해 $S_N(f)$가 다음과 같을 때 $S_{N_I}(f)$와 $N_I(t)$의 전력을 구하라. 단, $f_c=10^6\,[\text{Hz}]$이다.

$$S_N(f)=10^{-3}\left\{\text{rect}\left(\frac{f-f_c}{1000}\right)+\text{rect}\left(\frac{f+f_c}{1000}\right)\right\}$$

풀이

식 (6.13)에 의해 $S_{N_I}(f)$는 다음과 같다.

$$S_{N_I}(f)=2\times10^{-3}\text{rect}\left(\frac{f}{1000}\right) \quad \cdots ①$$

그리고 $N_I(t)$의 평균은 0이고 전력은 $E[N_I^2(t)]=R_{N_I}(0)$이다. 따라서 다음과 같이 구할 수 있다.

$$E[N_I^2(t)]=\int_{-\infty}^{\infty}S_{N_I}(f)\,df=2\,[\text{W}] \quad \cdots ②$$

SECTION 6.3 다양한 변조 방식의 수신 성능

이 절에서는 앞에서 제시한 수신기 구조와 협대역 잡음에 대한 통계적 분석 결과를 토대로 다양한 아날로그 변조 방식에 대한 수신 성능을 살펴본다.

Keywords | 동기 검파기 | 포락선 검파기 | 리미터 | 주파수 변별기 | 프리엠퍼시스 | 디엠퍼시스 |

1 DSB-SC 변조 방식

DSB-SC 변조 방식에 대한 복조 방식은 동기 검파기로 가정한다. 따라서 수신기는 [그림 6-1]의 구조에서 복조기가 [그림 4-14]의 동기 검파기가 되는 형태이다. 그리고 정보 신호 $m(t)$의 대역폭은 W, 대역 통과 필터의 대역폭은 $2W$라고 가정한다. 또한 동기 검파기에서 사용하는 국부 발진기의 출력 정현파는 편의상 송신기에서 사용하는 반송파와 위상차가 없다고 가정하여 $\cos(2\pi f_c t)$로 하며, 저역 통과 필터의 대역폭은 정보 신호와 동일하게 W로 설정한다.

수신기에 도달한 DSB-SC 변조 신호를 $s_{DSB}(t) = A_c m(t)\cos 2\pi f_c t$라고 하고, 여기에 더해지는 백색 잡음을 $w(t)$라고 하면, 대역 통과 필터의 출력 신호 $x(t)$는 DSB-SC 변조 신호 $s_{DSB}(t)$와 협대역 잡음 $n(t)$의 합이 된다. 이때 $n(t)$는 백색 잡음 $w(t)$를 대역 통과 필터에 입력하여 생긴 출력이다. 백색 잡음의 전력 스펙트럼 밀도를 $\frac{N_0}{2}$라고 가정하면 협대역 잡음 $n(t)$의 전력 스펙트럼 밀도 $S_n(f)$는 [그림 6-3]과 같다.

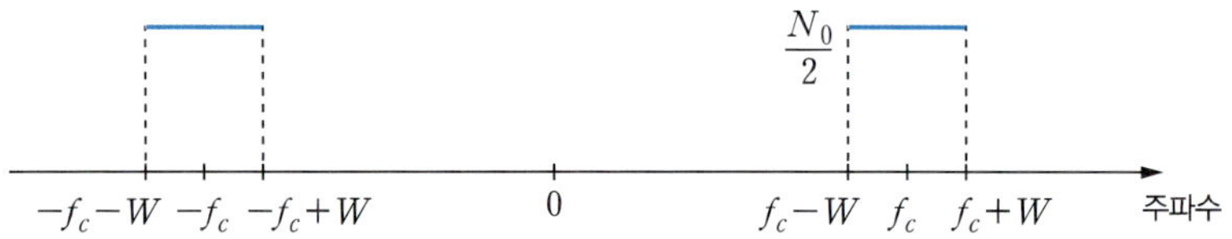

[그림 6-3] 협대역 잡음의 전력 스펙트럼 밀도

협대역 잡음을 $n(t) = n_I(t)\cos 2\pi f_c t - n_Q(t)\sin 2\pi f_c t$로 표현할 수 있는데, 이때 대역 통과 필터의 출력인 $s_{DSB}(t) + n(t)$가 동기 검파기에 입력되면 수신기의 최종 출력 $y(t)$는 $\{s_{DSB}(t) + n(t)\}\cos(2\pi f_c t)$에 저역 통과 필터를 적용한 결과가 되므로 다음과 같이 표현할 수 있다.

$$y(t) = \frac{1}{2}A_c m(t) + \frac{1}{2}n_I(t) \tag{6.20}$$

이 식에서 $\frac{1}{2}A_c m(t)$가 정보 신호 성분이고, $\frac{1}{2}n_I(t)$가 잡음 성분이기 때문에 최종 출력에 대한 신호 대 잡음비인 SNR_{DSB}는 다음과 같다.

$$SNR_{DSB} = \frac{E\left[\left\{\frac{1}{2}A_c m(t)\right\}^2\right]}{E\left[\left\{\frac{1}{2}n_I(t)\right\}^2\right]} = \frac{A_c^2 E[m^2(t)]}{E[n_I^2(t)]} \tag{6.21}$$

식 (6.13)에 의해 $n_I(t)$의 전력 스펙트럼 밀도를 결정하면 $n_I(t)$의 전력은 결국 $n(t)$의 전력과 같아진다. 그리고 $n(t)$의 전력은 [그림 6-3]에 나타낸 $S_n(f)$를 적분한 값이므로 $2N_0W$가 된다. 따라서 정보 신호 $m(t)$의 전력을 P라고 표시하면 DSB-SC 변조 방식에 대한 신호 대 잡음비 SNR_{DSB}는 다음과 같다.

★ DSB-SC 변조 방식의 SNR ★

$$SNR_{DSB} = \frac{A_c^2 P}{2N_0 W} \tag{6.22}$$

예제 6-2

정보 신호 $m(t) = \cos(2000\pi t)$를 1[MHz]의 반송파 주파수를 사용하는 DSB-SC 변조 방식으로 전송하고, [그림 6-1]의 수신기를 사용하여 복조하려고 한다. 이때 복조기는 동기 검파기를 사용하는 것으로 설정하고, 수신기의 대역 통과 필터에 입력되는 백색 잡음의 전력 스펙트럼 밀도는 $\frac{1}{8}\times 10^{-6}$[W/Hz]라고 한다. DSB-SC 변조 신호 $s_{DSB}(t)$가 다음과 같을 때 복조기 출력단에 나타나는 SNR을 구하라.

$$s_{DSB}(t) = 10m(t)\cos(2\pi 10^6 t)$$

풀이

DSB-SC 변조 신호의 일반적인 형태를 나타내는 식 (4.9)와 문제에서 주어진 DSB-SC 변조 신호를 비교하면 $A_c = 10$, $W = 10^3$[Hz], $P = \frac{1}{2}$[W]가 됨을 알 수 있다. 그리고 주어진 조건에 의해 $\frac{N_0}{2} = \frac{1}{8}\times 10^{-3}$[W/Hz]이므로 식 (6.22)를 이용하여 SNR을 구하면 다음과 같다.

$$SNR_{DSB} = \frac{10^2 \times \frac{1}{2}}{2\times \frac{1}{4}\times 10^{-3}\times 10^3}$$
$$= 100$$
$$= 20\,[\text{dB}]$$

2 SSB 변조 방식

SSB 변조 방식은 상측파대(USB)를 사용하는 경우와 하측파대(LSB)를 사용하는 경우로 구분할 수 있는데, 어느 방식을 사용해도 수신 성능은 동일하다. 여기에서는 상측파대를 사용하는 것을 전제로 수신 성능을 분석하기로 한다.

SSB 변조 방식에 대한 복조 방식은 동기 검파기로 가정한다. 그러면 수신기 구조는 DSB-SC 변조 방식에 대한 수신기 구조와 동일하다. 다만, SSB 변조 신호의 대역폭은 정보 신호의 대역폭 W와 같기 때문에 대역 통과 필터의 대역폭은 W가 된다.

송신기에서 보낸 신호를 상측파대 SSB 변조 신호 $s_{USSB}(t)$라고 하면 다음과 같이 표현할 수 있다.

$$s_{USSB}(t) = A_c m(t)\cos(2\pi f_c t) - A_c \hat{m}(t)\sin(2\pi f_c t) \tag{6.23}$$

이때 수신기에서 대역 통과 필터의 출력 $x(t)$는 $s_{USSB}(t)$에 협대역 잡음 $n(t)$가 더해진 형태가 된다. 그리고 $n(t)$의 전력 스펙트럼 밀도 $S_n(f)$는 [그림 6-4]에 나타낸 바와 같다.

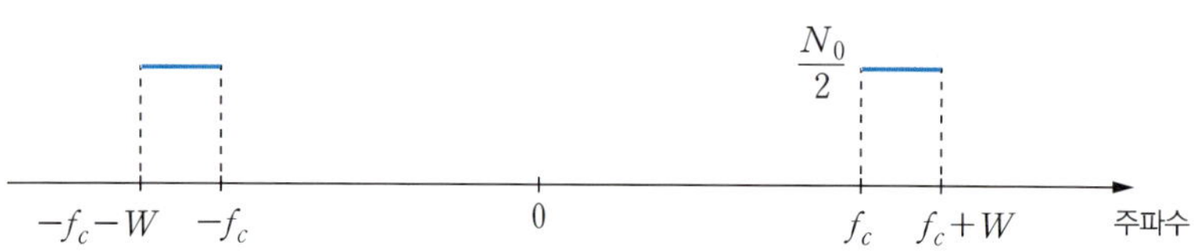

[그림 6-4] 협대역 잡음의 전력 스펙트럼 밀도

$n(t)$는 협대역 잡음이므로 $n(t) = n_I(t)\cos 2\pi ft - n_Q(t)\sin 2\pi ft$로 표현할 수 있는데, 이때 f 값은 스펙트럼의 중앙 주파수로 설정하는 것이 일반적이다. 그러나 반드시 그렇게 해야 하는 것은 아니므로 $[f_c,\ f_c + W/2]$ 범위 내에 임의의 값을 갖는 것으로 한다. 다만, $f = f_c$로 설정하면 이후 분석 과정에서 편리한 측면이 있으므로 $n(t) = n_I(t)\cos 2\pi f_c t - n_Q(t)\sin 2\pi f_c t$를 사용하기로 한다.

대역 통과 필터의 출력인 $x(t)$가 동기 검파기를 거치면 수신기의 최종 출력 신호 $y(t)$는 $\{s_{USSB}(t) + n(t)\}\cos(2\pi f_c t)$에 저역 통과 필터를 적용한 결과이므로 다음과 같다.

$$y(t) = \frac{1}{2}A_c m(t) + \frac{1}{2}n_I(t) \tag{6.24}$$

이 식에서 정보 신호 성분은 $\frac{1}{2}A_c m(t)$이고, 잡음 성분은 $\frac{1}{2}n_I(t)$가 된다. 따라서 단측파대 SSB 변조 방식에 대한 수신 신호 대 잡음비 SNR_{SSB}는 다음과 같이 나타낼 수 있다.

$$SNR_{SSB} = \frac{A_c^2 E[m^2(t)]}{E[n_I(t)^2]} \tag{6.25}$$

DSB-SC 변조 방식과 마찬가지로 이 경우에도 $n_I(t)$의 전력은 $n(t)$의 전력과 같고 $n(t)$의 전력은 [그림 6-4]에 나타낸 $S_n(f)$를 적분한 값이므로 N_0W가 된다. 따라서 정보 신호 $m(t)$의 전력을 P라고 표시하면 수신기의 최종 출력에 대한 SNR_{SSB}는 다음과 같다.

★ SSB 변조 방식의 SNR ★

$$SNR_{SSB} = \frac{A_c^2 P}{N_0 W} \tag{6.26}$$

DSB-SC 변조 방식과 비교하면 SSB 변조 방식의 수신 성능이 두 배 우수한 것처럼 보인다. 그러나 이는 정보 신호 $m(t)$의 전력이 같다는 전제하에서 비교한 결과이다.

예제 6-3

정보 신호 $m(t) = \cos(2000\pi t)$를 1[MHz]의 반송파 주파수를 사용하는 SSB 변조 방식으로 전송하고, [그림 6-1]의 수신기를 사용하여 복조하려고 한다. 이때 복조기는 동기 검파기를 사용하는 것으로 설정하고, 수신기의 대역 통과 필터에 입력되는 백색 잡음의 전력 스펙트럼 밀도는 $\frac{1}{8} \times 10^{-6}$[W/Hz]라고 한다. SSB 변조 신호 $s_{SSB}(t)$가 다음과 같을 때 복조기 출력단에 나타나는 SNR을 구하라.

$$s_{SSB}(t) = 10m(t)\cos(2\pi 10^6 t) - 10\hat{m}(t)\sin(2\pi 10^6 t)$$

풀이

문제에서 주어진 SSB 변조 신호를 식 (6.23)과 비교하면 $A_c = 10$, $W = 10^3$[Hz], $P = \frac{1}{2}$[W]가 됨을 알 수 있다. 그리고 주어진 조건에 의해 $\frac{N_0}{2} = \frac{1}{8} \times 10^{-3}$[W/Hz]이므로 식 (6.26)을 이용하여 SNR을 구하면 다음과 같다.

$$\begin{aligned} SNR_{DSB} &= \frac{10^2 \times \frac{1}{2}}{\frac{1}{4} \times 10^{-3} \times 10^3} \\ &= 200 \\ &\approx 23\,[\text{dB}] \end{aligned}$$

■ 평균 송신 전력을 기준으로 한 DSB와 SSB 변조 방식의 수신 성능

지금부터는 DSB-SC 변조 신호 $s_{DSB}(t)$와 SSB 변조 신호 $s_{SSB}(t)$의 송신 전력을 기준으로 두 방식의 성능을 비교해보자. 이때 고려할 수 있는 전력으로는 순시 전력과 평균 전력이 있는데, DSB 및 SSB 변조 신호 모두 시간에 따라 그 값이 달라지는 신호이므로 순시 전력이 시간에 따라 변할 수 있다. 그렇게 때문에 이를 토대로 SNR 성능을 비교하는 것은 적절하지 않다. 따라서 순시 전력보다는 평균 전력을 사용하기 위해 순시 전력에 통계적 평균과 시간 평균을 적용한 송신 전력을 사용하고자 한다.

DSB-SC 변조와 SSB 변조 방식의 송신 전력을 각각 P_{DSB}, P_{SSB}라고 할 때, 각 전력은 정보 신호의 전력 P와 다음과 같은 관계가 있다.

$$\begin{aligned} P_{DSB} &= \overline{E[s_{DSB}^2(t)]} \\ &= \overline{E\left[\{A_c m(t)\cos 2\pi f_c(t)\}^2\right]} \\ &= A_c^2 E[m^2(t)]\,\overline{\cos^2 2\pi f_c t} \\ &= \frac{1}{2}A_c^2 P \end{aligned} \tag{6.27}$$

$$\begin{aligned} P_{SSB} &= \overline{E[s_{SSB}^2(t)]} \\ &= \overline{E\left[\{A_c m(t)\cos 2\pi f_c(t) - A_c\hat{m}(t)\sin 2\pi f_c t\}^2\right]} \\ &= A_c^2 E[m^2(t)]\,\overline{\cos^2 2\pi f_c t} + A_c^2 E[\hat{m}^2(t)]\,\overline{\sin^2 2\pi f_c t} \\ &\quad + A_c^2 E[m(t)\hat{m}(t)]\,\overline{\sin 4\pi f_c t} \end{aligned} \tag{6.28}$$

이 식에서 $\overline{a(t)}$는 $a(t)$의 시간 평균을 의미한다. $m(t)$가 정상성을 갖는 확률 과정이라면 $S_{\hat{m}(t)}(f) = |-j\mathrm{sgn}(f)|^2 S_{m(t)}(f)$이므로 식 (6.28)에서 $E[\hat{m}^2(t)] = E[m^2(t)]$가 된다.

그리고 $E[m(t)\hat{m}(t)]$는 다음과 같이 전개할 수 있다.

$$\begin{aligned} E[m(t)\hat{m}(t)] &= E\left[m(t)\int_{-\infty}^{\infty}\frac{m(t-\tau)}{\tau}d\tau\right] \\ &= \int_{-\infty}^{\infty}\frac{R_m(\tau)}{\tau}d\tau \\ &= 0 \end{aligned} \tag{6.29}$$

이 결과는 $\frac{R_m(\tau)}{\tau}$가 기함수임을 이용한 것이다. 따라서 식 (6.29)와 $\overline{\cos^2 2\pi f_c t} = \frac{1}{2}$, $\overline{\sin^2 2\pi f_c t} = \frac{1}{2}$, $\overline{\sin 4\pi f_c t} = 0$을 식 (6.28)에 적용하면 P_{SSB}는 다음과 같이 정리할 수 있다.

$$P_{SSB} = A_c^2 P \tag{6.30}$$

최종적으로 식 (6.27)과 식 (6.30)을 이용하여 SNR_{DSB}와 SNR_{SSB}를 각각 P_{DSB}, P_{SSB}로 표현하면 다음과 같다.

★ 평균 송신 전력 기준 DSB 및 SSB 변조 방식의 SNR ★

$$SNR_{DSB} = \frac{P_{DSB}}{N_0 W} \tag{6.31}$$

$$SNR_{SSB} = \frac{P_{SSB}}{N_0 W} \tag{6.32}$$

따라서 $P_{DSB} = P_{SSB}$인 조건, 즉 동일한 송신 전력을 전제로 하면 DSB-SC 변조 방식과 SSB 변조 방식의 수신 SNR 성능이 동등함을 알 수 있다.

3 진폭 변조(AM) 방식

진폭 변조의 대표적인 복조 방식은 포락선 검파기이다. 따라서 수신기는 [그림 6-1]의 구조에서 복조기로 [그림 4-10]의 포락선 검파기를 사용하는 형태가 된다. 그리고 AM 신호의 대역폭은 정보 신호 대역폭 W의 두 배이므로 대역 통과 필터의 대역폭은 $2W$가 된다.

수신기에서 대역 통과 필터의 출력 신호는 AM 신호 $s_{AM}(t)$와 협대역 잡음 $n(t)$의 합이다. 따라서 AM 신호를 $s_{AM}(t) = A_c\{1 + k_a m(t)\}\cos(2\pi f_c t)$로 표현하면 대역 통과 필터의 출력 $x(t)$는 다음과 같이 표현할 수 있다.

$$\begin{aligned} x(t) &= s_{AM}(t) + n(t) \\ &= \{A_c + A_c k_a m(t)\}\cos(2\pi f_c t) + n_I(t)\cos 2\pi f_c t - n_Q(t)\sin 2\pi f_c t \\ &= \{A_c + A_c k_a m(t) + n_I(t)\}\cos(2\pi f_c t) - n_Q(t)\sin(2\pi f_c t) \end{aligned} \tag{6.33}$$

$x(t)$가 포락선 검파기에 입력되면 출력 $y(t)$는 다음과 같이 나타낼 수 있다.

$$y(t) = \sqrt{\{A_c + A_c k_a m(t) + n_I(t)\}^2 + n_Q^2(t)} \tag{6.34}$$

일반적인 상황이라면 식 (6.34)에서 신호 성분과 잡음 성분이 곱해지는 항이 있어 신호와 잡음 성분을 분리해내기 어렵다. 그러나 통신이 원활하게 이루어지는 상황으로 한정하면 신호의 전력이 잡음 전력보다 상당히 크다고 볼 수 있으므로 $n_Q^2(t)$항을 무시할 수 있다. 따라서 포락선 검파기의 출력 $y(t)$를 다음과 같이 근사화할 수 있다.

$$y(t) \approx A_c + A_c k_a m(t) + n_I(t) \tag{6.35}$$

이 식에서 우변의 첫 번째 항인 A_c는 반송파의 진폭으로 정보나 잡음 모두와 관련이 없는 성분이다. 그리고 두 번째 항인 $A_c k_a m(t)$가 정보 신호 성분이 되고, 세 번째 항인 $n_I(t)$가 잡음 성분이 된다. 이를 토대로 수신기의 최종 출력에 대한 신호 대 잡음비인 SNR_{AM}을 구하면 다음과 같다.

★ 진폭 변조 방식의 SNR ★

$$SNR_{AM} \approx \frac{A_c^2 k_a^2 P}{2WN_0} \tag{6.36}$$

$E[m(t)] = 0$이라고 가정하고 AM 신호의 평균 전력 P_{AM}을 계산하면 다음과 같이 전개할 수 있다.

$$\begin{aligned} P_{AM} &= \overline{E[s_{AM}^2(t)]} \\ &= \overline{E[A_c^2\{1+k_a m(t)\}^2 \cos^2(2\pi f_c t)]} \\ &= \frac{1}{2}A_c^2(1+k_a^2 P) \end{aligned} \tag{6.37}$$

따라서 식 (6.36)의 SNR_{AM}을 P_{AM}으로 표현하면 다음과 같이 된다.

★ 평균 송신 전력 기준 진폭 변조 방식의 SNR ★

$$SNR_{AM} \approx \frac{P_{AM} - \frac{1}{2}A_c^2}{WN_0} \tag{6.38}$$

그러므로 AM 방식이 DSB-SC 변조 방식이나 SSB 변조 방식에 비해 수신 SNR 성능 측면에서 불리함을 알 수 있다. 이는 AM 신호의 반송파 성분으로 인해 식 (6.38)의 분자가 반송파 전력만큼 작아지기 때문이다.

예제 6-4

정보 신호 $m(t)=\cos(2000\pi t)$를 1[MHz]의 반송파 주파수를 사용하는 진폭 변조(AM) 방식으로 전송하고, [그림 6-1]의 수신기를 사용하여 복조하려고 한다. 이때 복조기는 포락선 검파기를 사용하는 것으로 설정하고, 수신기의 대역 통과 필터에 입력되는 백색 잡음의 전력 스펙트럼 밀도는 $\frac{1}{8}\times 10^{-6}$[W/Hz]라고 한다. 진폭 변조 신호 $s_{AM}(t)$가 다음과 같을 때 복조기 출력단에 나타나는 SNR을 구하라.

$$s_{AM}(t)=10\{1+0.5m(t)\}\cos(2\pi 10^6 t)$$

풀이

문제에서 주어진 진폭 변조 신호를 진폭 변조 신호의 일반적인 형태를 나타내는 식 (4.5)와 비교하면 $A_c=10$, $k_a=0.5$, $W=10^3$[Hz], $P=\frac{1}{2}$[W]가 됨을 알 수 있다. 그리고 주어진 조건에 의해 $\frac{N_0}{2}=\frac{1}{8}\times 10^{-3}$[W/Hz]이므로 식 (6.36)을 이용하여 SNR을 구하면 다음과 같다.

$$\begin{aligned} SNR_{AM} &= \frac{10^2\times\left(\frac{1}{2}\right)^2\times\frac{1}{2}}{2\times\frac{1}{4}\times 10^{-3}\times 10^3} \\ &= 25 \\ &\approx 14\,[\text{dB}] \end{aligned}$$

4 주파수 변조(FM) 방식

주파수 변조 신호의 대역폭을 B_T라고 하면, 수신기는 [그림 6-1]의 구조에서 대역폭이 B_T인 대역 통과 필터를 사용한다. 그리고 FM에 대한 복조기로는 리미터(limiter)와 주파수 변별기(frequency discriminator), 그리고 저역 통과 필터(low-pass filter)를 직렬로 연결하여 사용한다. 여기에서 리미터는 입력된 신호의 진폭을 일정하게 만들어주는 역할을 하고, 저역 통과 필터는 주파수 변별기 이후에 잡음을 제거한다. 4장에서는 FM 신호에 대한 복조기로 주파수 변별기만을 언급했지만, 지금은 FM 신호와 잡음이 있는 환경이므로 추가로 리미터와 저역 통과 필터가 필요하다.

FM 신호 $s_{FM}(t)$는 $A_c\cos(2\pi f_c t+\phi(t))$로 나타낼 수 있으며, 이때 $\phi(t)$는 정보 신호 $m(t)$와 $\phi(t)=2\pi k_f\int_0^t m(\tau)\,d\tau$의 관계가 있는 것으로 정의한다. $s_{FM}(t)$와 백색 잡음 $w(t)$가 대역 통과 필터에 입력되면 출력 신호 $x(t)$는 다음과 같다.

$$\begin{aligned} x(t) &= s_{FM}(t) + n(t) \\ &= A_c \cos\{2\pi f_c t + \phi(t)\} + n_I(t)\cos(2\pi f_c t) - n_Q(t)\sin(2\pi f_c t) \\ &= A_c \cos\{2\pi f_c t + \phi(t)\} + r(t)\cos\{2\pi f_c t + \Psi(t)\} \end{aligned} \tag{6.39}$$

이 식에서 $\Psi(t) = \arctan\left\{\dfrac{n_Q(t)}{n_I(t)}\right\}$이다. 앞에서도 언급한 바와 같이 주파수 변조 과정을 통해 정보 신호 $m(t)$는 $\phi(t)$에 반영된다. 잡음이 정보 신호에 얼마나 영향을 주는가를 알아보기 위해 다음과 같이 식 (6.39)를 전개한다.

$$\begin{aligned} x(t) &= A_c \cos\{2\pi f_c t + \phi(t)\} + r(t)\cos\{2\pi f_c t + \Psi(t)\} \\ &= A_c \cos\{2\pi f_c t + \phi(t)\} + r(t)\cos\{2\pi f_c t + \phi(t) + \Psi(t) - \phi(t)\} \\ &= [A_c + r(t)\cos\{\Psi(t) - \phi(t)\}]\cos\{2\pi f_c t + \phi(t)\} \\ &\quad - r(t)\sin\{\Psi(t) - \phi(t)\}\sin\{2\pi f_c t + \phi(t)\} \end{aligned} \tag{6.40}$$

$x(t)$는 다음과 같이 크기와 위상 형태로 표현할 수 있다.

$$\begin{aligned} x(t) = &\sqrt{[A_c + r(t)\cos\{\Psi(t) - \phi(t)\}]^2 + [r(t)\sin(\Psi(t) - \phi(t)\}]^2} \\ &\times \cos\{2\pi f_c t + \phi(t) + \theta(t)\} \end{aligned} \tag{6.41}$$

이때 위상 신호 $\theta(t)$는 다음과 같다.

$$\theta(t) = \arctan\left[\frac{r(t)\sin\{\Psi(t) - \phi(t)\}}{A_c + r(t)\cos\{\Psi(t) - \phi(t)\}}\right] \tag{6.42}$$

$x(t)$가 리미터에 입력되면 출력 $y(t)$는 다음과 같이 일정한 진폭을 갖는 신호가 된다.

$$y(t) = C\cos\{2\pi f_c t + \phi(t) + \theta(t)\} \tag{6.43}$$

이 식에서 C는 임의의 상수이다. 통신이 원활하게 진행되는 수신 SNR 수준을 전제로 하면 신호 성분의 세기가 잡음 성분에 비해 충분히 강하다고 가정할 수 있으므로 $\theta(t)$를 다음과 같이 근사화할 수 있다.

$$\theta(t) \approx \arctan\left[\frac{r(t)}{A_c}\sin\{\Psi(t) - \phi(t)\}\right] \tag{6.44}$$

또한 $x \ll 1$일 때 $\arctan(x) \approx x$로 근사화할 수 있으므로 식 (6.44)를 다음과 같이 단순화할 수 있다.

$$\theta(t) \approx \frac{r(t)}{A_c}\sin\{\Psi(t) - \phi(t)\} \tag{6.45}$$

리미터 출력 $y(t)$를 주파수 변별기의 미분기에 입력하면 출력 $z(t)$는 다음과 같다.

$$z(t) = -C\left\{2\pi f_c + \frac{d\phi(t)}{dt} + \frac{d\theta(t)}{dt}\right\}\sin\{2\pi f_c t + \phi(t) + \theta(t)\} \tag{6.46}$$

그리고 입력 $z(t)$에 대한 포락선 검파기의 출력을 $u(t)$라면 다음과 같이 된다.

$$u(t) = C\left\{2\pi f_c + \frac{d\phi(t)}{dt} + \frac{d\theta(t)}{dt}\right\} \tag{6.47}$$

여기에서 편의상 $C = \frac{1}{2\pi}$로 하고, 포락선 검파기가 DC 성분을 제거하는 기능을 갖고 있다고 가정하면 포락선 검파 결과인 $v(t)$는 다음과 같이 된다.

$$\begin{aligned} v(t) &= \frac{1}{2\pi}\frac{d\phi(t)}{dt} + \frac{1}{2\pi}\frac{d\theta(t)}{dt} \\ &\approx k_f m(t) + n_1(t) \end{aligned} \tag{6.48}$$

여기에서 $n_1(t) \equiv \frac{1}{2\pi A_c}\frac{d}{dt}[r(t)\sin\{\Psi(t) - \phi(t)\}]$이다. 식 (6.48)에서 $k_f m(t)$는 신호 성분이지만 $n_1(t)$는 정의에서 알 수 있듯이 잡음과 정보 신호가 모두 관련된 성분이다. 잡음 성분에 대한 근사적인 결과를 얻기 위해 $n_1(t)$를 잡음 성분으로 가정하고 정보 신호가 존재하지 않는 상황, 즉 $\phi(t) = 0$일 때를 전제로 $n_1(t)$의 전력 스펙트럼 밀도를 결정하자. 그러면 $n_1(t) = \frac{1}{2\pi A_c}\frac{d}{dt}n_Q(t)$가 되고 미분기의 주파수 응답은 $j2\pi f$가 되므로, 이를 근거로 $n_Q(t)$에 대한 전력 스펙트럼 밀도 $S_{n_Q}(f)$와 $n_1(t)$에 대한 전력 스펙트럼 밀도 $S_{n_1}(f)$의 관계를 도출하면 다음과 같다.

$$\begin{aligned} S_{n_1}(f) &= \frac{f^2}{A_c^2} S_{n_Q}(f) \\ &= \begin{cases} \dfrac{N_0 f^2}{A_c^2}, & |f| \le \dfrac{B_T}{2} \\ 0, & \text{그 외} \end{cases} \end{aligned} \tag{6.49}$$

이 식에서 B_T는 FM 신호 $s_{FM}(t)$의 대역폭으로, 대역 통과 필터의 대역폭이기도 하다.

$S_{n_Q}(f)$와 $S_n(f)$의 관계를 고려할 때 $n_Q(t)$의 대역폭은 $n(t)$ 대역폭의 $\frac{1}{2}$이 된다. 주파수 변조의 경우 대역폭 B_T는 대개 $2W$보다 크기 때문에 $n_1(t)$의 대역폭은 W보다 크다고 할 수 있다. 따라서 잡음 성분의 대역폭이 정보 신호의 대역폭보다 넓으므로 저역 통과 필터를 사용하여 정보 신호가 존재하는 대역 이외의 잡음을 제거하면 수신 SNR을 개선할 수 있다. 이에 따라 $n_1(t)$를 대역폭이 W인 저역 통과 필터에 입력하여 얻은 결과를 $n_2(t)$라고 하면 $n_2(t)$의 전력 스펙트럼 밀도 $S_{n_2}(f)$는 다음과 같이 된다.

$$S_{n_2}(f) = \begin{cases} \dfrac{N_0 f^2}{A_c^2}, & |f| \leq W \\ 0, & \text{그 외} \end{cases} \quad (6.50)$$

따라서 수신기 최종 출력에서 잡음 전력은 다음과 같이 전력 스펙트럼 밀도 $S_{n_2}(f)$를 적분하여 결정할 수 있다.

$$E[n_2^2(t)] = \int_{-\infty}^{\infty} S_{n_2}(f)df = \frac{2N_0 W^3}{3A_c^2} \quad (6.51)$$

그러므로 주파수 변조에 대한 신호 대 잡음비 SNR_{FM}은 다음과 같이 표현할 수 있다.

★ 주파수 변조 방식의 SNR ★

$$SNR_{FM} = \frac{3A_c^2 k_f^2 P}{2N_0 W^3} \quad (6.52)$$

그리고 $s_{FM}(t)$의 전력이 $P_{FM} = \frac{1}{2}A_c^2$임을 이용하면 SNR_{FM}을 다음과 같이 P_{FM}의 함수로도 표현할 수 있다.

★ 평균 송신 전력 기준 주파수 변조 방식의 SNR ★

$$SNR_{FM} = \frac{3k_f^2 P_{FM} P}{N_0 W^3} \quad (6.53)$$

예제 6-5

정보 신호 $m(t) = \cos(2000\pi t)$를 1[MHz]의 반송파 주파수를 사용하는 주파수 변조(FM) 방식으로 전송하고, [그림 6-1]의 수신기를 사용하여 복조하려고 한다. 이때 복조기는 리미터, 주파수 변별기, 저역 통과 필터가 직렬로 연결된 것으로 설정하고, 수신기의 대역 통과 필터에 입력되는 백색 잡음의 전력 스펙트럼 밀도는 $\frac{1}{8} \times 10^{-6}$[W/Hz]라고 한다. 진폭 변조 신호 $s_{FM}(t)$가 다음과 같을 때 복조기 출력단에 나타나는 SNR을 구하라.

$$s_{FM}(t) = 10\cos\left(2\pi 10^6 t + 2000\pi \int_0^t m(u)\,du\right)$$

풀이

문제에서 주어진 주파수 변조 신호를 FM 신호의 일반적인 형태를 나타내는 식 (4.28)과 비교하면 $A_c = 10$, $k_f = 1000$, $W = 10^3$[Hz], $P = \frac{1}{2}$[W]가 됨을 알 수 있다. 그리고 주어진 조건에 따라 $\frac{N_0}{2} = \frac{1}{8} \times 10^{-3}$[W/Hz]이므로 식 (6.52)를 이용하여 SNR을 구하면 다음과 같다.

$$
\begin{aligned}
SNR_{FM} &= \frac{3 \times 10^2 \times 10^6 \times \frac{1}{2}}{2 \times \frac{1}{4} \times 10^{-3} \times 10^9} \\
&= 300 \\
&\approx 24.8\,[\text{dB}]
\end{aligned}
$$

주파수 복조 과정을 살펴보면 미분기로 인해 잡음 성분의 전력 스펙트럼 밀도는 주파수가 높아질수록 제곱으로 커짐을 알 수 있다. 따라서 정보 신호의 스펙트럼을 그대로 두면 고주파 성분에는 잡음의 영향이 크고, 저주파 성분에는 잡음의 영향이 적은 현상이 발생한다. 이런 차별성을 줄이기 위해 정보 신호의 스펙트럼을 고주파 성분은 증폭하고 저주파 성분은 작게 해주어 결과적으로 주파수 영역에서 잡음의 영향이 고르게 되도록 하는 방법을 사용하는데, 이를 **프리엠퍼시스**(pre-emphasis) 기술이라고 한다. 주파수 변조 이전에 프리엠퍼시스 필터를 사용하여 정보 신호의 고주파 성분을 강화한다. 이처럼 송신기에서 프리엠퍼시스를 사용하면 수신기에서는 주파수 복조 이후에 **디엠퍼시스**(de-emphasis)라는 과정을 통해 프리엠퍼시스로 인해 왜곡된 정보 신호의 스펙트럼을 원래 형태로 복원해야 한다.

[그림 6-4]는 프리엠퍼시스와 디엠퍼시스 기술을 사용한 주파수 변조 및 복조 시스템의 구조를 나타낸 것이다.

[그림 6-5] 프리엠퍼시스와 디엠퍼시스를 사용한 송수신기 구조

프리엠퍼시스 필터의 주파수 응답을 $H_{pe}(f)$라고 하고 디엠퍼시스 필터의 주파수 응답을 $H_{de}(f)$라고 하면, 이들은 서로 역수 관계를 가져야 하므로 다음의 관계를 만족해야 한다.

$$H_{de}(f) = \frac{1}{H_{pe}(f)}, \quad |f| \leq W \tag{6.54}$$

프리엠퍼시스와 디엠퍼시스를 사용하면 그렇지 않은 경우에 비해 고주파 잡음 전력을 줄일 수 있으므로 결과적으로 수신기의 최종 잡음 전력을 낮출 수 있다.

CHAPTER

06 핵심요약

- 협대역 잡음은 확률 과정이면서 일종의 대역 통과 신호이기 때문에 표본 신호를 다음과 같이 인페이즈 쿼드러처(I/Q) 형태로 나타낼 수 있다.

$$N(t) = N_I(t)\cos(2\pi f_c t) - N_Q(t)\sin(2\pi f_c t)$$

- 협대역 잡음 $N(t)$의 전력 스펙트럼 $S_N(f)$는 $f_c - B \le |f| \le f_c + B$ 구간을 제외한 나머지 구간에서 0이라고 가정한다. 이때 전력 스펙트럼 밀도 $S_{N_I}(f)$, $S_{N_Q}(f)$는 다음과 같다.

$$S_{N_I}(f) = S_{N_Q}(f) = \begin{cases} S_N(f - f_c) + S_N(f + f_c), & |f| \le B \\ 0, & \text{그 외} \end{cases}$$

- AWGN 환경에서 변조 방식별 수신 SNR 성능을 정리하면 다음 표와 같다. SNR1은 수신 SNR을 정보 신호의 전력 P의 함수로 표현한 것이고, SNR2는 수신 SNR을 송신 신호 전력(P_{DSB}, P_{SSB}, P_{AM}, P_{FM})의 함수로 표현한 것이다.

변조 방식	SNR1	SNR2
DSB	$SNR_{DSB} = \dfrac{A_c^2 P}{2N_0 W}$	$SNR_{DSB} = \dfrac{P_{DSB}}{N_0 W}$
SSB	$SNR_{SSB} = \dfrac{A_c^2 P}{N_0 W}$	$SNR_{SSB} = \dfrac{P_{SSB}}{N_0 W}$
AM	$SNR_{AM} \approx \dfrac{A_c^2 k_a^2 P}{2WN_0}$	$SNR_{AM} \approx \dfrac{P_{AM} - \frac{1}{2}A_c^2}{WN_0}$
FM	$SNR_{FM} = \dfrac{3A_c^2 k_f^2 P}{2N_0 W^3}$	$SNR_{FM} = \dfrac{3k_f^2 P_{FM} P}{N_0 W^3}$

- FM 송수신 시스템에서 프리엠퍼시스는 정보 신호의 고주파 성분을 강화하는 기능을 가리키는 것으로, 프리엠퍼시스와 디엠퍼시스를 사용하여 잡음 영향을 줄일 수 있다.

CHAPTER

06 연습문제

6.1 어떤 확률 과정 $X(t)$의 전력 스펙트럼 밀도 $S_X(f)$가 다음과 같다고 한다.

$$S_X(f) = \text{rect}\left(\frac{f-10^3}{100}\right) + \text{rect}\left(\frac{f+10^3}{100}\right)$$

(a) 확률 과정 $X(t)$의 전력을 구하라.

(b) $X(t)$를 $X_I(t)\cos(2\pi 10^3 t) - X_Q(t)\sin(2\pi 10^3 t)$로 표현할 때 $X_I(t)$의 전력 스펙트럼 밀도를 구하라.

6.2 어떤 협대역 잡음 $n(t)$의 전력 스펙트럼 밀도 $S_n(f)$가 다음과 같다고 한다.

$$S_n(f) = \left\{\text{rect}\left(\frac{f-10^7}{2\times 10^4}\right) + \text{rect}\left(\frac{f+10^7}{2\times 10^4}\right)\right\} \times 10^{-10}$$

그리고 이 잡음이 다음 그림과 같은 시스템에 입력된다고 한다. 이 시스템의 저역 통과 필터의 대역폭이 5[kHz]일 때 출력 신호의 전력을 구하라.

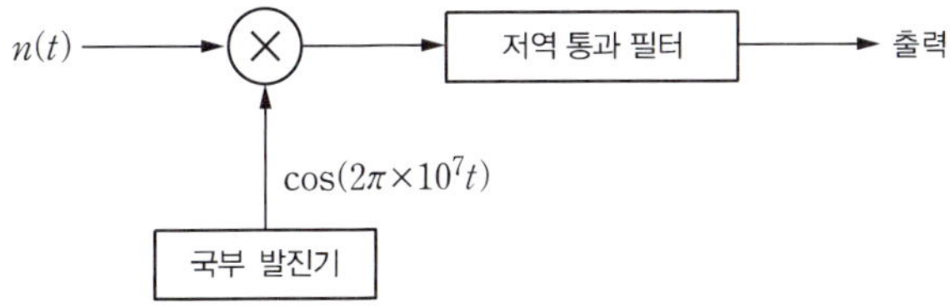

6.3 수신 신호 $r(t) = s(t) + w(t)$에서 신호 $s(t) = \sqrt{2}\cos(300\pi t) + \cos(600\pi t)$이고, 백색 잡음 $w(t)$의 전력 스펙트럼 밀도는 10^{-3}[W/Hz]라고 한다. 통과 대역이 100[Hz]에서 200[Hz]이고 이득이 1인 이상적인 대역 통과 필터에 수신 신호 $r(t)$를 입력했을 때 필터 출력에서 SNR을 구하라.

SECTION
7.1 표본화 정리

펄스 변조는 아날로그 신호의 표본을 전달하는 방식이므로 신호의 표본으로부터 원래 신호를 복원할 수 있어야 한다. 이 절에서는 이에 대한 이론적 근거인 표본화 정리를 학습한다.

Keywords | 펄스 변조 | 표본화 정리 | 엘리어싱 |

진폭 변조나 주파수 변조는 전달하고자 하는 정보에 따라 반송파인 정현파의 특성(진폭, 주파수, 위상)을 변화시킨다. 그러나 반송파로 반드시 정현파만을 사용하는 것은 아니다. 이 장에서는 주기적인 펄스 신호를 반송파로 사용하는 변조 방식을 다루고자 한다.

주기적 펄스 신호에서 변경할 수 있는 특성으로는 펄스의 진폭, 폭, 위치가 있으며, 전달하고자 하는 정보에 따라 이들 중의 하나를 조정하는 방식을 **펄스 변조**(pulse modulation)라고 한다. 구체적으로 말하면 펄스의 진폭, 폭, 위치 중 어느 것을 변경하느냐에 따라 다음과 같이 구분한다.

- 펄스 진폭 변조(Pulse Amplitude Modulation : PAM)
- 펄스 폭 변조(Pulse Width Modulation : PWM)
- 펄스 위치 변조(Pulse Position Modulation : PPM)

그리고 다시 펄스의 특성을 연속적으로 변경하느냐 이산적으로 변경하느냐에 따라 아날로그 펄스 변조와 디지털 펄스 변조로 구분할 수 있다. 앞에서 언급한 PAM, PWM, PPM은 아날로그 변조에 속하며, 디지털 펄스 변조에는 펄스 부호 변조(Pulse Coded Modulation : PCM), 차분 펄스 부호 변조(Differential Pulse Coded Modulation : DPCM), 델타 변조(Delta Modulation : DM) 등이 있다.

- 아날로그 펄스 변조 : PAM, PWM, PPM
- 디지털 펄스 변조 : PCM, DPCM, DM

앞에서 언급한 바와 같이 펄스 변조는 전달하고자 하는 정보 신호에 따라 펄스의 특성을 변경하는 방식이다. 이로 인해 정현파를 반송파로 사용하는 경우와는 근본적으로 다른 점이 발생하는데, 그것은 정보 신호 중에서 펄스가 존재하는 시점에 해당하는 부분만 변조에 반영된다는 점이다. 다시 말해, 정보 신호의 전부가 아닌 일부 시간 영역에 해당하는 부분만 변조에 사용된다는 것이다. 만약 그렇다 하더라도 수신기에서 정보 신호를 복원할 수 있다면 문제가 없겠지만, 그렇지 않다면 이러한 변조 방식은 의미가 없다. 따라서 정보 신호의 일부만으로 전체 신호를 복원할 수 있는지를 파악하는 것이 무엇보다 중요하다. 이에 대한 이론적인 답이 바로 표본화 정리이다.

표본화 정리(sampling theorem)는 대역폭이 W인 어떤 기저 대역 신호의 표본으로부터 원래 신호를 복원하기 위해서는 표본화 속도가 최소한 대역폭의 두 배 이상이 되어야 한다는 것이다. 이를 주파수 영역에서 살펴보자. 예를 들어, 대역폭이 W인 신호 $s(t)$의 스펙트럼이 [그림 7-1(a)]와 같이 주어졌다고 하자. 그리고 이를 T_s 시간 간격으로 표본화하여 얻은 결과 신호를 $s_\delta(t)$라고 하고 $s_\delta(t) = s(t) \sum_{n=-\infty}^{\infty} \delta(t-nT_s)$로 정의한다. 그러면 $s_\delta(t)$에 대한 스펙트럼은 다음과 같이 구할 수 있다.

$$
\begin{aligned}
F[s_\delta(t)] &= F[s(t) \sum_{n=-\infty}^{\infty} \delta(t-nT_s)] \\
&= F[s(t)] \otimes F[\sum_{n=-\infty}^{\infty} \delta(t-nT_s)] \\
&= S(f) \otimes \left\{ f_s \sum_{n=-\infty}^{\infty} \delta(f-nf_s) \right\} \\
&= f_s \sum_{n=-\infty}^{\infty} S(f-nf_s)
\end{aligned}
\tag{7.1}
$$

이 식에서 $\otimes$는 컨벌루션 연산자이고 $f_s \equiv 1/T_s$이다. 편의상 $F[s(t)]$는 실함수라고 가정하고, 식 (7.1)을 이용하여 $F[s(t)]$와 $F[s_\delta(t)]$의 관계를 그림으로 나타내면 [그림 7-1]과 같다. 그림에서 보듯이 표본화 이후 신호의 스펙트럼은 원래 신호의 스펙트럼이 주파수 영역에서 주기적으로 반복되는 형태가 된다.

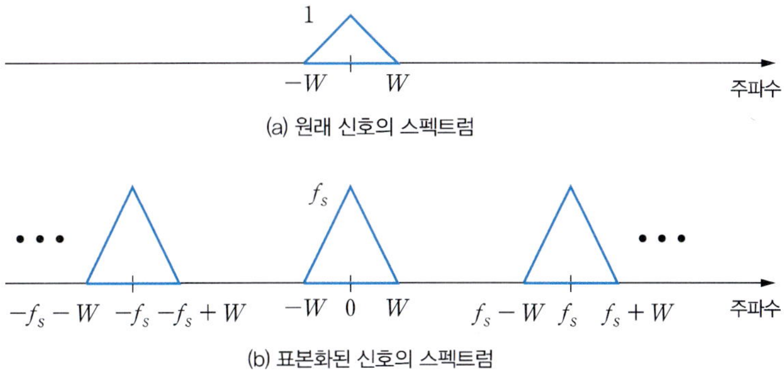

[그림 7-1] 표본화에 따른 스펙트럼 변화

표본화 결과로부터 원래 신호를 복원하는 문제는 결국 [그림 7-1(b)]의 스펙트럼으로부터 [그림 7-1(a)]의 스펙트럼을 만들어내는 문제라고 생각할 수 있다. 이렇게 생각하면 표본화 결과로부터 원래 신호를 복원하기 위해서는 표본화된 신호에 단순히 저역 통과 필터를 적용하면 된다는 것을 알 수 있다. 이를 위해서는 일단 [그림 7-1(b)]에서 이웃하는 스펙트럼 사이에 겹치는 부분이 없어야 하며, 이는 $f_s - W \geq W$, 즉 $f_s \geq 2W$라는 조건을 만족해야 한다는 것을 의미한다. 그리고 이 조건이 만족되었을 때 [그림 7-1(b)]의 스펙트럼으로부터 [그림 7-1(a)]의 스펙트럼을 만들어내는 방법은 표본화된 신호에 대역폭이 W 이상이고 $f_s - W$ 미만인 저역 통과 필터를 적용하는 것이다.

만약 표본화 주파수 f_s가 표본화 정리에서 규정한 조건, 즉 $f_s \geq 2W$를 만족하지 못하면 주파수 영역에서 이웃하는 스펙트럼이 중첩되어 원래 신호를 복원하는 데 실패하게 된다. 이로 인해 발생하는 신호 왜곡 현상을 **엘리어싱**(aliasing)이라고 한다. [그림 7-2]는 $f_s < 2W$일 때 표본화된 신호의 스펙트럼 사례를 보여준다. 엘리어싱 현상을 방지하기 위해서는 표본화 대상이 되는 신호의 대역폭을 축소하거나 표본화 주파수를 충분히 높여 궁극적으로 표본화 정리의 조건을 충족시켜야 한다.

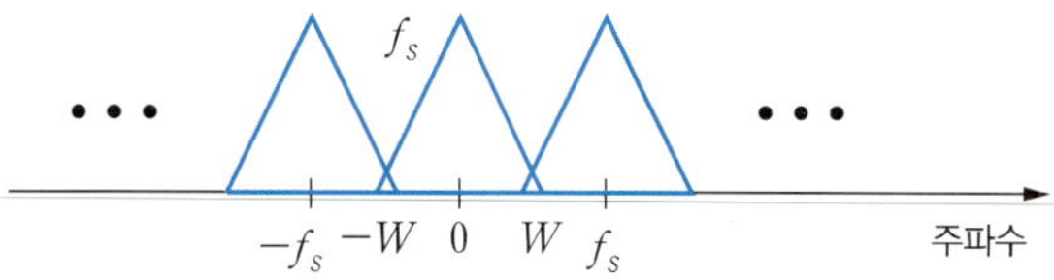

[그림 7-2] 엘리어싱에 따른 스펙트럼 중첩 현상

예제 7-1

어떤 신호 $x(t) = \text{sinc}(1000t)$를 표본화하려고 한다. 엘리어싱이 발생하지 않기 위한 최소 표본화 주파수를 구하라.

풀이

주어진 신호의 스펙트럼은 $X(f) = \frac{1}{1000}\text{rect}\left(\frac{f}{1000}\right)$이다. 따라서 $x(t)$의 대역폭은 500[Hz]가 되며, 최소 표본화 주파수는 1000[Hz]가 된다.

SECTION
7.2

아날로그 펄스 변조

이 절에서는 아날로그 펄스 변조에 대해 간략히 소개하고, 대표적인 아날로그 펄스 변조 방식인 PAM을 중심으로 펄스 변조 과정과 복조 과정을 설명한다.

Keywords | PAM | PWM | PPM | 등화기 | TDM |

1 아날로그 펄스 변조 방식의 종류

아날로그 펄스 변조는 정보 신호에 따라 펄스의 특성을 연속적으로 조정하는 방식으로, 이 방식은 PAM, PWM, PPM으로 구분한다. 예를 들어, 전달하고자 하는 정보 신호가 정현파일 때 각각의 변조 방식에 따른 변조 파형의 모양을 나타내면 [그림 7-3]과 같다.

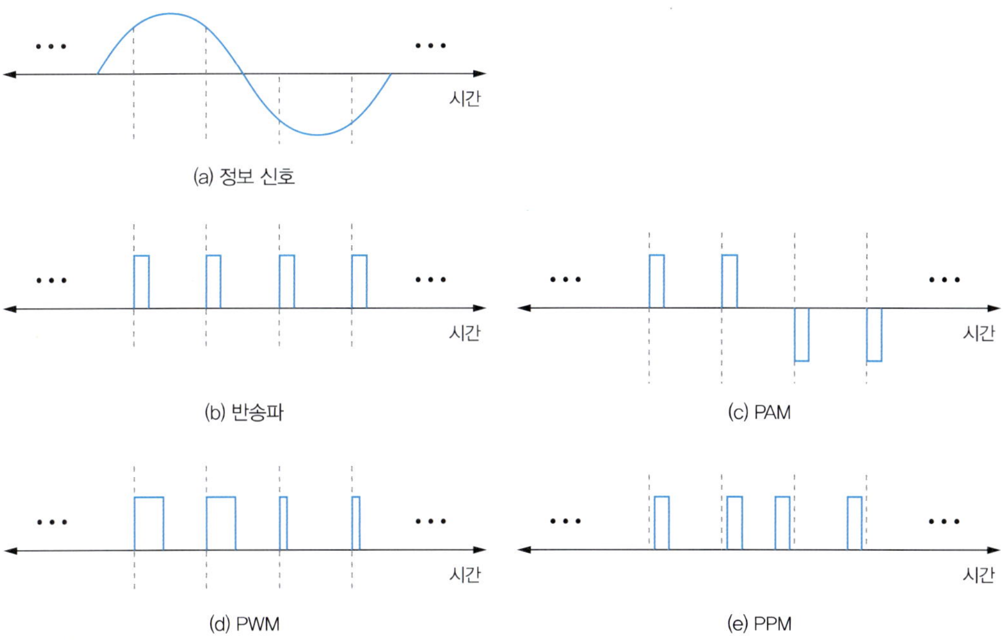

[그림 7-3] 아날로그 펄스 변조의 종류

2 PAM 방식

먼저 아날로그 펄스 변조 방식 중에서 가장 기본이 되는 PAM 방식을 살펴보고자. 전달하고자 하는 정보 신호를 $m(t)$라고 하고, 이를 펄스 진폭 변조한 결과 신호를 $s_{PAM}(t)$라고 하면 다음과 같이 나타낼 수 있다.

$$\begin{aligned} s_{PAM}(t) &= \sum_{n=-\infty}^{\infty} m(nT_s)h(t-nT_s) \\ &= \left\{ m(t) \sum_{n=-\infty}^{\infty} \delta(t-nT_s) \right\} \otimes h(t) \end{aligned} \tag{7.2}$$

이 식에서 $h(t)$는 펄스 형태를 나타내는 함수로, 편의상 다음과 같이 구형파 형태를 갖는 것으로 설정한다.

$$h(t) = \begin{cases} 1, & 0 \leq t \leq T \\ 0, & t < 0,\ t > T \end{cases} \tag{7.3}$$

이 경우 $h(t)$의 스펙트럼은 $H(f) = T\operatorname{sinc}(fT)\exp(-j\pi fT)$가 된다. [그림 7-4]는 구체적인 PAM 신호 사례를 보여준다.

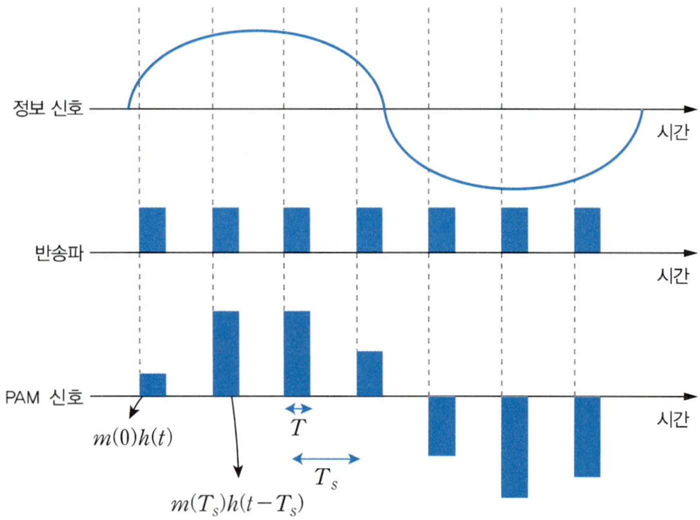

[그림 7-4] PAM 신호 사례

그러므로 식 (7.2)에 푸리에 적분을 적용하면 $s_{PAM}(t)$의 스펙트럼은 다음과 같다.

$$
\begin{aligned}
F[s_{PAM}(t)] &= F[m(t)\sum_{n=-\infty}^{\infty}\delta(t-nT_s)]F[h(t)] \\
&= f_s\sum_{n=-\infty}^{\infty}M(f-nf_s)H(f)
\end{aligned}
\tag{7.4}
$$

식 (7.4)의 우변을 전개하면 $n=0$에 대응되는 항인 $f_s M(f)H(f)$가 포함되어 있음을 알 수 있다. 여기에서 복조란 식 (7.4)를 구성하는 여러 성분 중에서 $M(f)$에 비례하는 스펙트럼을 갖는 신호를 만들어내는 것이다. 이를 위해서는 먼저 $s_{PAM}(t)$의 스펙트럼 성분 중에서 저역 통과 필터를 사용하여 $f_s M(f)H(f)$ 성분을 추출하고, 그 다음으로 $h(t)$로 인한 스펙트럼의 왜곡을 제거하기 위해 주파수 특성이 $\frac{1}{H(f)}$인 등화기 필터를 적용하여 최종 출력이 $M(f)$에 비례하는 스펙트럼을 갖는 신호를 만들어내야 한다. 이때 등화기의 주파수 응답은 $M(f)$가 0이 아닌 주파수 영역에서만 $\frac{1}{H(f)}$에 비례하는 형태가 되면 충분하다. $H(f)$의 형태를 고려할 때 $\frac{T}{T_s}$가 적을수록 $H(f)$로 인한 스펙트럼 왜곡이 적어지므로 그만큼 등화기에 대한 필요성이 줄어든다. 정리하자면 PAM 신호를 복조하는 방법은 [그림 7-5]에 나타낸 바와 같다.

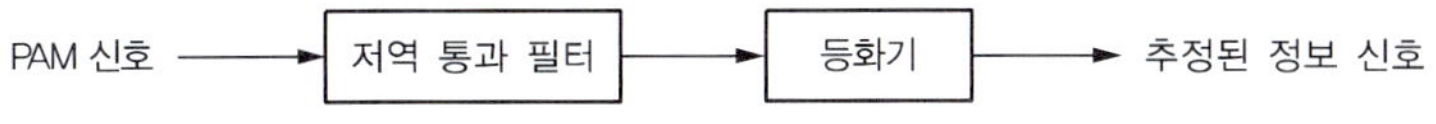

[그림 7-5] PAM 신호에 대한 복조 과정

펄스 변조에서 펄스의 폭이 충분히 작다면 펄스와 펄스 사이에 빈 시간 공간, 즉 아무런 신호가 없는 시간 구간이 존재한다. 이 빈 공간을 다른 펄스 변조 신호가 사용함으로써 여러 개의 정보 신호를 동시에 전송할 수 있는 기회가 생긴다. 이처럼 복수의 펄스 변조 신호를 시간 영역에서 서로 신호가 겹치지 않도록 하면서 함께 전송하는 방식을 **시분할 다중화**(Time Division Multiplexing : TDM)라고 한다. 시분할 다중화 방식이 채널별로 점유하는 주파수 시간 영역을 그림으로 나타내면 [그림 7-6]과 같다.

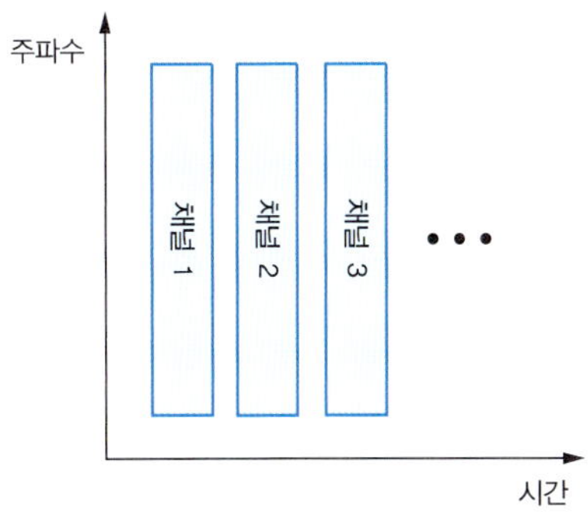

[그림 7-6] 시분할 다중화 방식의 주파수 시간 공간 점유

예를 들어, 두 가지 정보 신호를 4[kHz]의 표본화 속도를 사용하여 펄스 변조 신호로 변환했다고 하자. 그러면 개별 신호마다 초당 4,000개의 펄스가 만들어지는데, 신호마다 발생하는 펄스를 번갈아 보내면 두 가지 정보 신호를 함께 전송하는 셈이 되며, 전체적으로는 초당 8,000개의 펄스를 보내는 셈이 된다. 이때 수신 측에서는 원하는 정보 신호와 관계된 펄스에만 동기를 맞추어 복조하면 원래 신호를 복원할 수 있다. 두 가지 정보 신호를 TDM 방식으로 다중화한 사례를 그림으로 표현하면 [그림 7-7]과 같다.

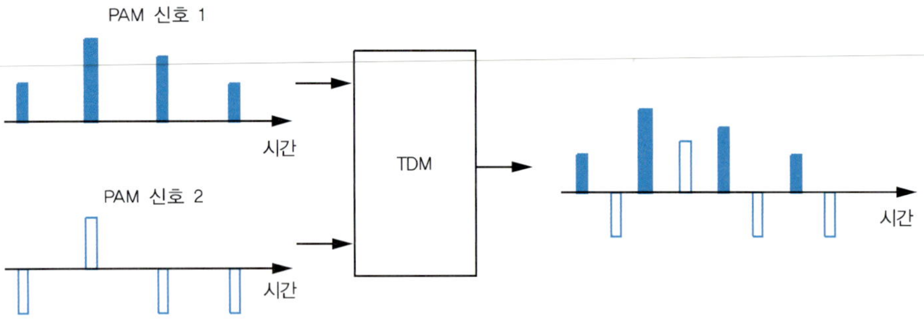

[그림 7-7] 시분할 다중화 사례

SECTION
7.3 디지털 펄스 변조

이 절에서는 대표적인 디지털 펄스 변조 방식인 PCM을 비롯하여, 그의 변형된 형태인 DPCM, DM 방식의 변조 및 복조 과정을 소개한다.

Keywords | PCM | 양자화 오차 | SQNR | 컴팬더 | 부호화 | DPCM | 예측 필터 | 처리 이득 | DM | 기울기 과부하 | 그래뉼라 잡음 |

디지털 펄스 변조는 정보 신호에 따라 펄스의 특성을 이산적으로 조정하는 방식으로, 이 범주에 속하는 대표적인 방식이 펄스 부호 변조(Pulse Coded Modulation : PCM)이다. 그리고 PCM을 기반으로 다양한 변형이 존재하는데, 차분 펄스 부호 변조(Differential Pulse Coded Modulation : DPCM), 델타 변조(Delta Modulation : DM) 등이 있다. 디지털 펄스 변조가 이산적이라는 것은 변조 결과로 나타나는 파형의 종류가 유한하다는 것을 의미한다. 가령 변조 결과가 사각 펄스 형태이면서 진폭의 종류가 유한한 경우일 수 있다. 이제 디지털 펄스 변조 방식에 대해 좀 더 자세하게 살펴보기로 한다.

1 PCM 방식

PCM을 수행하는 순서는 다음과 같다.

❶ **표본화**(sampling) : 전달하고자 하는 정보 신호를 표본화하여 나타낸다.

❷ **양자화**(quantization) : 표본화한 신호를 이산적인 값, 즉 양자화 대푯값 혹은 양자화 레벨로 변환한다.

❸ **부호화**(encoding) : 양자화 결과를 부호화기에 입력하여 이진 부호어(binary codeword)로 변환한 후 개별 비트를 이진 펄스로 변환한다.

부호어는 양자화 대푯값과 일대일 대응 관계를 갖는다. 예를 들어, 양자화 대푯값이 {1, 2, 3, 4}이고 이에 대응되는 이진 부호어가 각각 {00, 01, 10, 11}이라고 하자. 이때 정보 신호의 표본값이 3.1이라면 이에 가장 가까운 양자화 대푯값이 3이므로 이를 가리키는 이진 부호어는 10이 되는 것이다. 그리고 양자화 대푯값에서 정보 신호의 표본 값을 차감한 것을 **양자화 오차**(quantization error) 혹은 **양자화 잡음**(quantization noise)이라고 한다.

[그림 7-8]은 표본화 및 양자화 과정의 사례를 나타낸 것이다. 그림에서 표본 값은 "○"으로 표시하고, 양자화 대푯값은 "●"로 표시했으며, 양자화 대푯값 옆 괄호 안에는 그에 대응되는 이진 부호어를 기재했다. 그림에서 부호어는 두 개의 비트로 구성되므로 표본 한 개는 부호화 이후에 두 개의 PCM 펄스로 변환된다.

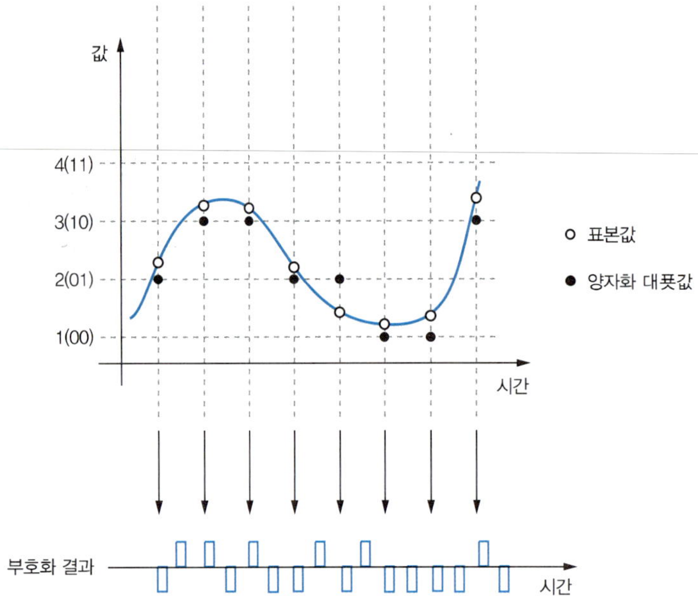

[그림 7-8] 표본화, 양자화, 부호화의 사례

송신기에서 나온 PCM 신호는 통신 채널을 거쳐 수신기에 도달한다. 수신기는 송신기가 한 일을 역으로 수행하는데, 먼저 수신 펄스를 양자화 레벨로 변환하는 **복호화**(decoding) 과정을 수행한다. 다시 말해, 개별 수신 펄스가 "0"을 나타내는지 "1"을 나타내는지 추정하고 이를 토대로 추정한 부호어를 양자화 대푯값으로 변환한다. 예를 들면, 수신된 PCM 신호가 이진 부호 "01"에 대응된다고 판단하면 복호화기는 이로부터 양자화 레벨 중의 하나인 2라는 값을 출력한다. 복호화 과정에서 오류가 없다면 복호화 결과는 변조 과정의 양자화 과정에서 결정한 양자화 대푯값과 일치한다. 따라서 이를 토대로 정보 신호를 복원하면 정보 신호와 유사한 신호를 재생할 수 있다. 그러나 복호화 과정에 오류가 없더라도 양자화 오차가 있기 때문에 복원된 정보 신호가 송신한 정보 신호와 정확히 일치하지는 않는다. 이때 복호화 결과로부터 정보 신호를 복원하는 방법은 표본화 정리에서 이미 설명한 것처럼 저역 통과 필터를 사용하는 것이다.

전체 PCM 방식의 변조 및 복조 과정을 블록도로 정리하면 [그림 7-9]와 같다. [그림 7-9(a)]에서 표본화 이전에 사용하는 저역 통과 필터는 정보 신호의 대역을 제한하여 엘리어싱을 방지하는 역할을 수행한다.

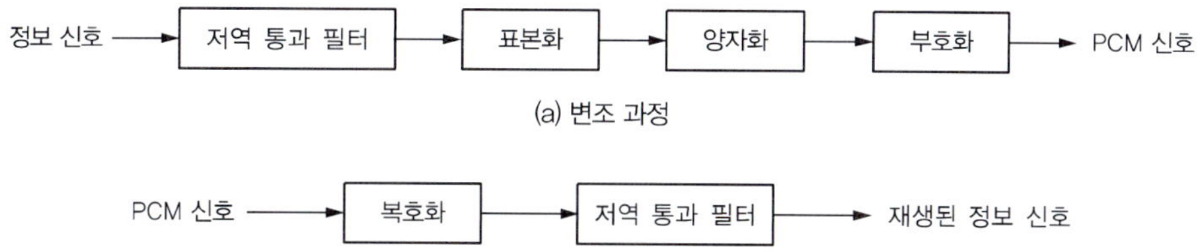

(a) 변조 과정

(b) 복조 과정

[그림 7-9] PCM 시스템의 구조

동일한 양자화 대푯값을 갖는 표본값의 범위를 양자화 구간이라고 한다. 개별 양자화 대푯값들에 대한 양자화 구간들의 폭, 즉 양자화 스텝의 크기가 서로 어떠한 관계를 갖느냐에 따라 양자화기를 **균일 양자화기**(uniform quantizer)와 **비균일 양자화기**(nonuniform quantizer)로 구분한다. 균일 양자화기는 양자화 대푯값들에 대한 양자화 스텝의 크기가 동일하고 비균일 양자화기는 그렇지 않다. 예를 들어, 양자화 대푯값들의 집합이 {1.5, 0.5, −0.5, −1.5}로 양자화 스텝의 크기가 모두 1이라면 균일 양자화기라고 하며, 양자화 대푯값 집합이 {1.25, 0.25, −0.25, −1.25}로 양자화 스텝의 크기가 1.5, 0.5, 0.5, 1.5로 서로 다르다면 비균일 양자화기라고 한다.

양자화기는 입력값을 근사화하는 과정으로 볼 수 있으므로 그에 따른 근사화 오차가 발생하는데, 이미 언급한 바와 같이 이를 양자화 오차라고 한다. 그러므로 입력값을 m이라고 하고, 이를 양자화했을 때 양자화 대푯값을 m_q라고 하면 양자화 오차 q는 다음과 같이 정의한다.

$$q \equiv m_q - m \tag{7.5}$$

이로부터 m_q는 $m_q = m + q$로 표현할 수 있다. 여기에서 m을 m_q의 신호 성분, q를 m_q의 잡음 성분으로 간주하여 m_q가 얼마나 m과 유사한가를 m과 q의 전력비로 표현하는데, 이를 **신호 대 양자화 잡음비**(Signal to Quantization Noise Ratio : **SQNR**)라고 한다. 일반적으로 양자화 대푯값에 대응되는 이진 부호어의 길이가 늘어날수록 양자화 대푯값의 종류가 다양해지므로 양자화 오차가 작아지며, 이는 SQNR의 상승으로 이어진다. 이때 부호어의 길이를 양자화 비트수 혹은 양자화 분해능(resolution)이라고도 부른다. 양자화기를 설계하는 입장에서는 목표로 하는 SQNR을 달성하기 위해 양자화 비트수를 얼마로 설정해야 하는지 알아야 하는데, 지금부터는 가장 간단한 경우를 대상으로 이 관계를 규명해보고자 한다.

■ 균일 양자화기의 SQNR

먼저 어떤 균일 양자화기의 입력 신호가 갖는 값의 범위가 $[-m_{\max}, m_{\max}]$라고 하자. 입력 표본값 하나에 대한 양자화 비트수가 b라면 가능한 양자화 대푯값들의 종류를 나타내는 L은 $L = 2^b$의 관계를 갖는다. 그리고 균일 양자화기를 사용하므로 양자화 구간의 폭을 Δ라고 할 때 Δ는 다음과 같이 계산할 수 있다.

$$\Delta = \frac{2m_{\max}}{L} \tag{7.6}$$

예를 들어, 양자화기 입력값의 범위가 $[-1, 1]$이고 네 개의 양자화 대푯값을 사용하는 균일 양자화기가 있다고 하자. 이때 네 개의 양자화 대푯값은 일정한 간격으로 위치해야 하므로 양자화 대푯값 집합은 {−0.75, −0.25, 0.25, 0.75}가 된다. 만약 양자화기 입력값이 0.3이라면 이 값이 속한 양자화 구간의 양자화 대푯값이 0.25이므로 양자화 대푯값은 0.25가 된다. 그리고 양자화기 입력값이 0.5라면 이 값이 속할 수 있는 양자화 구간의 양자화 대푯값은 0.25 혹은 0.75인데, 이때는 그 중의 어느 하나를 임의로 선택해도 된다. 양자화기 입력값이 양자화 구간 [0, 0.5)에 포함되었을 때 그에 대응되는 양자화 대푯값이 0.25이고, 양자화 오차의 범위는 (−0.25, 0.25]가 된다.

만약 식 (7.6)에서 양자화 레벨 수 L이 충분히 크다면 양자화 오차 q는 $[-\Delta/2, \Delta/2]$의 범위에서 균일 분포를 갖는 확률 변수로 모델링할 수 있다. 이때 양자화 오차의 평균을 0으로 가정하면, 양자화 오차의 전력 혹은 분산 σ_q^2은 다음과 같이 계산할 수 있다.

$$\begin{aligned} \sigma_q^2 &= E[q^2] \\ &= \int_{-\Delta/2}^{-\Delta/2} q^2 \frac{1}{\Delta} dq \\ &= \frac{\Delta^2}{12} \end{aligned} \tag{7.7}$$

따라서 양자화기 입력 신호 m의 전력을 P라고 하면 $SQNR$은 다음과 같이 표현할 수 있다.

$$SQNR = \frac{P}{\sigma_q^2} = \frac{12P}{\Delta^2} \tag{7.8}$$

이때 $\Delta = 2m_{\max}/L$이고 $L = 2^b$인 점을 반영하면 $SQNR$은 다음과 같이 전개할 수 있다.

$$SQNR = 2^{2b}\frac{3P}{m_{\max}^2} \tag{7.9}$$

이 식을 살펴보면 양자화 비트수 b가 증가하면 $SQNR$이 지수적으로 증가하는 것을 알 수 있다. 일반적으로 신호 대 잡음비는 데시벨로 표현한다는 점을 고려하여 $SQNR$을 데시벨로 나타내면 다음과 같다.

$$SNR_Q(dB) = b \times 20\log 2 + 10\log(3P) - 20\log m_{\max} \tag{7.10}$$

이 식으로부터 b가 1비트 증가하면 $SQNR$은 $20\log 2$, 약 6 [dB]씩 증가한다는 것을 알 수 있다.

예제 7-2

진폭이 1인 정현파 신호를 표본화 및 양자화하려고 한다. 양자화기의 양자화 비트수는 3이고 균일 양자화기를 사용한다고 할 때 다음을 구하라.

(a) 표본값이 0.3일 때 양자화 잡음 혹은 오차

(b) 양자화 잡음 전력

(c) 양자화로 인한 $SQNR$([dB] 단위)

풀이

(a) 3비트 균일 양자화기를 사용하므로 양자화 대푯값은 {−0.875, −0.625, −0.375, −0.125, 0.125, 0.375, 0.625, 0.875}가 된다. 표본값이 0.3이면 이에 대응되는 양자화 대푯값은 0.375가 되고, 양자화 잡음은 $0.375 - 0.3 = 0.075$가 된다.

(b) 균일 양자화기의 경우 양자화 구간별로 발생하는 양자화 잡음 전력은 동일하다. 전체 양자화 잡음 전력은 구간별 양자화 잡음 전력을 평균한 값이므로 결과적으로 양자화 구간별 양자화 잡음 전력과 동일하다. 문제에서 양자화 구간폭은 0.25이므로, 양자화 잡음 전력을 구하면 다음과 같다.

$$\frac{0.25^2}{12} = \frac{1}{192}\,[\mathrm{W}]$$

(c) 진폭이 1인 정현파의 전력 P는 1/2이 된다. 주어진 조건으로부터 $m_{\max} = 1$, $b = 3$이므로 이를 식 (7.10)에 대입하여 $SQNR$을 구하면 19.8[dB] 정도가 된다.

■ 비균일 양자화기의 구현

실제로 음성 신호를 PCM 방식으로 전송하려고 할 때는 균일 양자화보다는 비균일 양자화를 많이 사용한다. 그 이유는 음성의 경우 큰 소리가 나는 경우가 흔치 않아서 표본값이 음성 신호값의 전체 범위에서 고르게 분포하지 않고 비교적 그 값의 크기가 적은 경우가 자주 발생하기 때문이다. 따라서 양자화 오차를 줄이기 위해서는 표본값이 자주 나타나는 범위에는 양자화 대푯값을 조밀하게 배치하고 그렇지 않은 구간에는 듬성듬성하게 배치하는 것이 유리하다.

비균일 양자화를 구현하는 방법은 [그림 7-10]에 나타낸 바와 같이 압축기(compressor)와 균일 양자화기를 직렬 연결하여 사용하는 것이 일반적이다.

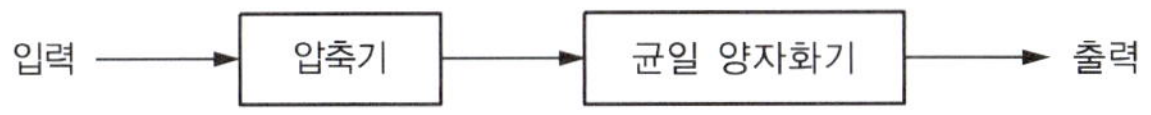

[그림 7-10] 비균일 양자화기의 구성

[그림 7-11]의 압축기 입출력 관계를 활용하면 압축기는 크기가 비교적 적은 입력값들은 그에 대응하는 출력값들 간의 간격이 늘어나고 비교적 높은 값들은 간격이 좁아지는 결과를 가져온다. 따라서 압축기를 통해 입력 신호를 왜곡시킨 후 균일 양자화기를 적용하면 결과적으로 비균일 양자화기를 사용하는 것과 같은 효과를 거둘 수 있다.

송신기에서 비균일 양자화기를 사용하면 수신기에서는 원래 신호를 복원하기 위해 압축기의 역함수 기능을 하는 신장기(expander)를 사용해야 한다. 이러한 압축기와 신장기를 묶어 **컴팬더**(compander)라고 한다. [그림 7-11]은 압축기와 신장기의 입출력 특성의 사례를 보여준다. 그림에서 보는 것처럼 압축기의 입출력 특성과 신장기의 입출력 특성은 서로 역함수 관계를 갖는다.

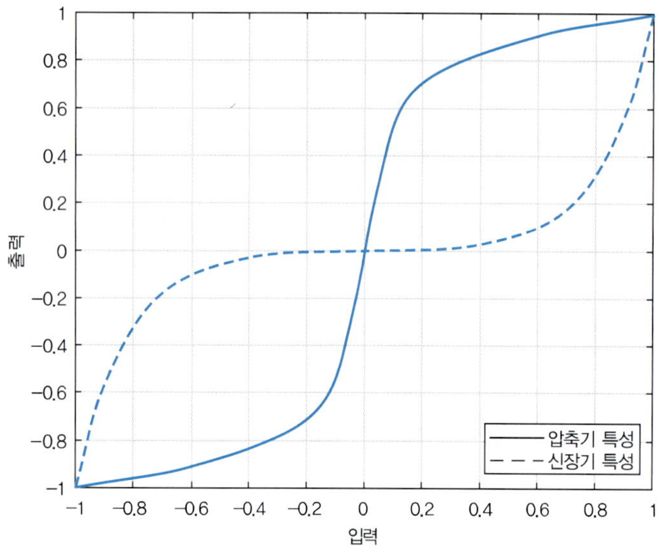

[그림 7-11] 압축기 및 신장기의 입출력 특성

압축기의 대표적인 입출력 특성으로는 μ law 방식과 A law 방식이 있다. 먼저 μ law 방식에 대한 입출력 특성은 다음과 같다.

$$y = y_{\max}\frac{\log_e[1+\mu(|x|/x_{\max})]}{\log_e(1+\mu)}\operatorname{sgn}(x) \tag{7.11}$$

이 식에서 $x_{\max}$는 압축기 입력의 최댓값을 나타내고 μ는 압축의 정도를 나타내며, 표준값은 255이다. $\operatorname{sgn}(x)$에 대한 정의는 다음과 같다.

$$\operatorname{sgn}(x) = \begin{cases} +1, & x \geq 0 \\ -1, & x < 0 \end{cases} \tag{7.12}$$

그리고 A law 방식에 대한 입출력 특성은 다음과 같다.

$$y = \begin{cases} y_{\max} \dfrac{A(|x|/x_{\max})}{1+\log_e A} \operatorname{sgn}(x) & , \quad 0 < \dfrac{|x|}{x_{\max}} \le \dfrac{1}{A} \\ y_{\max} \dfrac{1+\log_e(A|x|/x_{\max})}{1+\log_e A} \operatorname{sgn}(x), & \dfrac{1}{A} < \dfrac{|x|}{x_{\max}} < 1 \end{cases} \tag{7.13}$$

여기에서 A는 μ와 마찬가지로 압축의 정도를 나타내는 파라미터이며, 이에 대한 표준값은 87.6인 것으로 알려져 있다.

■ PCM의 부호화 방식

앞에서 언급한 것처럼 부호화 과정에서 이진 부호어를 이진 펄스로 변환하는 과정이 포함되어 있는데, 이진 펄스 형태를 총칭하여 **선로 부호**(line code)라고 한다. PCM은 다양한 선로 부호를 사용하는데, 그 이유는 유선 통신 채널의 주파수 특성이 그만큼 다양하기 때문이다. 예를 들어, DC 성분을 전달하기 어려운 채널의 경우 왜곡을 줄이기 위해 DC 성분을 갖지 않는 선로 부호를 사용하는 것이 바람직하다. [그림 7-12]는 PCM에서 사용하는 다양한 선로 부호의 사례로, 이 중에서 양극(bipolar) RZ 선로 부호는 현재 "1"에 대한 펄스 진폭의 극성을 그 직전 "1"에 대한 펄스 진폭의 극성과 반대로 하는 방식이다.

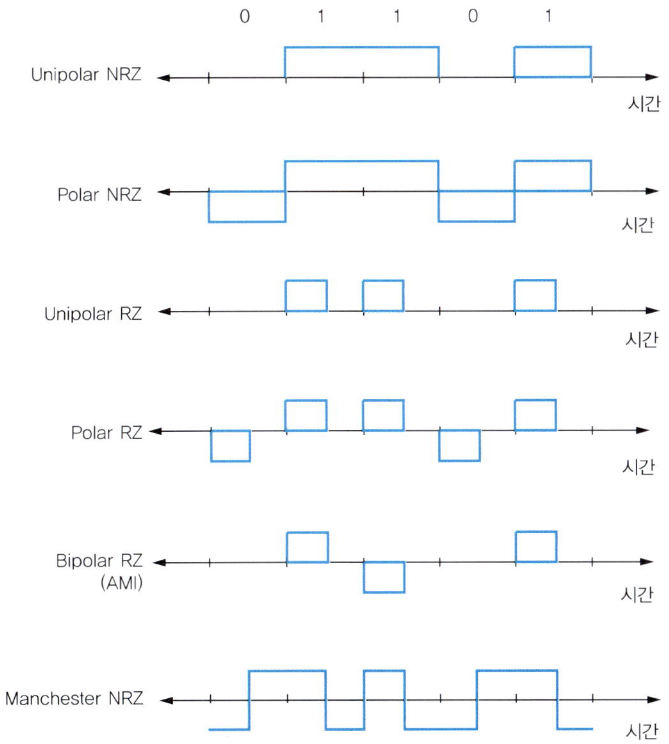

[그림 7-12] 여러 가지 부호화 방식

PCM 신호는 원래 전송하려고 했던 정보 신호와는 전혀 다른 형태를 가지므로 보안 측면에서 유리하다. 또한 원래 전송하려고 했던 신호의 종류와 상관없이 그 결과는 펄스열 형태가 되므로 여러 가지 정보 신호를 다중화하는 것이 가능하다. 그러나 정보 신호의 표본값 하나에 b비트 길이의 이진 부호어가 대응되며, 이는 다시 b개의 펄스 신호로 변환되기 때문에 원래 정보 신호를 그대로 전송할 때에 비해 넓은 주파수 대역을 필요로 한다는 단점이 있다.

예제 7-3

대역폭이 4[kHz]인 신호를 PCM 방식으로 전송하려고 한다. PCM 신호의 펄스 전송 속도가 48[kpps]로 제한되어 있을 때 PCM 방식에서 사용하는 양자화기의 최대 양자화 비트수를 구하라. 단, pps는 초당 펄스 개수를 의미한다.

풀이

PCM 방식에서 펄스 전송 속도는 표본화 속도와 양자화기의 양자화 비트수의 곱으로 나타낼 수 있다. 펄스 전송 속도가 제한된 상황에서 양자화 비트수의 최댓값은 표본화 속도가 최소일 때 결정되는데, 주어진 조건에서 최소 표본화 속도는 8[kHz]이고 최대 펄스 전송 속도는 48[kpps]이므로 양자화 비트수의 최댓값은 6[bit]가 된다.

PCM 방식과 아날로그 펄스 변조에서 살펴본 TDM을 함께 사용한 대표적인 사례로 T-1 캐리어(carrier) 시스템이 있다. [그림 7-13]에 나타낸 것처럼 T1 캐리어 시스템은 24개의 음성 신호에 PCM을 적용하고, 그 결과를 시분할 다중화 형태로 전송하는 방식이다. 이 시스템에서 음성 신호에 대한 표본화 주파수는 8[kHz]이고 양자화 비트수는 8[bit]이다. 시분할 다중화에 따라 음성 신호마다 표본 1개에 대응되는 8개의 PCM 펄스 묶음을 번갈아 가면서 순차적으로 전송하는데, 24개의 음성 신호에 대해 이를 모으면 총 192개의 펄스 혹은 비트가 된다. T-1 캐리어 시스템에서는 이를 묶어 1개의 프레임이라고 정의하고 프레임 시작을 표시하기 위해 매 프레임 시작 시점에 프레임 비트 펄스를 추가함으로써 결과적으로 프레임을 구성하는 펄스는 193개가 된다.

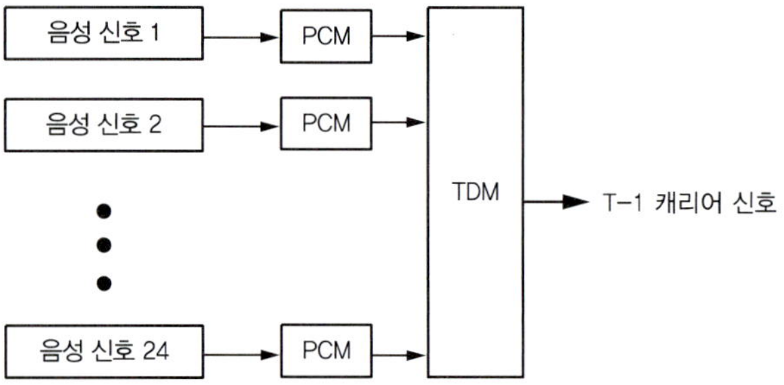

[그림 7-13] T-1 캐리어 시스템

개별 음성 신호에 대하여 표본화 주파수를 유지하려면 T-1 캐리어 시스템에서는 193개의 펄스를 표본화 주기인 125 [μs] 동안 전송해야 하며, 이때 한 개의 펄스는 한 개의 비트에 대응되므로 이를 전송 속도로 환산하면 1.544 [Mbps]가 된다.

2 DPCM 방식

A라는 지역에서 매일 일정한 시간에 측정한 온도를 다른 장소로 전달하는 경우를 생각해보자. 이때 측정한 온도를 그대로 전달할 수도 있지만 그 전날 측정한 온도와 차이만을 전달해도 동일한 정보를 전달할 수 있다. 물론 이때 맨 처음 기준값은 미리 약속해야 한다. 이와 유사하게 차분 펄스 부호 변조(Differential Pulse Coded Modulation : DPCM)는 매 순간 표본값과 그에 대한 예측값의 차이를 양자화해서 전달하는 방식이다. 만약 예측 오차의 범위가 원래 표본값의 범위보다 작다면 동일한 비트수를 사용하는 양자화기를 사용하더라도 양자화 오차를 줄일 수 있는 장점을 갖는다. 즉 동일한 양자화 오차 범위를 유지하면서 양자화 비트수를 줄일 수 있다고도 말할 수 있다. 양자화 비트수를 줄인다는 것은 결과적으로 펄스 전송 속도를 낮추는 효과가 있다.

DPCM의 변조 방식을 그림으로 표현한 것이 [그림 7-14(a)]이다. 전송하고자 하는 신호를 $m(t)$라고 하면 $t = nT_s$에서 표본값은 $m(nT_s)$가 된다. DPCM은 $m(nT_s)$와 이에 대한 예상값 $\hat{m}(nT_s)$의 차이 $e(nT_s) \equiv m(nT_s) - \hat{m}(nT_s)$를 계산하고, 이를 양자화기에 입력한 후 양자화 결과를 부호화 과정을 사용하여 펄스 열로 변환한 후에 전송한다. 이때 $e(nT_s)$에 대한 양자화 대푯값을 $e_q(nT_s)$라고 한다. 예상값 $\hat{m}(nT_s)$를 만들어내는 예측 필터의 입력을 $m_q(nT_s)$라고 하며, 이 값은 $\hat{m}(nT_s)$와 $e_q(nT_s)$를 합산한 것으로 정의한다.

그리고 $m_q(nT_s)$를 토대로 $\hat{m}(nT_s)$를 계산하는 장치를 예측 필터라고 하는데, 구체적인 예측 방법은 다양하다. 예측 필터의 가장 간단한 사례로는 입력값을 단순히 T_s 이후에 출력으로 내보내는 것이다. 이는 사실 시간 지연 소자를 예측 필터로 사용하는 것이다. 앞에서도 언급한 바와 같이 예측 필터의 입력 신호 $m_q(nT_s)$는 다음과 같이 나타낼 수 있다.

$$m_q(nT_s) = \hat{m}(nT_s) + e_q(nT_s) \tag{7.14}$$

여기에서 $e_q(nT_s)$는 $e(nT_s)$를 양자화한 결과로, 이때 발생하는 양자화 잡음을 $q(nT_s)$라고 하면 $e_q(nT_s) = e(nT_s) + q(nT_s)$의 관계가 성립한다. 그리고 이를 식 (7.14)에 대입하면 다음과 같다.

$$\begin{aligned} m_q(nT_s) &= \hat{m}(nT_s) + e_q(nT_s) \\ &= \hat{m}(nT_s) + e(nT_s) + q(nT_s) \\ &= m(nT_s) + q(nT_s) \end{aligned} \tag{7.15}$$

만약 예측 필터가 만들어내는 값 $\hat{m}(nT_s)$와 정보 신호의 표본값 $m(nT_s)$의 차이인 $e(nT_s)$가 갖는 값의 범위가 작다면 양자화 오차 $q(nT_s)$ 또한 그만큼 작아지므로 $m_q(nT_s)$에 대한 신호 대 양자화 잡음비 SQNR은 증가할 것이다. 따라서 이 경우 동일한 양자화 비트수를 갖는 양자화기를 사용하더라도 PCM 방식을 사용하는 경우보다 더 큰 SQNR을 확보할 수 있다. 반대로 말하면 더 적은 양자화 비트수를 사용하는 양자화기를 사용하더라도 동일한 SQNR을 얻을 수 있다.

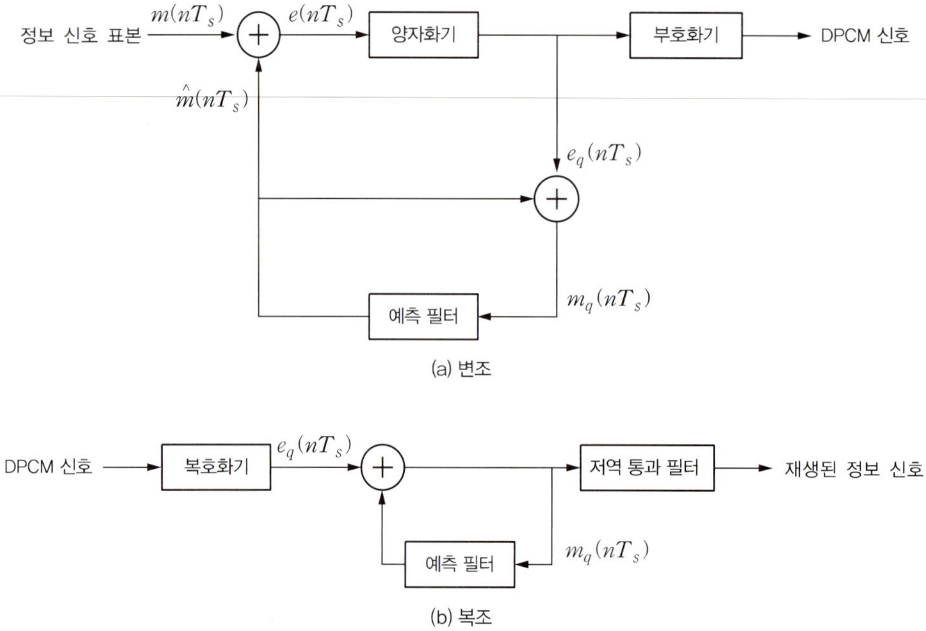

[그림 7-14] DPCM 시스템

DPCM 방식의 복조 방식은 [그림 7-14(b)]에 나타낸 바와 같다. $m_q(nT_s)$에 대한 SQNR이 중요한 이유는 그림에서 보는 바와 같이 복조기 내 저역 통과 필터의 입력이 변조기의 예측 필터 입력인 $m_q(nT_s)$와 같고, 복조기 최종 출력 신호에 직접 영향을 주기 때문이다. 복조기의 저역 통과 필터 입력단에서 신호 대 잡음비를 $SQNR_{DPCM}$이라고 하고 $m(nT_s)$, $e(nT_s)$, $q(nT_s)$에 대한 전력을 각각 σ_M^2, σ_E^2, σ_Q^2라고 하면 다음과 같이 표현할 수 있다.

$$\begin{aligned} SQNR_{DPCM} &= \frac{\sigma_M^2}{\sigma_Q^2} \\ &= \frac{\sigma_M^2}{\sigma_E^2}\frac{\sigma_E^2}{\sigma_Q^2} \\ &= G_p \times SQNR_{PCM} \end{aligned} \tag{7.16}$$

이 식에서 $SQNR_{PCM} \equiv \sigma_E^2 / \sigma_Q^2$로 정의하는데, 이는 양자화기만을 사용할 때 확보할 수 있는 SQNR이므로 PCM 방식의 SQNR이라고 볼 수 있어서 이다. 그리고 $G_p = \sigma_M^2 / \sigma_E^2$를 **처리 이득**(processing gain)이라고 한다. 결과적으로 식 (7.16)에서 처리 이득은 예측 필터를 사용해서 얻을 수 있는 신호 대 잡음비의 개선 정도를 나타내는 양이라고 해석할 수 있다.

3 DM 방식

델타 변조(Delta Modulation : DM)는 DPCM의 일종으로 1비트 양자화기를 사용하고 시간 지연 필터를 예측 필터로 사용하는 방식이다. 이때 1비트 양자화기가 두 개의 양자화 대푯값인 $-\Delta$, Δ를 갖는다고 하면 예측 필터 입력은 T_s 간격마다 Δ만큼 커지거나 작아지는 셈이 된다. 따라서 정보 신호의 표본값이 T_s 간격마다 Δ보다 크게 변하는 기간이 길어지면 예측 필터의 출력이 미처 정보 신호의 변화를 제대로 따라가지 못하는 현상이 발생하는데, 이를 **기울기 과부하**(slope overload) 현상이라고 한다. 이를 해결하기 위해서는 Δ를 크게 해야 한다.

반면에, 신호의 변화가 적은 구간에서는 큰 Δ로 인해 오히려 양자화 오차가 커질 수 있는데, 이를 **그래뉼라 잡음**(granular noise)이라고 하며, 이때는 Δ를 줄이는 것이 양자화 오차를 줄이는 방법이 된다. [그림 7-15]는 이 두 가지 잡음이 나타나는 사례를 나타낸 것이다. 그러므로 가장 바람직한 방법은 신호의 변화 속도에 따라 Δ를 조절하는 것인데, 이 방식을 **적응 델타 변조**(Adaptive Delta Modulation : ADM)라고 한다.

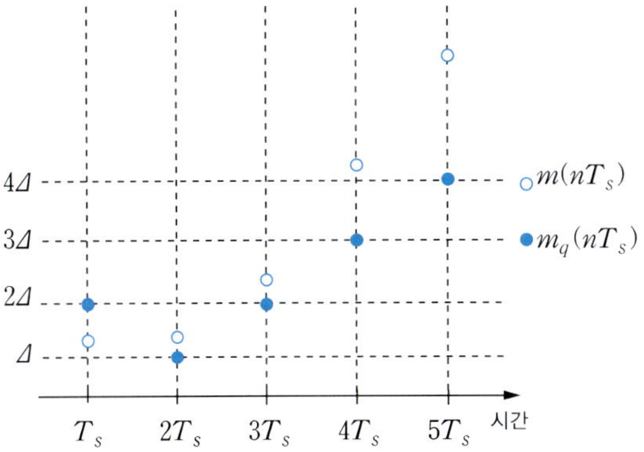

(a) 기울기 과부하 잡음

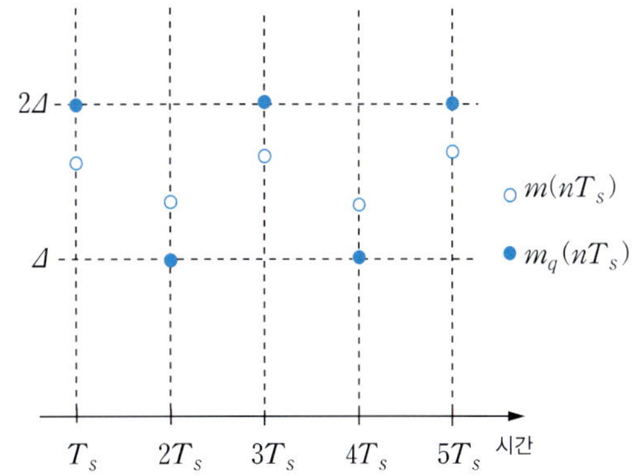

(b) 그래뉼라 잡음

[그림 7-15] 기울기 과부화 잡음 및 그래뉼라 잡음

CHAPTER

07 핵심요약

- 아날로그 펄스 변조는 정보 신호에 따라 펄스의 특징(진폭, 폭, 위치)을 연속적으로 조정하는 방식으로 PAM, PWM, PPM으로 구분한다.
- 표본화 정리는 대역폭이 W인 어떤 기저 대역 신호의 표본으로부터 원래 신호를 복원하기 위해서는 표본화 속도가 최소한 대역폭의 2배 이상이 되어야 한다는 것이다.
- 엘리어싱 현상은 표본화 주파수가 충분히 높지 않아서 발생하는 신호 왜곡 현상을 가리킨다.
- 시분할 다중화 방식은 복수의 펄스 변조 신호를 시간 영역에서 서로 신호가 겹치지 않도록 하면서 함께 전송하는 방식이다.
- 디지털 펄스 변조 방식으로는 PCM, DPCM, DM 등이 있다.
- PCM 변조기는 표본화, 양자화, 부호화기로 구성되며, 복조기는 복호화, 저역 통과 필터로 구성한다.
  - 양자화는 표본값을 양자화 대푯값 혹은 양자화 레벨로 변환하는 과정이다.
  - 부호화는 양자화기의 출력을 이진 부호어로 변환한 후 부호어의 개별 비트를 이진 펄스로 변환하는 과정이다.
  - 복호화는 부호화의 역함수 역할을 수행하는 과정이다.
- 양자화는 균일 양자화기와 비균일 양자화기로 분류하며, 비균일 양자화기는 압축기와 균일 양자화기를 직렬로 연결하는 형태로 구현할 수 있다.
- DPCM 변조는 정보 신호의 표본값과 그에 대한 예측값의 차이를 PCM 방식으로 변조하는 방법으로서, 예측 오차가 작을수록 우수한 성능을 갖는다. DPCM 방식의 처리 이득은 동일한 크기의 양자화기를 사용하는 PCM 방식에 비해 SQNR 성능이 얼마나 우수한 가를 나타내는 지표이다.
- DM은 DPCM 방식의 일종으로 1비트 양자화기를 사용하고 시간 지연 방식의 예측 필터를 사용한다.

CHAPTER

07 연습문제

7.1 어떤 신호 $m(t)=1+\cos(2\pi 10^3 t)$를 펄스 진폭 변조 방식으로 전송하기 위해 표본화를 했다. 이때 표본화는 이 신호에 $s(t)=\sum_{n=-\infty}^{\infty}\delta(t-nT_s)$를 곱하는 과정이며, $T_s=\frac{1}{4\times 10^3}$ [sec]이다.

(a) 표본화된 신호의 스펙트럼을 구하라.

(b) 엘리어싱을 피하기 위한 표본화 주파수의 최솟값을 구하라.

7.2 어떤 정보 신호 $m(t)=\cos(200\pi t)$를 150[Hz]의 속도로 표본화한 후 100[Hz]의 대역폭을 갖는 이상적인 저역 통과 필터에 입력했다고 한다. 이때 저역 통과 필터 출력 신호의 주파수를 구하라.

7.3 정보 신호 $m(t)=2\cos(2\pi 10^3 t)$가 있다.

(a) 3비트 균일 양자화기를 사용하여 정보 신호를 양자화할 때 양자화가 출력단에 나타나는 신호의 SQNR을 구하라.

(b) (a)의 양자화기를 사용하는 PCM 송신기가 1초에 최소 몇 개의 펄스를 출력하는지 구하라.

7.4 어떤 균일 양자화기에서 양자화 오차가 균일 분포를 가지며, 양자화 오차의 전력이 $\frac{1}{3}$[W]라고 한다. 이 양자화 구간의 폭을 구하라. 단, 양자화 대표 값은 양자화 구간의 중간값을 사용하는 것으로 가정한다.

7.5 양자화 대푯값이 $\{-1.5,\ -0.5,\ 0.5,\ 1.5\}$이고 이에 대응되는 양자화 부호어가 00, 01, 10, 11인 2비트 균일 양자화기가 있다.

(a) 입력 신호의 표본값이 0.7일 때 양자화기의 출력과 양자화 오차는 얼마인가?

(b) 양자화기 입력 x가 다음과 같은 확률 분포를 따른다고 한다. 양자화 오차는 균일 분포를 갖는다고 가정할 때 양자화 오차의 평균 전력을 구하라.

$$f_X(x)=\begin{cases}\frac{1}{8}, & -2\leq x\leq 0\\ \frac{3}{8}, & 0<x\leq 2\end{cases}$$

7.6 4비트 양자화기를 사용하고 처리 이득이 10인 DPCM 방식으로 정보 신호를 변조한다고 한다. 해당 신호에 대해 4비트 양자화기를 사용하는 PCM 방식을 적용했을 때 SQNR이 10이라면 앞서 언급한 DPCM의 SQNR은 얼마인지 구하라.

7.7 어떤 확률 과정의 표본값이 평균이 0이고 분산이 1이라고 한다. 이 신호를 2비트 양자화기에 입력했을 때 양자화기 출력단의 SNR이 0[dB]라고 한다. 만약 이 신호를 2비트 양자화기를 사용하는 DPCM 변조기에 입력했을 때 양자화기 입력단에 나타나는 신호의 분산이 0.1이라면, 해당 DPCM 시스템에서 확보할 수 있는 SQNR을 [dB] 단위로 구하라.

CHAPTER

08

디지털 신호 전송의 기초

이 장에서는 디지털 신호 전송과 관련하여 두 가지 기초 이론을 살펴본다. 전반부에는 한 개의 심볼(symbol)을 최적으로 수신하는 문제를 다루고, 후반부에는 심볼을 연속적으로 전송하는 과정에서 발생하는 인접 심볼간 간섭(InterSymbol Interference) 문제를 해결하는 펄스 성형에 대해 설명한다.

CONTENTS

SECTION 8.1

신호 공간에서의 전송 모델

이 절에서는 신호 탐지 혹은 검파를 좀 더 용이하게 다루는 방법의 하나로 신호 공간의 개념을 소개한다. 그리고 신호 공간에서 송신 신호를 벡터로 표현하는 방법을 학습하고, 수신 신호 벡터가 갖는 통계적 특성을 살펴본다.

Keywords | 심볼 | AWGN 채널 | 신호 공간 | 신호 벡터 | 기저 함수 | 그람-슈미트 직교화 |

디지털 정보를 송신기에서 수신기로 전달하기 위해서는 통신 채널을 통해 전달될 수 있도록 디지털 정보를 아날로그 신호로 변환해야 한다. 실제로 송신기에서 출력되는 신호는 아날로그 형태의 신호이다. 이처럼 디지털 통신 시스템은 이진 정보를 일정 개수 단위로 묶어 특정 형태의 파형으로 변환하는데, 이 파형을 **심볼**(symbol)이라고 한다.

1장에서 살펴본 바와 같이 통신 채널에는 여러 가지 채널이 있고, 채널마다 특성이 다르다. 이 장에서는 가장 기본적인 **가산성 백색 가우시안 잡음**(Additive White Gaussian Noise : AWGN) 채널을 통신 채널로 전제하고, 이 채널 환경에서의 신호 전송 문제를 다루고자 한다.

1 신호 공간에서의 심볼 표현

수신기가 송신기에서 보낸 심볼을 추정할 때 수신 신호 $r(t)$를 직접 분석하기보다는 신호 공간에서 다루는 편이 편리하다. 여기에서 **신호 공간**은 서로 직교하는 함수들을 축으로 하는 가상 공간을 의미한다. 시간 영역에서 길이가 T인 두 함수 $x(t)$와 $y(t)$가 직교한다는 것은 $\int_0^T x(t)y(t)dt = 0$이 됨을 의미한다.

송신기에서 보낼 수 있는 심볼이 $\{s_1(t),\ s_2(t),\ \cdots,\ s_M(t)\}$ 중의 하나이고, 시간 영역에서 심볼의 길이가 T이며, 이 심볼을 다음과 같이 N개의 단위 직교(orthonormal) 함수인 $\phi_1(t)$, $\phi_2(t)$, $\cdots$, $\phi_N(t)$의 선형 결합으로 나타낼 수 있다고 하자. 여기에서 단위 직교 함수란 함수의 에너지가 1이고 서로 직교하는 함수를 말한다.

★ 신호 공간에서 송신 심볼의 표현 ★

$$s_i(t) = \sum_{j=1}^{N} s_{ij}\phi_j(t), \quad \begin{cases} 0 \leq t \leq T \\ i = 1, 2, \cdots, M \end{cases} \tag{8.1}$$

이때 $\boldsymbol{s}_i \equiv [s_{i1}, \cdots, s_{iN}]$을 $s_i(t)$에 대한 **신호 벡터**(signal vector)라고 한다. 그리고 신호 벡터의 원소인 s_{ij}는 다음과 같이 정의한다.

$$s_{ij} = \int_0^T s_i(t)\phi_j(t)dt, \quad \begin{cases} i = 1, 2, \cdots, M \\ j = 1, 2, \cdots, N \end{cases} \tag{8.2}$$

$\phi_i(t)$는 단위 직교 함수이므로 다음의 성질을 만족한다.

$$\int_0^T \phi_i(t)\phi_j(t)dt = \begin{cases} 1, & i = j \\ 0, & i \neq j \end{cases} \tag{8.3}$$

이러한 조건을 충족하는 함수들의 집합 $\{\phi_1(t), \phi_2(t), \cdots, \phi_N(t)\}$를 **기저**(basis)라 하고, 그 원소를 **기저 함수**(basis function)라고 한다.

신호 공간을 결정하는 기저가 주어진다면 식 (8.2)에 따라 $s_i(t)$로부터 신호 벡터 $\boldsymbol{s}_i$를 결정할 수 있으며, 반대로 식 (8.1)에 따라 신호 벡터 $\boldsymbol{s}_i$로부터 $s_i(t)$를 만들어낼 수도 있으므로 원래 신호와 그에 대응한 신호 벡터는 단지 표현 방식이 다를 뿐 동일한 대상을 표현한 것이다. 식 (8.1)의 대표적인 사례로는 푸리에 급수(Fourier series)가 있으며, 이때는 복소 지수 함수가 기저 함수의 역할을 한다.

2 그람-슈미트 직교화

신호 벡터를 결정하기 위해서는 기저가 필요한데, 이를 결정하는 대표적인 방법으로는 **그람-슈미트 직교화**(Gram-Schmidt orthogonalization)가 있다. 이를 사용하여 기저 함수를 결정하는 순서는 다음과 같다.

먼저 첫 번째 신호 $s_1(t)$로부터 새로운 함수 $g_1(t) \equiv s_1(t)$를 정의하고, 첫 번째 기저 함수 $\phi_1(t)$를 다음과 같이 결정한다.

$$\phi_1(t) = \frac{g_1(t)}{\sqrt{\int_0^T |g_1(t)|^2 dt}} \tag{8.4}$$

다음으로 두 번째 기저 함수를 결정하기 위해 $s_2(t)$에서 $\phi_1(t)$에 비례하는 성분을 제거한 새로운 신호 $g_2(t) \equiv s_2(t) - s_{21}\phi_1(t)$를 결정한다. 여기에서 s_{21}의 크기는 $s_2(t)$에서 $\phi_1(t)$에 비례하는 성분이 얼마나 포함되어 있는지를 나타내는 계수로서 식 (8.2)를 이용하여 계산한다. 그러면 $g_2(t)$는 $\phi_1(t)$와 직교하게 되지만 에너지가 1이 되지 않을 수 있으므로, 두 번째 기저 함수 $\phi_2(t)$를 구하기 위해 다음과 같이 $g_2(t)$의 에너지를 1로 정규화한다.

$$\phi_2(t) = \frac{g_2(t)}{\sqrt{\int_0^T |g_2(t)|^2 dt}} \tag{8.5}$$

마지막으로 세 번째 기저 함수를 결정하는 방법은 두 번째 기저 함수를 결정할 때와 유사하다. 차이점은 $s_3(t)$에서 $\phi_1(t)$에 비례하는 성분뿐만 아니라 $\phi_2(t)$에 비례하는 성분도 함께 제거해야 한다는 것이다. 따라서 세 번째 기저 함수는 $g_3(t) = s_3(t) - s_{31}\phi_1(t) - s_{32}\phi_2(t)$를 정규화한 결과가 된다. 이런 방식으로 나머지 신호 모두에 대해 기저 함수를 차례대로 결정할 수 있다. 만약 이 과정 중에 기저 함수로 0이 나온다면, 이는 해당 신호를 그때까지 도출된 기저 함수로 표현할 수 있다는 의미이기 때문에 0은 새로운 기저 함수로 추가되지 않는다. 일반적으로 M개의 신호를 대상으로 기저 함수를 결정하면 그 개수 N은 M보다 작거나 같게 된다.

3 수신 신호 벡터의 통계적 특성

앞서 시간 영역의 심볼을 신호 공간에서 표현하는 방법을 소개했다. 심볼과 신호 벡터는 일대일 대응 관계에 있으므로 심볼 대신에 신호 벡터를 사용할 수 있다. 이제 심볼 대신에 신호 벡터를 사용하는 경우 전송 문제가 어떻게 다르게 표현되는지 살펴보자.

송신기에서 보내는 심볼의 종류가 M개라고 할 때, 이 심볼들을 모두 신호 벡터로 나타낼 수 있다. 그러나 수신 심볼 $r(t)$는 송신 심볼에 잡음 $w(t)$가 더해진 형태이므로 수신 심볼 $r(t)$를 기저 함수 $\{\phi_1(t), \phi_2(t), \cdots, \phi_N(t)\}$의 선형 결합 형태로 표현할 수는 없다. 왜냐하면 이들 기저 함수는 원래 $\{s_1(t), s_2(t), \cdots, s_M(t)\}$를 표현하기 위한 것이지 잡음 신호를 표현하기 위한 것은 아니기 때문이다. 따라서 $r(t)$를 정확하게 신호 공간의 벡터로 표현할 수는 없다.

그러나 수신기의 역할은 송신기가 어떤 심볼을 보냈는지를 추정하는 것이고 $r(t)$의 성분 중에서 표현되지 않는 부분은 모두 잡음과 관련된 것이기 때문에, 표현되지 않는 부분은 수신기가 송신 심볼을 추정하는 데 도움이 되지 않는다. 따라서 수신기는 수신 심볼 성분 중에서 기존의 신호 공간에서 표현할 수 있는 부분만을 사용해서 송신 심볼을 추정하더라도 추정 성능에 손실이 발생하지 않는다. 수신 심볼 성분 중에서 기저 함수로 표현할 수 있는 부분을 $\hat{r}(t)$라고 하면 다음과 같이 나타낼 수 있다.

★ 신호 공간에서 수신 심볼에 대한 근사적 표현 ★

$$\hat{r}(t) = \sum_{i=1}^{N} r_i \phi_i(t) \tag{8.6}$$

여기에서 $r_i = \int_0^T r(t)\phi_i(t)dt$이다. 그리고 $\hat{r}(t)$에 대응되는 신호 공간의 벡터를 수신 신호 벡터 $\boldsymbol{r} \equiv [r_1, r_2, \cdots, r_N]$이라고 정의한다.

원래 $r(t)$가 확률 과정이므로 r_i는 확률 변수가 되는데, 송신기가 보낸 심볼이 $s_i(t)$라면 수신 심볼은 $r(t)=s_i(t)+w(t)$의 형태가 된다. 이때 $w(t)$는 가우시안 확률 과정이므로 확률 벡터 $\{r_i, i=1,\cdots,N\}$은 가우시안 분포를 갖는다. 확률 변수 r_i의 통계적 특성은 확률 밀도 함수로 표현한다. $\{r_i, i=1,\cdots,N\}$이 가우시안 분포를 따르기 때문에 평균과 공분산(covariance)만으로 수신 신호 벡터 $\boldsymbol{r}$의 확률 밀도 함수를 결정할 수 있다. 그러면 확률 밀도 함수를 결정하기 위해 평균과 공분산을 구해보자. 수신 심볼이 $r(t)=s_i(t)+w(t)$의 형태일 때 r_j는 다음과 같이 결정한다.

★ 수신 신호 벡터의 성분 ★

$$\begin{aligned} r_j &= \int_0^T r(t)\phi_j(t)dt \\ &= s_{ij}+w_j \end{aligned} \tag{8.7}$$

이 식에서 $w_j=\int_0^T w(t)\phi_j(t)dt$이다. 이때 $E[w(t)]=0$이므로 w_j의 평균은 0이 된다. 따라서 r_j의 평균은 s_{ij}가 된다. 그리고 w_j의 분산을 $\sigma_{w_j}^2$라 하면 정의에 의해 다음과 같이 구할 수 있다.

$$\begin{aligned} \sigma_{w_j}^2 &= E[w_j^2] \\ &= E\left[\int_0^T w(t)\phi_j(t)dt\int_0^T w(u)\phi_j(u)du\right] \\ &= \int_0^T\int_0^T \phi_j(t)\phi_j(u)R_w(t,u)dtdu \end{aligned} \tag{8.8}$$

이 식에서 $R_w(t,u)$는 잡음 $w(t)$의 자기 상관 함수로 $R_w(t,u)\equiv E[w(t)w(u)]$이다. 이미 전제한 바와 같이 $w(t)$가 정상성을 갖는 확률 과정으로, 전력 스펙트럼 밀도가 $\frac{N_0}{2}$인 AWGN임을 이용하면 $R_w(t,u)\equiv\frac{N_0}{2}\delta(t-u)$이므로 $\sigma_{w_j}^2$를 다음과 같이 정의할 수 있다.

$$\begin{aligned} \sigma_{w_j}^2 &= \int_0^T\int_0^T \phi_j(t)\phi_j(u)\frac{N_0}{2}\delta(t-u)dtdu \\ &= \frac{N_0}{2}\int_0^T \phi_j(t)\int_0^T \phi_j(u)\delta(t-u)dudt \\ &= \frac{N_0}{2}\int_0^T \phi_j^2(t)dt \\ &= \frac{N_0}{2} \end{aligned} \tag{8.9}$$

수신 신호 벡터 $\boldsymbol{r}$에 대한 확률 분포를 결정하기 위해서는 개별 r_i에 대한 평균과 분산뿐만 아니라 서로 다른 원소 간에 공분산도 알아야 한다. 이때 $j \neq k$인 경우 w_j와 w_k는 통계적 독립이고 평균이 0이므로 r_j, r_k 사이의 공분산을 구하면 다음과 같다.

$$\begin{aligned} E[(r_j - E[r_j])(r_k - E[r_k])] &= E[(r_j - s_{ij})(r_k - s_{ik})] \\ &= E[w_j w_k] \\ &= 0 \end{aligned} \tag{8.10}$$

따라서 수신 신호 벡터 $\boldsymbol{r}$을 구성하는 서로 다른 원소는 상관 관계가 0이라는 것을 알 수 있다. 여기에 $\{r_i,\ i = 1, \cdots, N\}$의 분포가 가우시안이라는 점을 활용하면 $j \neq k$인 경우 r_j와 r_k는 통계적으로 독립이 됨을 알 수 있다. 이에 따라 $\boldsymbol{r}$에 대한 확률 밀도 함수 $f_{\boldsymbol{r}}(\boldsymbol{r} \mid \boldsymbol{s}_i)$는 다음과 같이 표현할 수 있다.

$$f_{\boldsymbol{r}}(\boldsymbol{r} \mid \boldsymbol{s}_i) = \prod_{j=1}^{N} f_{r_j}(r_j \mid \boldsymbol{s}_i) \tag{8.11}$$

그리고

$$f_{r_j}(r_j \mid \boldsymbol{s}_i) \equiv \frac{1}{\sqrt{\pi N_0}} \exp\left\{-\frac{1}{N_0}(r_j - s_{ij})^2\right\} \tag{8.12}$$

이므로 다음과 같이 된다.

$$f_{\boldsymbol{r}}(\boldsymbol{r} \mid \boldsymbol{s}_i) = \left(\frac{1}{\sqrt{\pi N_0}}\right)^N \exp\left\{-\frac{1}{N_0}\sum_{j=1}^{N}(r_j - s_{ij})^2\right\} \tag{8.13}$$

예제 8-1

송신기에서 내보낼 수 있는 두 심볼이 다음과 같다고 한다.

$$s_1(t) = \begin{cases} 1, & 0 \leq t \leq 1 \\ 1, & 1 < t \leq 2 \end{cases}, \quad s_2(t) = \begin{cases} 1, & 0 \leq t \leq 1 \\ 0, & 1 < t \leq 2 \end{cases}$$

(a) 두 심볼을 신호 공간에서 표현하려고 할 때 신호 공간을 결정하는 기저를 구하라.

(b) 두 심볼에 대한 신호 벡터를 구하라.

(c) $\left\{w(t) = 1 - \frac{t}{2},\ 0 \leq t \leq 2\right\}$로 정의된 신호를 (a)에서 결정한 신호 공간에서 표현할 수 있는지 판정하라.

풀이

(a) 그람-슈미트 직교화를 사용하여 기저 함수를 결정할 수 있다. 먼저 $s_1(t)$로부터 $g_1(t)=s_1(t)$이고, $g_1(t)$의 에너지는 2이므로 첫 번째 기저 함수는 $\phi_1(t)=\frac{1}{\sqrt{2}}s_1(t)$가 된다. 그리고 식 (8.2)를 사용하여 s_{21}을 구하면 다음과 같다.

$$s_{21} = \int_0^2 s_2(t)\phi_1(t)dt = \frac{1}{\sqrt{2}} \quad \cdots ①$$

따라서 $g_2(t)=s_2(t)-s_{21}\phi_1(t)$는 다음과 같다.

$$g_2(t) = \begin{cases} 1/2, & 0 \leqq t \leqq 1 \\ -1/2, & 1 < t \leqq 2 \end{cases} \quad \cdots ②$$

$g_2(t)$의 에너지는 $\frac{1}{2}$이므로 $g_2(t)$를 정규화하면 두 번째 기저 함수는 다음과 같다.

$$\phi_2(t) = \begin{cases} 1/\sqrt{2}, & 0 \leqq t \leqq 1 \\ -1/\sqrt{2}, & 1 < t \leqq 2 \end{cases} \quad \cdots ③$$

(b) 두 심볼에 대한 신호 벡터 s_1, s_2는 식 (8.2)를 이용하면 다음과 같이 구할 수 있다.

$$\begin{aligned} s_1 &= [\sqrt{2} \quad 0]^T \\ s_2 &= [1/\sqrt{2} \quad 1/\sqrt{2}]^T \end{aligned} \quad \cdots ④$$

(c) $w(t)=w_1\phi_1(t)+w_2\phi_2(t)$라는 등식이 성립할 수 있는지 살펴보기 위해 다음과 같이 w_1, w_2를 결정한다.

$$\begin{aligned} w_1 &= \int_0^2 w(t)\phi_1(t)dt = \frac{1}{\sqrt{2}} \\ w_2 &= \int_0^2 w(t)\phi_2(t)dt = \frac{1}{2\sqrt{2}} \end{aligned} \quad \cdots ⑤$$

이를 사용하여 $w_1\phi_1(t)+w_2\phi_2(t)$를 계산하면 그 결과는 주어진 $w(t)$와 다르므로 $w(t)$는 앞에서 결정한 신호 공간에서 표현할 수 없다.

SECTION
8.2 신호 검파

이 절에서는 송신기가 한 개의 심볼을 전송했을 때 수신기가 이를 최적으로 추정하는 방법을 학습한다.

Keywords | 최대 사후 확률(MAP) 검파 | 최대 유사도(ML) 검파 | 정합 필터 | 심볼 오류 확률 | 유니언 바운드 | 비트 오류 확률 |

1 최적 검파 방식

수신 신호를 분석하여 송신기가 보낸 송신 심볼을 추정하는 문제는 일종의 **검파**(detection) 문제이다. 검파 성능을 표현하는 가장 보편적인 척도는 **검파 오류 확률**(detection error probability)이다. 예를 들어, 송신기에서 심볼 $s_1(t)$를 보냈는데 수신기에서 수신 신호를 분석하여 송신기가 심볼 $s_2(t)$를 송신했다고 판정했다면, 이는 검파 오류 혹은 수신 오류가 된다.

수신기 관점에서 검파 방식이라는 것은 결국 수신 신호 벡터 $\boldsymbol{r}$과 송신 심볼 간의 대응 관계를 결정하는 것인데, 이를 어떻게 설계하는가에 따라 검파 오류 확률이 달라진다. 최적의 수신 방식은 검파 오류 확률을 최소로 하는 대응 관계를 의미한다.

수신 신호 벡터 $\boldsymbol{r}$이 주어졌을 때 검파 오류 사건을 E라고 하면, 검파 오류 확률 $P[E|\boldsymbol{r}]$은 다음과 같이 표현할 수 있다.

★ 수신 신호 벡터가 주어졌을 때 검파 오류 확률 ★

$$P[E|\boldsymbol{r}] = \sum_{i=1}^{M} P[\hat{\boldsymbol{s}} \neq \boldsymbol{s}_i,\ \boldsymbol{s} = \boldsymbol{s}_i|\boldsymbol{r}] \tag{8.14}$$

이 식에서 $\boldsymbol{s}$는 송신기가 보낸 심볼, $\hat{\boldsymbol{s}}$는 수신기가 추정한 송신 심볼을 가리킨다. 이 식의 우변에 5장에서 살펴본 조건부 확률의 정의를 적용하면 다음과 같이 전개할 수 있다.

$$\begin{aligned} P[E|\boldsymbol{r}] &= \sum_{i=1}^{M} P[\hat{\boldsymbol{s}} \neq \boldsymbol{s}_i|\boldsymbol{r},\ \boldsymbol{s} = \boldsymbol{s}_i] P[\boldsymbol{s} = \boldsymbol{s}_i|\boldsymbol{r}] \\ &= 1 - \sum_{i=1}^{M} P[\hat{\boldsymbol{s}} = \boldsymbol{s}_i|\boldsymbol{r},\ \boldsymbol{s} = \boldsymbol{s}_i] P[\boldsymbol{s} = \boldsymbol{s}_i|\boldsymbol{r}] \end{aligned} \tag{8.15}$$

$P[E|\boldsymbol{r}]$을 최소화한다는 것은 결국 식 (8.15)에서 $\sum_{i=1}^{M} P[\hat{\boldsymbol{s}} = \boldsymbol{s}_i|\boldsymbol{r},\ \boldsymbol{s} = \boldsymbol{s}_i]P[\boldsymbol{s} = \boldsymbol{s}_i|\boldsymbol{r}]$을 최대화하는 것이다. 이제 이 값을 최대로 하는 방법을 살펴보자. 예를 들어, 어떤 수신 신호 벡터 $\boldsymbol{r}$이 주어졌을 때 $P[\boldsymbol{s} = \boldsymbol{s}_1|\boldsymbol{r}], \cdots, P[\boldsymbol{s} = \boldsymbol{s}_M|\boldsymbol{r}]$ 중에서 $P[\boldsymbol{s} = \boldsymbol{s}_1|\boldsymbol{r}]$이 가장 큰 값을 갖는다고 가정해 보자.

이때 수신기가 $\hat{\boldsymbol{s}} = \boldsymbol{s}_1$으로 선택하기로 했다면 $P[\hat{\boldsymbol{s}} = \boldsymbol{s}_j|\boldsymbol{r},\ \boldsymbol{s} = \boldsymbol{s}_j]$는 $j = 1$일 때 1이 되고, 그 이외의 경우에는 0이 된다. 따라서 이 경우에는 $P[\boldsymbol{s} = \boldsymbol{s}_1|\boldsymbol{r}]$이 가장 큰 값을 갖기 때문에 $\hat{\boldsymbol{s}} = \boldsymbol{s}_1$일 때 $\sum_{i=1}^{M} P[\hat{\boldsymbol{s}} = \boldsymbol{s}_i|\boldsymbol{r},\ \boldsymbol{s} = \boldsymbol{s}_i]P[\boldsymbol{s} = \boldsymbol{s}_i|\boldsymbol{r}]$이 최대가 되며, 결과적으로 $P[E|\boldsymbol{r}]$을 최소화한다고 할 수 있다. 결국 어떤 수신 신호 벡터 $\boldsymbol{r}$이 주어졌을 때 수신 오류를 최소화하려면 $P[\boldsymbol{s} = \boldsymbol{s}_i|\boldsymbol{r}]$을 최대로 하는 $\boldsymbol{s}_i$를 찾고, 이를 송신기가 보낸 심볼로 추정하면 된다. 이런 검파 방식을 **최대 사후 확률**(Maximum A Posteriori : MAP) **검파** 방식이라고 하며, 이는 최적의 검파 방식이다.

베이스 규칙을 활용하면 $P[\boldsymbol{s} = \boldsymbol{s}_i|\boldsymbol{r}] = P[\boldsymbol{s} = \boldsymbol{s}_i]f_{\boldsymbol{r}}(\boldsymbol{r}|\boldsymbol{s} = \boldsymbol{s}_i)/f_{\boldsymbol{r}}(\boldsymbol{r})$이므로 MAP 검파 방식은 결국 $P[\boldsymbol{s} = \boldsymbol{s}_i]f_{\boldsymbol{r}}(\boldsymbol{r}|\boldsymbol{s} = \boldsymbol{s}_i)$를 최대로 하는 $\boldsymbol{s}_i$를 찾는 방식이다. 통신 시스템 환경에서는 송신기에서 보낼 수 있는 심볼들은 발생 확률이 동일하다고 가정하는 것이 일반적이다. 따라서 M개의 심볼 중에 하나를 보낼 확률은 $\frac{1}{M}$이 된다. 따라서 $P[\boldsymbol{s} = \boldsymbol{s}_i]$는 i와 관계없이 일정하므로 MAP 검파 방식은 결국 $f_{\boldsymbol{r}}(\boldsymbol{r}|\boldsymbol{s} = \boldsymbol{s}_i)$를 최대로 하는 $\boldsymbol{s}_i$를 찾는 방식이 된다. $f_{\boldsymbol{r}}(\boldsymbol{r}|\boldsymbol{s} = \boldsymbol{s}_i)$는 기본적으로 조건부 확률 밀도 함수이지만 **유사도 함수**(likelihood function)라고도 부른다. 그래서 이 검파 방식을 **최대 유사도**(Maximum Likelihood : ML) **검파** 방식이라고 한다.

통신 채널 환경을 특정하면 ML 검파 방식을 좀 더 구체화할 수 있다. AWGN 채널을 통해 신호를 수신하는 경우 이미 학습한 바와 같이 수신 신호 벡터 $\boldsymbol{r}$은 N차원 가우시안 분포를 갖는 확률 벡터로서, 평균은 $\boldsymbol{s}_i$가 되고 공분산 행렬은 $\frac{N_0}{2}I$(I는 단위 행렬)이 된다. 이를 활용하면 유사도 함수 $f_{\boldsymbol{r}}(\boldsymbol{r}|\boldsymbol{s}_i)$는 다음과 같다.

$$f_{\boldsymbol{r}}(\boldsymbol{r}|\boldsymbol{s}_i) = (\pi N_0)^{-N/2}\exp\left\{-\frac{1}{N_0}\sum_{j=1}^{N}(r_j - s_{ij})^2\right\} \tag{8.16}$$

ML 검파 방식은 유사도 함수 $f_{\boldsymbol{r}}(\boldsymbol{r}|\boldsymbol{s}_i)$를 최대로 하는 i를 찾아내는 방식인데, log 함수가 증가 함수라는 점을 고려하면 $\log f_{\boldsymbol{r}}(\boldsymbol{r}|\boldsymbol{s}_i)$를 최대로 하는 i를 결정하는 문제로 변환할 수 있다. 또한 식 (8.16)은 다음과 같이 쓸 수 있다.

$$\log f_{\boldsymbol{r}}(\boldsymbol{r}|\boldsymbol{s}_i) = -\frac{N}{2}\log(\pi N_0) - \frac{1}{N_0}\sum_{j=1}^{N}(r_j - s_{ij})^2 \tag{8.17}$$

따라서 $\log f_{\boldsymbol{r}}(\boldsymbol{r}\,|\,\boldsymbol{s}_i)$를 최대로 하는 i를 찾는 문제는 $\sum_{j=1}^{N}(r_j - s_{ij})^2$을 최소로 하는 i를 추정하는 문제가 된다. $\sum_{j=1}^{N}(r_j - s_{ij})^2$은 신호 공간에서 수신 신호 벡터 $\boldsymbol{r}$과 송신 신호 벡터 $\boldsymbol{s}_i$ 간 거리의 제곱이다. 따라서 ML 검파는 결국 신호 공간에서 수신 신호 벡터 $\boldsymbol{r}$에 가장 가까이 있는 송신 신호 벡터를 찾는 문제로 간주할 수 있다. 그리고 $\sum_{j=1}^{N}(r_j - s_{ij})^2$을 전개하면

$$\sum_{j=1}^{N}(r_j - s_{ij})^2 = \sum_{j=1}^{N} r_j^2 - 2\sum_{j=1}^{N} r_j s_{ij} + \sum_{j=1}^{N} s_{ij}^2 \tag{8.18}$$

이므로 $\sum_{j=1}^{N}(r_j - s_{ij})^2$을 최소로 하는 i를 결정한다는 것은 다시 $\sum_{j=1}^{N} r_j s_{ij} - \frac{1}{2}\sum_{j=1}^{N} s_{ij}^2$를 최대로 하는 i를 결정하는 문제로 귀결된다. 이를 토대로 수신기 구조를 설계하면 [그림 8-1]과 같은 수신기가 된다. 그림에서 ⦿는 벡터 내적 연산을 의미하며 $E_i \equiv \sum_{j=1}^{N} s_{ij}^2$이다.

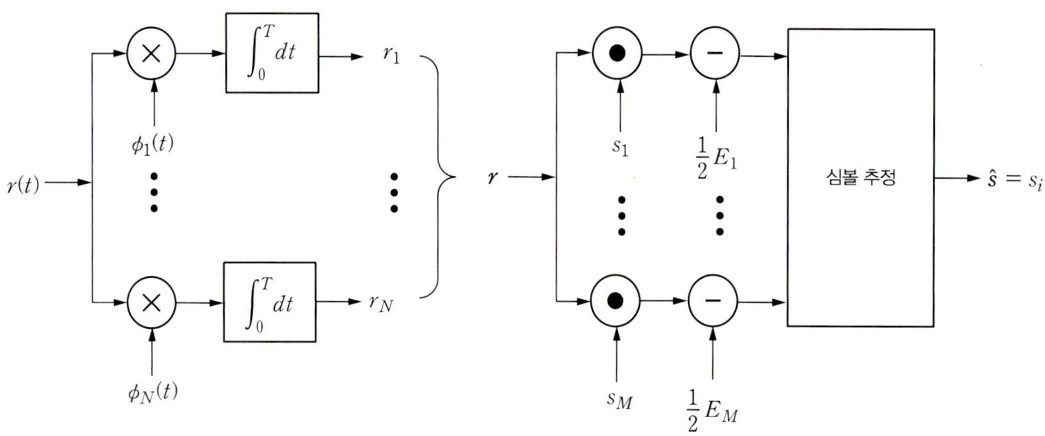

[그림 8-1] ML 검파를 사용한 수신기 구조

[그림 8-1]의 수신기에서 수신 신호 벡터 $\boldsymbol{r}$을 계산하는 방법은 이미 식 (8.7)에서 제시했는데, 이런 형태의 연산을 **상관**(correlation) **연산**이라고 한다. 상관 연산을 하드웨어로 구현하려면 아날로그 곱셈기와 적분기가 필요한데, 이는 구현 관점에서 비용이 많이 든다. 이에 대한 대안으로 등장한 것이 필터(filter)를 사용한 방식이다. 이 방식은 임펄스 응답이 $h(t) = \phi_i(T - t)$인 필터에 $r(t)$를 입력하고 $t = T$에서의 출력을 표본화하면 식 (8.7)의 r_i와 같은 결과를 얻을 수 있다. 이를 그림으로 나타내면 [그림 8-2]와 같다.

이 방식은 필터와 표본기만을 사용하기 때문에 곱셈기와 적분기를 사용하는 것보다 구현 측면에서 유리하다.

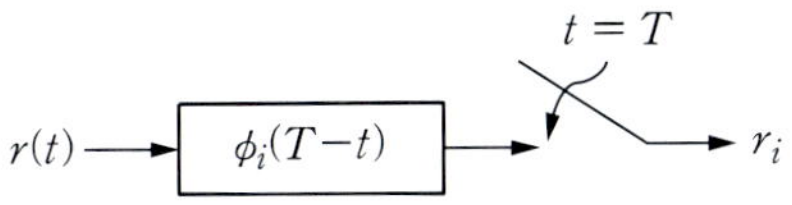

[그림 8-2] 필터와 표본기를 이용한 상관 연산

이제 필터를 사용했을 때와 상관기를 사용할 때 결과가 동일한지 살펴보자. 먼저 [그림 8-2]에서 필터의 출력인 $y_i(t)$를 다음과 같이 정의한다.

$$y_i(t) = \int_{-\infty}^{\infty} r(\tau)h(t-\tau)d\tau \tag{8.19}$$

그러면 $h(t) = \phi_i(T-t)$이기 때문에 식 (8.19)를 다음과 같이 변환할 수 있다.

$$y_i(t) = \int_{-\infty}^{\infty} r(\tau)\phi_i(T-t+\tau)d\tau \tag{8.20}$$

그리고 $y_i(t)$를 $t = T$에서 표본화하면

$$y_i(T) = \int_{-\infty}^{\infty} r(\tau)\phi_i(\tau)d\tau \tag{8.21}$$

가 된다. $\phi_i(t)$가 $0 \leq t \leq T$ 이외의 구간에서 0이라는 점을 적용하면 다음과 같은 결과를 얻을 수 있다.

$$y_i(T) = \int_{0}^{T} r(\tau)\phi_i(\tau)d\tau \tag{8.22}$$

이는 상관기를 사용했을 때의 결과인 식 (8.7)과 같다는 것을 알 수 있다.

예제 8-2

확률 변수 Y가 $Y = X + N$의 형태이며, X는 $\{-3, -1, 1, 3\}$ 중의 하나이고 N은 확률 변수로서 평균이 0, 분산이 1인 정규 분포 혹은 가우시안 분포를 갖는다. 그리고 $P[X = -3] = 0.1$, $P[X = -1] = 0.2$, $P[X = 1] = 0.3$, $P[X = 3] = 0.4$라고 가정한다.

(a) Y값이 1.5일 때 X값을 MAP 검파 방식으로 추정하라.

(b) Y값이 1.5일 때 X값을 ML 검파 방식으로 추정하라.

풀이

(a) MAP 검파 방식에 따르면 $P[\mathbf{s}=\mathbf{s}_i]f_{\mathbf{r}}(\mathbf{r}\mid\mathbf{s}=\mathbf{s}_i)$ 값을 비교해서 최댓값을 발생시키는 $\mathbf{s}_i$를 찾으면 된다. 주어진 조건으로부터 유사도 함수는 $f(y\mid x)=\frac{1}{\sqrt{2\pi}}\exp\left(-\frac{(y-x)^2}{2}\right)$이다. 문제에서 X가 가질 수 있는 값은 4개 중의 하나이므로 다음과 같이 사후 확률에 비례하는 양을 구할 수 있다.

$$P[X=-3]f(y=1.5\mid X=-3)=\frac{0.1}{\sqrt{2\pi}}\exp\left(-\frac{(1.5-(-3))^2}{2}\right)\approx 1.6\times 10^{-6}$$

$$P[X=-1]f(y=1.5\mid X=-1)=\frac{0.2}{\sqrt{2\pi}}\exp\left(-\frac{(1.5-(-1))^2}{2}\right)\approx 3.5\times 10^{-3}$$

$$P[X=1]f(y=1.5\mid X=1)=\frac{0.3}{\sqrt{2\pi}}\exp\left(-\frac{(1.5-1)^2}{2}\right)\approx 0.11$$

$$P[X=3]f(y=1.5\mid X=3)=\frac{0.4}{\sqrt{2\pi}}\exp\left(-\frac{(1.5-3)^2}{2}\right)\approx 5.2\times 10^{-2}$$

이 중에서 가장 큰 값이 발생하는 경우는 $x=1$인 경우이므로, MAP 검파 방식에 따른 추정값은 1이다.

(b) 주어진 조건으로부터 유사도 함수는 $f(y\mid x)=\frac{1}{\sqrt{2\pi}}\exp\left(-\frac{(y-x)^2}{2}\right)$이므로 $f(1.5\mid x)$가 최대가 되는 x는 1이다.

2 정합 필터

어떤 필터에 신호 $s(t)$와 백색 가우시안 잡음 $w(t)$가 더해진 형태로 입력되었을 때, 이 필터의 임펄스 응답인 $h(t)$가 $s(T-t)$이면 이 필터를 **정합 필터**(matched filter)라고 한다. 여기에서 정합이라는 용어는 임펄스 응답 특성과 입력의 신호 성분 $s(t)$가 $h(t)=s(T-t)$라는 특별한 관계를 갖는다는 것을 의미한다. 정합 필터를 사용하면 $t=T$에서 필터 출력의 신호 성분과 잡음 성분의 전력비를 최대로 할 수 있다. 정합 필터의 출력을 $y(t)$라고 하면 $y(T)$는 다음과 같이 계산할 수 있다.

$$\begin{aligned} y(T) &= \int_{-\infty}^{\infty}\{s(T-\tau)+w(T-\tau)\}h(\tau)d\tau \\ &= \int_{-\infty}^{\infty}s(T-\tau)h(\tau)d\tau+\int_{-\infty}^{\infty}w(T-\tau)h(\tau)d\tau \end{aligned} \quad (8.23)$$

식 (8.23)에서 우변의 첫 번째 항이 신호 성분이고 두 번째 항이 잡음 성분이다. 잡음 성분에 대한 신호 성분의 전력비를 SNR이라고 하고, 이를 수학적으로 표현하면 다음과 같다.

$$SNR = \frac{\left| \int_{-\infty}^{\infty} s(T-\tau)h(\tau)d\tau \right|^2}{\int_{-\infty}^{\infty} \frac{N_0}{2}|H(f)|^2 df} \tag{8.24}$$

식 (8.24)의 분모는 선형 시스템에서 확률 과정의 입출력 전력 스펙트럼 밀도 간의 관계를 활용한 것이다. 식 (8.24)의 분자에 $F[s(t) \otimes h(t)] = S(f)H(f)$와 $x(T) = \int_{-\infty}^{\infty} X(f)\exp(j2\pi fT)df$라는 관계를 적용하면 다음과 같은 식을 유도할 수 있다.

$$SNR = \frac{\left| \int_{-\infty}^{\infty} S(f)H(f)e^{j2\pi fT}df \right|^2}{\int_{-\infty}^{\infty} \frac{N_0}{2}|H(f)|^2 df} \tag{8.25}$$

코시-슈바르츠(Cauchy-Schwartz) 부등식에 따르면 다음의 부등 관계가 성립한다. 특히 등식 관계가 성립하는 경우는 임의의 상수 k에 대해 $Y(f) = kX^*(f)$인 경우라고 알려져 있다.

$$\left| \int_{-\infty}^{\infty} X(f)Y(f)df \right|^2 \leq \int_{-\infty} |X(f)|^2 df \int_{-\infty}^{\infty} |Y(f)|^2 df \tag{8.26}$$

식 (8.26)을 식 (8.25)의 분자에 적용하면 SNR은 $H(f) = kS^*(f)\exp(-j2\pi fT)$일 때 최대가 된다. 이 관계를 시간 영역으로 변환하면 $h(t) = ks(T-t)$가 되는 것이다.

예제 8-3

시간 영역 $0 \leq t \leq 1$에서 정의된 신호 $s(t) = \sin 2\pi t$가 있다. $t = 3$에서 SNR이 최대가 되도록 하는 정합 필터를 설계하려고 한다. 정합 필터의 임펄스 응답 $h(t)$를 구하라.

풀이

신호 $s(t)$에 대해 $t = T$에서 최대 SNR을 갖는 정합 필터의 임펄스 응답은 $h(t) = s(T-t)$이므로 $h(t)$는 다음과 같다.

$$h(t) = \sin(2\pi(3-t)) = -\sin 2\pi t, \quad 2 \leq t \leq 3$$

3 심볼 오류 확률

수신기에서 송신기가 어떤 심볼을 보냈는지를 판단하는 과정에서 잘못된 판정을 하는 경우가 생긴다. 이를 **심볼 오류**(symbol error)라고 하며, 디지털 통신 시스템의 성능을 나타내는 지표로 가장 중요한 것이 **심볼 오류 확률**(symbol error probability)이다. 송신기에서 보낼 수 있는 신호, 즉 심볼의 종류가 여러 가지이면 심볼에 따라 오류 확률이 다를 수 있다.

그러나 디지털 통신 시스템에서 중요한 것은 특정 심볼에 대한 오류 확률이 아닌 평균적인 심볼 오류 확률이다. 평균 심볼 오류 확률을 P_{se} 라고 하면 수학적으로 다음과 같이 나타낼 수 있다.

★ 평균 심볼 오류 확률 ★

$$P_{se} = \sum_{i=1}^{M} P[\hat{\boldsymbol{s}} \neq \boldsymbol{s}_i \mid \boldsymbol{s} = \boldsymbol{s}_i] P[\boldsymbol{s} = \boldsymbol{s}_i] \tag{8.27}$$

이 식에서 $P[\boldsymbol{s} = \boldsymbol{s}_i]$는 $\boldsymbol{s}_i$라는 심볼을 송신기가 보낼 확률이다. 평균 심볼 오류 확률을 계산할 때 가장 어려운 부분은 $P[\hat{\boldsymbol{s}} \neq \boldsymbol{s}_i | \boldsymbol{s} = \boldsymbol{s}_i]$를 계산하는 것이다. 앞에서 이미 살펴본 바와 같이 검파 방식을 결정했다는 것은 수신 신호 벡터 $\boldsymbol{r}$을 송신 심볼 중의 하나로 대응하는 관계를 설정했다는 것을 의미한다. 이때 $\boldsymbol{s}_i$에 대응되는 수신 신호 벡터 r의 집합을 $\boldsymbol{s}_i$에 대한 **결정 영역**(decision region)이라고 정의하고, D_i 라고 표시한다. 이를 이용하면 $\boldsymbol{s}_i$라는 심볼을 송신기가 보냈을 때 심볼 오류 확률 $P[\hat{\boldsymbol{s}} \neq \boldsymbol{s}_i | \boldsymbol{s} = \boldsymbol{s}_i]$를 다음과 같이 표현할 수 있다.

$$\begin{aligned} P[\hat{\boldsymbol{s}} \neq \boldsymbol{s}_i | \boldsymbol{s} = \boldsymbol{s}_i] &= 1 - P[\hat{\boldsymbol{s}} = \boldsymbol{s}_i | \boldsymbol{s} = \boldsymbol{s}_i] \\ &= 1 - \int_{D_i} f_{\boldsymbol{r}}(\boldsymbol{r} \mid \boldsymbol{s}_i) d\boldsymbol{r} \end{aligned} \tag{8.28}$$

이 식에서 짐작할 수 있는 것처럼 $f_{\boldsymbol{r}}(\boldsymbol{r} \mid \boldsymbol{s}_i)$의 형태가 복잡하거나 결정 영역 D_i 의 형태가 단순하지 않으면 $\int_{D_i} f_{\boldsymbol{r}}(\boldsymbol{r} \mid \boldsymbol{s}_i) d\boldsymbol{r}$을 계산하는 것이 간단하지 않다. 이때 차선책으로 고려해 볼 수 있는 방법이 심볼 오류 확률을 근사적으로 계산하는 것이며, 대표적인 예로는 **유니언 바운드**(union bound)가 있다. 유니언 바운드의 개념을 간단한 사례를 통해 살펴보자.

먼저 송신기가 심볼 $\boldsymbol{s}_1$을 송신했을 때 심볼 오류 확률을 $P_{se|\boldsymbol{s}_1}$이라고 하고, 이를 계산하는 방법을 생각해보자. $P_{se|\boldsymbol{s}_1}$을 구체적으로 표현하면 다음과 같다.

$$P_{se|\boldsymbol{s}_1} = P[\hat{\boldsymbol{s}} = \boldsymbol{s}_2 \text{ or } \hat{\boldsymbol{s}} = \boldsymbol{s}_3 \text{ or } \cdots \hat{\boldsymbol{s}} = \boldsymbol{s}_M | \boldsymbol{s} = \boldsymbol{s}_1] \tag{8.29}$$

확률의 정의에 따라 식 (8.29)의 우변은 항상 다음과 같은 부등식을 만족한다.

$$P[\hat{\boldsymbol{s}} = \boldsymbol{s}_2 \text{ or } \hat{\boldsymbol{s}} = \boldsymbol{s}_3 \text{ or } \cdots \hat{\boldsymbol{s}} = \boldsymbol{s}_M | \boldsymbol{s} = \boldsymbol{s}_1] = \sum_{i=2}^{M} P[\hat{\boldsymbol{s}} = \boldsymbol{s}_i | \boldsymbol{s} = \boldsymbol{s}_1] \tag{8.30}$$

따라서 $P_{se|\boldsymbol{s}_1}$은 다음과 같은 부등 관계를 항상 만족한다.

$$P_{se|\boldsymbol{s}_1} = \sum_{j=2}^{M} P[\hat{\boldsymbol{s}} = \boldsymbol{s}_j | \boldsymbol{s}_1] \tag{8.31}$$

이 식을 심볼 $\boldsymbol{s}_i$인 경우로 일반화하면 다음과 같다.

$$P_{se|\boldsymbol{s}_i} = \sum_{j=1, j \neq i}^{M} P[\hat{\boldsymbol{s}} = \boldsymbol{s}_j | \boldsymbol{s}_i] \tag{8.32}$$

송신기에서 보낼 수 있는 신호가 $\boldsymbol{s}_i$, $\boldsymbol{s}_j (i \neq j)$라는 두 개의 심볼로 한정되었다고 가정했을 때 심볼 $\boldsymbol{s}_i$에 대한 심볼 오류 확률을 $P_{ji}[\hat{\boldsymbol{s}} = \boldsymbol{s}_j | \boldsymbol{s}_i]$로 표시하자. 그러면 식 (8.32)의 우변에 나타나는 항 $P[\hat{\boldsymbol{s}} = \boldsymbol{s}_j | \boldsymbol{s}_i]$는 항상 $P_{ji}[\hat{\boldsymbol{s}} = \boldsymbol{s}_j | \boldsymbol{s}_i]$보다 작거나 같기 때문에 $P[\hat{\boldsymbol{s}} = \boldsymbol{s}_j | \boldsymbol{s}_i] \leq P_{ji}[\hat{\boldsymbol{s}} = \boldsymbol{s}_j | \boldsymbol{s}_i]$라는 부등 관계가 성립한다. 이 부등 관계를 신호 공간에서의 사례를 들어 설명하면 [그림 8-3]에 나타낸 바와 같다. 그림은 심볼이 4개인 경우인데, [그림 8-2(a)]는 $P[\hat{\boldsymbol{s}} = \boldsymbol{s}_2 | \boldsymbol{s}_1]$을 계산하는 데 사용되는 결정 영역이고, [그림 8-2(b)]는 $P_{21}[\hat{\boldsymbol{s}} = \boldsymbol{s}_2 | \boldsymbol{s}_1]$을 계산하는 데 사용되는 결정 영역이다. 그림에서 보듯이 후자의 결정 영역이 전자의 결정 영역보다 넓기 때문에 $P[\hat{\boldsymbol{s}} = \boldsymbol{s}_2 | \boldsymbol{s}_1] \leq P_{21}[\hat{\boldsymbol{s}} = \boldsymbol{s}_2 | \boldsymbol{s}_1]$이 성립함을 알 수 있다.

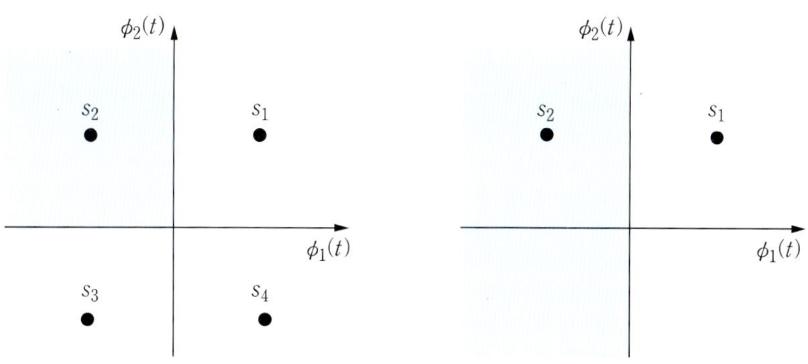

(a) $P[\hat{s} = \boldsymbol{s}_2 | \boldsymbol{s}_1]$ (b) $P_{21}[\hat{s} = \boldsymbol{s}_2 | \boldsymbol{s}_1]$

[그림 8-3] $P[\hat{s} = \boldsymbol{s}_j | \boldsymbol{s}_i] \leq P_{ji}[\hat{s} = \boldsymbol{s}_j | \boldsymbol{s}_i]$에 대한 설명

그런데 $P_{ji}[\hat{\boldsymbol{s}} = \boldsymbol{s}_j | \boldsymbol{s}_i]$는 송신기에서 송신할 수 있는 신호가 $\boldsymbol{s}_i$, $\boldsymbol{s}_j$ 로 한정된 경우를 전제로 한 것이므로 결정 영역 형태가 단순하여 비교적 쉽게 계산할 수 있다. 정리하면, $P_{se|\boldsymbol{s}_i}$에 대한 근삿값으로 $\sum_{j=1, j \neq i}^{M} P_{ji}[\hat{\boldsymbol{s}} = \boldsymbol{s}_j | \boldsymbol{s}_i]$를 사용하여 평균 심볼 오류 확률을 계산한 것을 유니언 바운드라고 한다.

예제 8-4

송신기에서 매 심볼 구간마다 두 가지 신호 $s_0(t)$, $s_1(t)$ 중 하나를 내보낼 수 있다고 한다. $s_0(t)$, $s_1(t)$ 신호를 보낼 확률이 각각 0.4, 0.6이고 해당 신호에 대한 심볼 오류 확률이 각각 0.1, 0.1라고 할 때 평균 심볼 오류 확률을 구하라.

풀이

식 (8.27)과 같이 평균 심볼 오류 확률은 개별 심볼에 대한 심볼 오류 확률을 개별 심볼을 보낼 확률로 가중하여 더한 값이다. 그러므로 평균 심볼 오류 확률은 $0.1\times 0.4+0.1\times 0.6=0.1$이 된다.

앞에서도 설명한 바와 같이 디지털 통신에서 송신기가 보내는 심볼은 그 종류 개수에 따라 심볼 한 개가 전달하는 비트 개수가 달라진다. 일반적으로 전송할 수 있는 심볼의 종류가 M가지이면 심볼 한 개가 전달하는 비트 개수는 $\log_2 M$이 된다. 왜냐하면 M개의 심볼을 이진수로 번호를 매긴다면 그 번호의 길이는 최소 $\log_2 M$비트이기 때문이다.

디지털 통신 시스템이 전달하려는 정보는 심볼 그 자체라기보다는 심볼이 나타내는 비트 정보이다. 따라서 디지털 통신 시스템의 전송 성능을 나타내는 척도로는 심볼 오류 확률 P_{se}보다는 **비트 오류 확률**(bit error probability) P_{be}가 더 중요하다.

그러나 심볼 오류가 한 번 발생할 때 이것이 얼마나 많은 비트 오류로 이어질지는 단정할 수 없다. 어떤 경우에는 심볼을 구성하는 비트 전체의 오류로 이어질 수도 있고, 또 다른 경우에는 한 개의 비트만이 오류가 되기도 한다. 전자의 경우에는 비트 오류 확률 P_{be}가 심볼 오류 확률 P_{se}와 동일하며, 후자의 경우에는 $P_{be}=\dfrac{P_{se}}{\log_2 M}$가 된다. 그러므로 심볼 오류 확률이 주어졌을 때 비트 오류 확률의 범위는 다음과 같다.

$$\frac{P_{se}}{\log_2 M} \le P_{be} \le P_{se} \tag{8.33}$$

SECTION
8.3 펄스 성형

송신기가 복수의 심볼을 순차적으로 전송할 때, 수신 심볼들이 시간 영역에서 일부 겹침으로 인해 심볼간 간섭 현상이 발생한다. 이 절에서는 이를 해소하기 위한 펄스 성형 기술을 학습한다.

Keywords | 심볼간 간섭 | 상승 코사인 | 제곱근 상승 코사인 | 등화 |

1 심볼간 간섭

심볼간 간섭(InterSymbol Interferenc : ISI)은 시간상으로 이웃한 수신 심볼 사이에 서로 영향을 주는 현상을 가리킨다. 예를 들어, 송신기가 연속으로 보내는 심볼이 시간 영역에서 겹치지 않더라도, 채널을 거쳐 수신기에 도달했을 때 수신 심볼의 형태가 달라져 시간상으로 이웃한 수신 심볼이 시간 영역에서 서로 겹치는 현상이 발생할 수 있다. 이는 마치 동굴과 같이 소리 반사가 심한 곳에서 대화를 할 때 말을 하는 사람은 정확하게 또박또박 말을 하더라도 동굴의 울림 현상으로 인해 듣는 사람의 귀에는 앞뒤 말이 서로 엉켜서 들리는 상황과 유사하다.

일반적으로 디지털 통신 시스템은 심볼을 일정 시간 간격으로 송신하는 형태로 상대방에게 정보를 전달한다. 심볼간 간섭을 좀 더 구체적으로 살펴보기 위해 [그림 8-4]와 같은 이진 정보 송수신 시스템을 분석해보자.

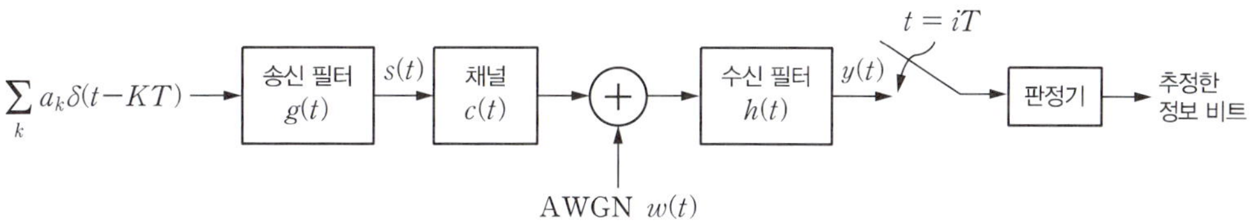

[그림 8-4] 이진 송수신 시스템

송신기에서 T [sec] 마다 심볼 하나를 전송한다고 하고, k번째 심볼을 $a_k g(t-kT)$로 표현하기로 한다. 편의상 a_k는 1 또는 -1의 값을 가지며, 각각 비트 "1"과 "0"을 나타내고 $g(t)$는 심볼의 형태를 나타낸다고 가정한다. 그러면 송신기가 만들어내는 신호 $s(t)$는 다음과 같이 표현할 수 있다.

$$s(t)=\sum_{k=-\infty}^{\infty} a_k g(t-kT) \tag{8.34}$$

신호 $s(t)$가 임펄스 응답이 $c(t)$인 채널을 거쳐 임펄스 응답이 $h(t)$인 수신 필터를 지나고 난 후, 그 출력의 표본값을 어떤 임계값과 비교하여 "0" 또는 "1"을 결정하는 것으로 설정한다. 이 수신기 구조는 앞서 설명한 최적 수신기 구조에 기반한 것으로, 수신 필터와 표본기(sampler)는 수신 신호로부터 수신 신호 벡터를 만들어내는 역할을 하며, 판정기는 수신 벡터가 어느 결정 영역에 해당하는지를 판정하는 역할을 한다.

수신 필터 출력을 $y(t)$라고 하면, 다음과 같이 나타낼 수 있다.

$$y(t) = \sum_{k=-\infty}^{\infty} a_k p(t-kT) + n(t) \tag{8.35}$$

여기에서 $p(t) = g(t) \otimes c(t) \otimes h(t)$이며, $n(t)$는 잡음 $w(t)$로 인한 수신 필터의 출력이다.

이번에는 수신기에서 송신 정보 a_i를 추정하기 위해 $t = iT$에서 표본화한 값 $y(iT)$를 계산하고, 이를 근거로 a_i를 추정해보자. 식 (8.35)로부터 출력 $y(iT)$는 다음과 같다.

$$y(iT) = \sum_{k=-\infty}^{\infty} a_k p(iT-kT) + n(iT) \tag{8.36}$$

이 식은 다시 다음과 같이 전개할 수 있다.

$$y(iT) = a_i p(0) + \sum_{k=-\infty, k\neq i}^{\infty} a_k p((i-k)T) + n(iT) \tag{8.37}$$

편의상 $p(0) = 1$이 되도록 설계했다면

$$y(iT) = a_i + \sum_{k=-\infty, k\neq i}^{\infty} a_k p((i-k)T) + n(iT) \tag{8.38}$$

가 된다. 이 식을 보면 추정하려고 하는 송신 정보 a_i가 $y(iT)$에 포함되어 있음을 알 수 있다. 따라서 식 (8.38)의 우변 두 번째, 세 번째 항이 모두 0이 되면 a_i를 정확하게 추정할 수 있다. 그런데 세 번째 항은 잡음으로 인한 성분이므로 항상 존재하며, 두 번째 성분은 a_i에 시간상으로 이웃한 송신 심볼들로 인한 간섭 영향을 나타내는 항으로 심볼간 간섭이라고 한다. 수신기 입장에서 이를 제거할 수 있다면 $y(iT)$를 통해 a_i를 추정할 때 그 정확도를 극대화할 수 있다. 따라서 심볼간 간섭을 최소화하는 방법을 찾는 것이 중요하다.

2 상승 코사인 펄스

식 (8.38)에서 $t = iT$일 때 심볼간 간섭을 제거하려면 $p(t)$가 다음의 조건을 만족해야 한다.

$$p((i-k)T) = \begin{cases} 1, & i = k \\ 0, & i \neq k \end{cases} \tag{8.39}$$

이런 조건을 만족하는 $p(t)$를 만들어서 사용하면 심볼간 간섭을 피할 수 있다. 그러나 이 조건만으로는 $p(t)$를 설계하기가 쉽지 않다. 따라서 이 조건을 주파수 영역에서 해석해보기로 한다. 만약 어떤 신호 $p(t)$가 식 (8.39) 조건을 충족한다고 하면 다음의 관계가 성립한다.

$$p(t) \sum_{n=-\infty}^{\infty} \delta(t - nT) = \delta(t) \tag{8.40}$$

이 식에서 등호 좌변의 수학적 표현이 $p(t)$의 표본화를 의미한다는 점을 활용하여 양변을 푸리에 변환하면 다음과 같다.

$$\sum_{n=-\infty}^{\infty} P(f - nR) = T \tag{8.41}$$

여기에서 $R \equiv 1/T$이다. 이는 심볼간 간섭이 0이 되는 조건을 주파수 영역에서 표현한 것인데, 이 식의 의미는 스펙트럼 $P(f)$를 주파수 영역에서 R 간격으로 중첩했을 때 그 결과가 주파수와 상관없이 일정한 값을 갖는 형태가 된다면 심볼간 간섭을 피할 수 있다는 것이다. 이런 특성을 갖는 대표적인 사례가 **상승 코사인**(raised cosine) **펄스**이다.

상승 코사인 펄스는 스펙트럼 $P(f)$가 다음과 같이 정의된 신호이다.

$$P(f) = \begin{cases} 1/R & , \ |f| < \dfrac{(1-\alpha)R}{2} \\ \dfrac{1}{2R}\left\{1 + \cos\left[\dfrac{\pi}{\alpha R}\left\{|f| - \dfrac{(1-\alpha)R}{2}\right\}\right]\right\}, & \dfrac{(1-\alpha)R}{2} \leq |f| < \dfrac{(1+\alpha)R}{2} \\ 0 & , \ |f| > \dfrac{(1+\alpha)R}{2} \end{cases} \tag{8.42}$$

여기에서 α를 **롤-오프 인수**(roll-off factor)라는 부르는데, 그 값의 범위는 [0, 1]이다. 이를 이용하여 상승 코사인 펄스의 대역폭을 표현하면 $\frac{R}{2}(1+\alpha)$가 된다. 한편, 상승 코사인 펄스가 시간 영역에서는 어떤 모양을 갖는지를 알아보기 위해 $P(f)$를 푸리에 역변환하면 다음과 같다.

$$p(t) = \text{sinc}(Rt)\left(\frac{\cos(\pi\alpha Rt)}{1 - 4\alpha^2R^2t^2}\right) \tag{8.43}$$

$T = 1$이면서 α가 0일 때와 0.5일 때에 대해 스펙트럼 $P(f)$와 상승 코사인 펄스 $p(t)$를 그리면 [그림 8-5]와 같다.

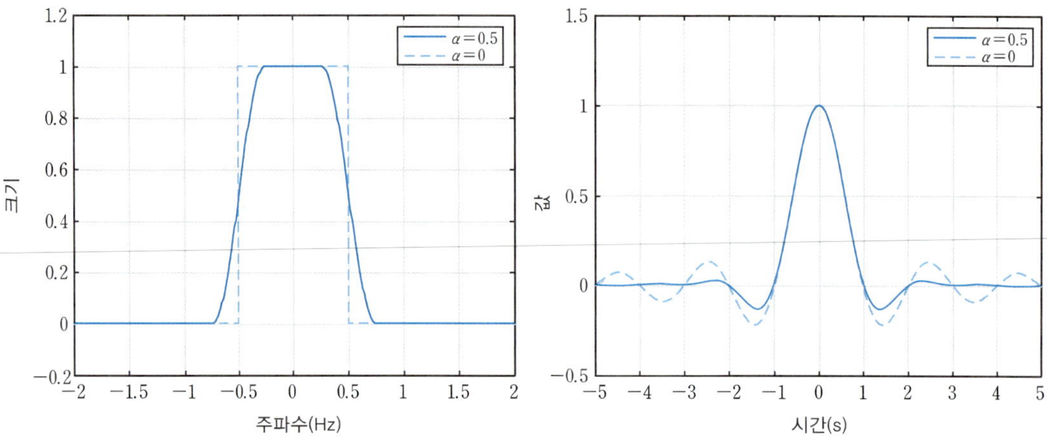

(a) 스펙트럼

(b) 상승 코사인 펄스

[그림 8-5] 상승 코사인 펄스와 스펙트럼

상승 코사인 펄스를 적용한 신호인 $a_0 p(t)$, $a_1 p(t-T)$, $a_2 p(t-2T)$, $a_3 p(t-3T)$를 $a_0 = 1$, $a_1 = -1$, $a_2 = 1$, $a_3 = 1$에 대해 그리면 [그림 8-6]에 나타낸 바와 같다. 그리고 이를 합산하면 $\sum_{k=0}^{3} a_k p(t-kT)$가 된다.

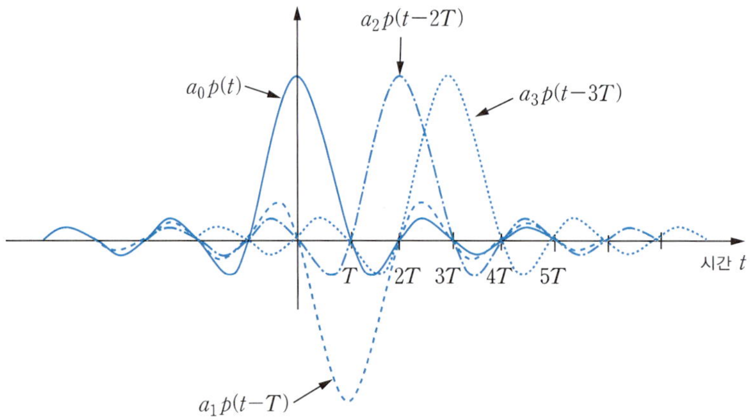

[그림 8-6] 상승 코사인 펄스 적용을 적용한 신호 사례

[그림 8-5]에서 알 수 있듯이 α가 클수록 더 많은 주파수 대역을 사용하기 때문에 주파수 사용 측면에서는 α가 적은 것이 바람직하다. 그러나 상승 코사인 펄스를 보면 α가 클수록 $t = 0$을 제외한 나머지 영역에서 그 값의 등락 폭이 대체로 작으므로 수신기에서 심볼 추정을 위해 표본화를 실행할 때 표본화 시점 오차로 인한 심볼간 간섭 영향을 줄일 수 있다는 장점이 있다.

따라서 α를 결정할 때는 사용할 수 있는 주파수 대역폭과 표본화 시점 오차로 인한 심볼간 간섭 영향을 함께 고려해야 한다.

식 (8.35)에서 정의한 바와 같이 $p(t) = g(t) \otimes c(t) \otimes h(t)$이므로 심볼간 간섭이 없으려면 송신 필터, 채널, 수신 필터의 전체 임펄스 응답 특성이 상승 코사인 펄스 형태가 되어야 한다. 그리고 송신 필터나 수신 필터를 결정하기 위해서는 일반적으로 통신 채널은 이상적이라는 가정하에서 송신 필터와 수신 필터의 주파수 응답 $G(f)$와 $H(f)$를 $\sqrt{P(f)}$로 설정하여 사용하고, 이를 **제곱근 상승 코사인**(square root raised cosine)이라고 한다.

예제 8-5

대역폭이 10[kHz]인 기저 대역(baseband) 전송 채널이 있다고 한다. 롤-오프 인자가 1인 상승 코사인 형태의 펄스를 이용하여 기저 대역으로 심볼을 전송하려고 한다. 이때 전송 채널을 통해 전달할 수 있는 최대 심볼 전송 속도를 구하라.

풀이

롤-오프 인자가 α인 상승 코사인 펄스를 사용하는 경우 최고 심볼 전송 속도 R과 대역폭 B 사이의 관계는 $R = \dfrac{2B}{1+\alpha}$이다. 주어진 조건으로부터 $\alpha = 1$이고 $B = 10$[kHz]이므로 R은 10000[symbols/sec]이다.

3 등화

앞에서 심볼간 간섭을 없애려면 송신 필터와 채널, 그리고 수신 필터를 아우르는 전체 임펄스 응답 $p(t)$가 식 (8.39)를 만족해야 한다는 것을 확인했으며, 상승 코사인 펄스가 그 대표적 사례임을 설명했다. 그러나 실제 통신 환경에서는 채널의 특성이 예상과 다르거나 시간에 따라 변해 애초 생각했던 것과는 달라질 수 있으며, 이에 따라 $p(t)$가 심볼간 간섭을 일으키지 않기 위한 조건을 만족하지 못하는 경우가 생길 수 있다. 이를 해결하기 위해 사용하는 기술이 바로 **등화**(equalization) 기술이다. 등화기는 수신 필터 직후에 사용하는 일종의 필터로, 채널 변화를 보상함으로써 심볼간 간섭을 제거한다.

가장 기본적인 등화기 필터 구조로는 다음과 같은 형태의 임펄스 응답 $q(t)$를 갖는 **탭 지연 선**(Tapped-Delay-Line : TDL) 구조가 있다.

$$q(t) = \sum_{k=-N}^{N} w_k \delta(t - kT) \tag{8.44}$$

이 식에서 $\{w_k,\ k=-N, \cdots, N\}$은 임펄스 응답을 결정하는 필터 계수이다. 만약 송신 필터, 채널, 수신 필터의 전체 임펄스 응답 특성을 $p(t)$라고 하고 등화기까지 포함한 전체 임펄스 응답을 $z(t)$라고 하면 $z(t)$는 다음과 같이 표현할 수 있다.

$$
\begin{aligned}
z(t) &= p(t) \otimes q(t) \\
&= p(t) \otimes \sum_{k=-N}^{N} w_k \delta(t-kT) \\
&= \sum_{k=-N}^{N} w_k p(t-kT)
\end{aligned}
\tag{8.45}
$$

이때 $z(t)$가 심볼간 간섭을 제거하는 조건을 만족한다면 다음의 관계가 성립한다.

$$
z(nT) = \begin{cases} 1, & n=0 \\ 0, & n \neq 0 \end{cases} \tag{8.46}
$$

그러나 등화기의 계수 $\{w_k\}$의 개수가 유한하면 식 (8.46)의 무수히 많은 조건을 만족할 수는 없다. 그러므로 만족해야 하는 조건의 개수를 등화기 계수의 개수만큼으로 축소하는 것이 필요하다. 만약 등화기 계수의 개수가 $2N+1$이라면 $z(t)$에 대한 조건을 다음과 같이 제한할 수 있다.

$$
z(nT) = \begin{cases} 1, & n=0 \\ 0, & n = \pm 1, \pm 2, \cdots, \pm N \end{cases} \tag{8.47}
$$

그리고 이 조건을 충족하는 등화기 계수 $\{w_{-N}, \cdots, w_N\}$을 식 (8.45)를 식 (8.47)에 대하여 만들어지는 연립 방정식으로부터 결정할 수 있다. 만약 송신 심볼을 판정하는 데에 시간 지연 dT를 허용한다면 식 (8.47)을 다음과 같이 일반화할 수도 있다.

$$
z(nT) = \begin{cases} 1, & n=d \\ 0, & n = d \pm 1, d \pm 2, \cdots, d \pm N \end{cases} \tag{8.48}
$$

지금까지 설명한 등화기를 **제로 포싱**(zero forcing) **등화기**라고 한다. 등화 방식으로는 이외에도 매우 다양한 방식이 있다. 제로 포싱 등화기의 경우에는 기본적으로 심볼간 간섭을 제거할 수는 있지만, 이와 함께 수신 잡음이 등화기로 인해 증폭되어 결과적으로 심볼 추정 오류가 급증할 수 있다. 이를 방지하기 위해 심볼간 간섭과 잡음 모두를 고려하는 등화 방식이 이후 등장했다.

예제 8-6

어떤 통신 시스템을 구성하는 송신 필터, 채널, 수신 필터의 전체 임펄스 응답 특성 $p(t)$가 다음과 같다고 한다. 심볼 주기를 T라고 할 때 세 개의 필터 계수를 사용하는 등화기의 계수를 구하라.

$$p(-2T)=0.1,\ p(-T)=0.1,\ p(0)=1.0,\ p(T)=-0.2,\ p(2T)=0.1$$

풀이

세 개의 필터 계수를 사용하므로 $N=1$일 때 식 (8.45), 식 (8.47)을 적용하면 등화기 계수 w_{-1}, w_0, w_1은 다음과 같은 행렬식을 만족해야 한다.

$$\begin{pmatrix} 1.0 & 0.1 & 0.1 \\ -0.2 & 1.0 & 0.1 \\ 0.1 & -0.2 & 1.0 \end{pmatrix}\begin{pmatrix} w_{-1} \\ w_0 \\ w_1 \end{pmatrix}=\begin{pmatrix} 0 \\ 1 \\ 0 \end{pmatrix}$$

이를 풀면 $w_{-1}=-0.1159$, $w_0=0.9565$, $w_1=0.2029$가 된다.

CHAPTER

08 핵심요약

- 송신기에서 보낼 수 있는 심볼이 $\{s_1(t), s_2(t), \cdots, s_M(t)\}$ 중의 하나이고, 시간 영역에서 심볼의 길이가 T이며, 이 심볼을 다음과 같이 N개의 단위 직교 함수인 $\phi_1(t)$, $\phi_2(t)$, $\cdots$, $\phi_N(t)$의 선형 결합으로 나타낼 수 있다고 하자.

$$s_i(t) = \sum_{j=1}^{N} s_{ij}\phi_j(t), \qquad \begin{cases} 0 \le t \le T \\ i = 1, 2, \cdots, M \end{cases}$$

이때 $\boldsymbol{s}_i \equiv [s_{i1}, \cdots, s_{iN}]$을 $s_i(t)$에 대한 신호 벡터라고 하며, $s_{ij} \equiv \int_0^T s_i(t)\phi_j(t)dt$이다.

- 수신 심볼 $r(t)$의 성분 중에서 기저인 $\{\phi_1(t), \phi_2(t), \cdots, \phi_N(t)\}$로 표현할 수 있는 부분을 $\hat{r}(t)$라고 하면 다음과 같이 나타낼 수 있다.

$$\hat{r}(t) = \sum_{i=1}^{N} r_i\phi_i(t)$$

여기에서 $r_i = \int_0^T r(t)\phi_i(t)dt$이다. 그리고 $\hat{r}(t)$에 대응되는 신호 공간의 벡터를 수신 신호 벡터 $\boldsymbol{r} \equiv [r_1, r_2, \cdots, r_N]$이라고 정의한다.

- 전력 스펙트럼 밀도가 $N_0/2$인 AWGN 채널을 전제로 할 때 $\{r_i, i = 1, \cdots, N\}$은 통계적으로 서로 독립이며, 동일한 가우시안 분포를 가지고 분산은 $N_0/2$이다.
- 수신 오류 확률을 최소화하기 위한 검파 방식은 MAP 검파 방식이다. 그런데 송신기에서 보내는 심볼의 종류마다 동일한 송신 확률을 갖는다면 MAP 검파 방식은 ML 검파 방식과 동일하게 된다.
- 정합 필터는 그 임펄스 응답이 필터 입력의 신호 성분에 의해 결정되는 필터이며, 출력 성분에서 신호 대 잡음 전력 비율을 최대로 하는 특징을 갖는다.
- 유니온 바운드는 개별 심볼에 대한 결정 영역을 단순화하여 심볼 오류 확률을 근사적으로 계산하는 방법이다.
- 상승 코사인 펄스는 통신 시스템에서 심볼간 간섭을 피하기 위한 조건을 충족하는 펄스 형태 중의 하나로서, 롤-오프 인자 α를 설정해야 상승 코사인 펄스가 특정된다. α가 클수록 주파수 대역을 많이 사용하지만, 반면에 심볼 표본화 시점의 오류에 덜 민감하다는 특성을 갖는다.
- 등화기는 수신 필터 직후에 사용하는 일종의 필터로 예상과 다른 채널 특성을 보상함으로써 심볼간 간섭을 방지한다.

CHAPTER
08 연습문제

8.1 확률 변수 X가 정규 분포를 따르며, 평균이 3이고 분산이 4라고 한다. $P[X \geq T] = Q(0)$을 만족하는 T를 구하라.

8.2 어떤 디지털 통신 시스템의 송신기가 이진 정보를 전송하기 위해 다음의 두 가지 신호를 사용한다고 한다. 여기에서 $s_1(t)$는 "0"을, $s_2(t)$는 "1"을 나타내는 것으로 한다. $g(t)$는 $0 \leq t < 1$에서 정의된 임의의 함수로서 에너지는 1이라고 가정한다.

$$s_1(t) = \sqrt{2}\,g(t)\ , \quad 0 \leq t < 1$$

$$s_2(t) = 3\sqrt{2}\,g(t), \quad 0 \leq t < 1$$

(a) 두 신호를 신호 공간에서 표현하려고 한다. 이때 필요한 기저 함수들을 제시하고 신호 벡터를 구하라.

(b) AWGN 채널 환경에서 최적의 수신기 구조를 제시하라.

(c) 수신 신호 $r(t) = s_1(t) + w(t)$이고 $w(t)$는 전력 스펙트럼 밀도가 1인 백색 가우시안 잡음이라고 한다. 수신 신호 벡터 $\boldsymbol{r}$의 확률 밀도 함수를 구하라.

8.3 확률 변수 Y가 $Y = X + N$의 형태이다. X는 $\{-2, -1, 0, 1, 2\}$ 중의 하나이며 각각의 발생 확률이 $\frac{1}{8}, \frac{3}{8}, \frac{1}{8}, \frac{1}{8}, \frac{1}{4}$이다. 그리고 N은 확률 변수로서 다음과 같은 확률 밀도 함수를 갖는다고 한다.

$$f_N(n) = \begin{cases} -\frac{1}{4}(n-2), & 0 \leq n < 2 \\ \frac{1}{4}(n+2), & -2 < n < 0 \\ 0 \quad , & |n| \geq 2 \end{cases}$$

(a) Y값이 0.5일 때 X값을 MAP 검파 방식으로 추정하라.

(b) Y값이 0.5일 때 X값을 ML 검파 방식으로 추정하라.

8.4 신호 $\mathrm{rect}\left(\frac{t-1}{2}\right)$에서 전력 스펙트럼 밀도가 1인 백색 가우시안 잡음이 더해져 정합 필터에 입력된다고 한다. 정합 필터의 출력 SNR이 $t = 3$일 때 최대가 되게 하려고 할 때, 정합 필터의 임펄스 응답과 최대 SNR을 구하라.

8.5 대역폭인 75[kHz]인 전송 채널을 통해 이진 정보를 10[μs]마다 전송한다고 한다. 상승 코사인 펄스 성형을 사용할 때 롤-오프 인수의 최댓값을 구하라.

8.6 대역폭이 100[Hz]인 전송 채널이 있다고 한다. 이를 통해 심볼 간 간섭없이 심볼을 전송할 수 있는 최대 전송 속도를 구하라.

8.7 어떤 기저 대역 디지털 통신 시스템의 송신 필터와 채널, 그리고 수신 필터의 전체 임펄스 응답 특성이 다음 그림과 같다. 단, T는 심볼 주기이다.

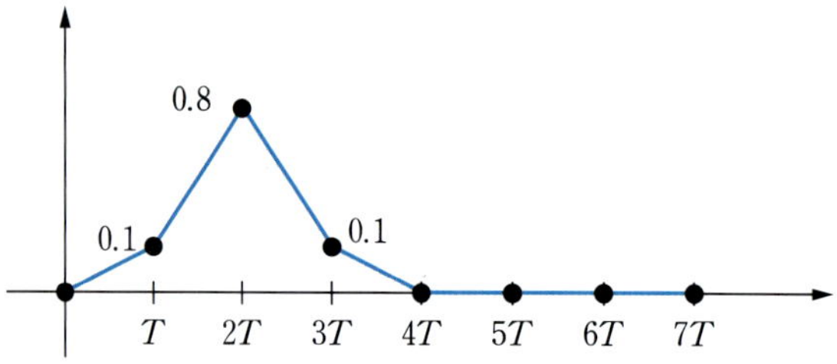

이러한 특성을 가질 때 심볼간 간섭 현상이 발생하며, 이를 일부라도 제거하기 위해 임펄스 응답 특성 $h(t) = w_0\delta(t) + w_1\delta(t-T)$인 등화기를 사용한다. 또한 송신 필터, 채널, 수신 필터, 그리고 등화기의 전체 임펄스 응답 $y(t)$가 $y(T) = 0$, $y(2T) = 1$의 조건을 만족하도록 하고자 할 때 등화기의 특성을 결정하는 w_0, w_1의 값을 구하라.

CHAPTER

09

디지털 변조

이 장에서는 다양한 디지털 변조 방식을 소개한다. 그리고 해당 방식을 AWGN 채널 환경에서 사용했을 때 복조 오류 성능을 분석하고, 주파수 점유 정도를 파악하기 위해 전력 스펙트럼 특성을 살펴본다. 그리고 변조 기술의 확장된 형태라고 할 수 있는 대역 확산(spread spectrum) 방식과 직교 주파수 분할 다중화(Orthogonal Frequency Division Multiplexing : OFDM)를 간략하게 소개한다.

CONTENTS

SECTION 9.1

동기식 디지털 변조 방식

이 절에서는 수신된 신호의 반송파 위상을 추정하는 것을 전제로 하는 동기식 디지털 변조 방식을 학습한다.

Keywords | ASK | FSK | PSK | 동기식 | 비동기식 | BPSK | BFSK | QPSK | MPSK | MPAM | MQAM | MFSK |

변조라는 것은 기본적으로 반송파의 주요 특징을 정보 신호에 따라 변경하는 과정이다. **디지털 변조**(digital modulation) 방식이란 "0"과 "1"로 표현된 디지털 정보를 통신 채널을 통해 전송 가능한 아날로그 신호 형태, 즉 심볼로 변환하는 방법을 총칭한다.

앞서 아날로그 변조 방식에서 보았듯이 정현파를 반송파로 사용한다면 정현파의 진폭, 주파수, 위상을 변경할 수 있다. 마찬가지로 디지털 변조 방식에서 정현파를 반송파로 사용하는 경우 **진폭 변조**(Amplitude Shift Keying : ASK), **주파수 변조**(Frequency Shift Keying : FSK), **위상 변조**(Phase Shift Keying : PSK)로 구분한다. 그리고 이를 근간으로 하여 두 가지 특성을 함께 조정하는 복합 변조 방식들이 있다.

다른 한편으로 전송 과정에서 통신 채널의 영향 등으로 반송파의 위상이 변할 수 있는데, 이를 수신 과정에서 추정하는지에 따라 디지털 변조 방식을 **동기식**(coherent)과 **비동기식**(noncoherent)으로 구분한다.

1 동기식 2진 위상 변조(BPSK)

동기식 2진 위상 변조(coherent Binary Phase Shift Keying : coherent BPSK) 방식은 2진 정보에 따라 반송파의 위상을 변경하는 방식이다. 일반적으로 "0"과 "π"라는 두 가지 위상을 사용한다. 개별 심볼이 차지하는 시간을 T_s, 에너지를 E_s라고 할 때, 2진 정보 "0"과 "1"에 대응하는 변조 심볼 $s_1(t)$, $s_2(t)$는 다음과 같다.

$$s_1(t) = \sqrt{\frac{2E_s}{T_s}} \cos(2\pi f_c t), \quad 0 \leqq t < T_s \tag{9.1}$$

$$s_2(t) = \sqrt{\frac{2E_s}{T_s}} \cos(2\pi f_c t + \pi), \quad 0 \leqq t < T_s \tag{9.2}$$

이때 f_c는 반송파 주파수로 편의상 $\frac{1}{T_s}$의 정수배가 되는 것으로 가정한다. 그런데 $\cos(2\pi f_c t + \pi) = -\cos(2\pi f_c t)$이므로 $s_2(t)$는 다음과 같이 표현할 수도 있다.

$$s_2(t) = -\sqrt{\frac{2E_s}{T_s}}\cos(2\pi f_c t) \tag{9.3}$$

결과적으로 $s_1(t)$와 $s_2(t)$는 부호만 다른 신호가 된다. 연속으로 2개의 BPSK 심볼 $s_1(t)$, $s_2(t)$를 전송하는 경우에 신호 형태는 [그림 9-1]에 나타낸 바와 같다.

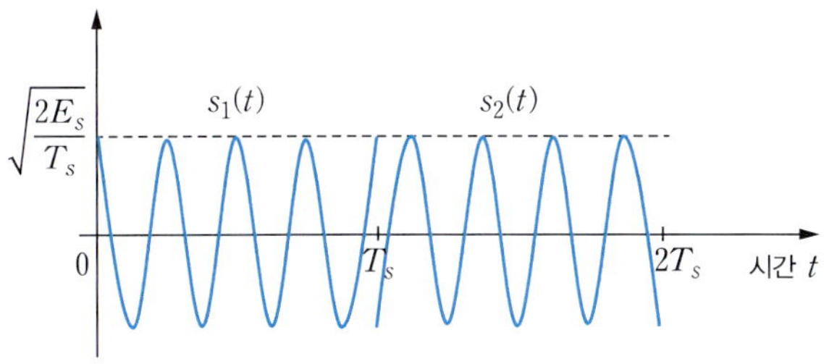

[그림 9-1] BPSK 신호 형태

이제 동기식 BPSK에 대한 최적 복조기를 설계해보자. 복조기는 8장에서 소개한 ML 검파기를 근간으로 한다. 먼저 두 심볼 $s_1(t)$, $s_2(t)$에 대해 신호 공간을 결정해야 한다. 이를 위해 그람-슈미트 방식을 사용하여 신호 공간을 구성하는 기저 함수를 결정하면 다음과 같다.

$$\phi_1(t) = \sqrt{\frac{2}{T_s}}\cos(2\pi f_c t), \quad 0 \leqq t < T_s \tag{9.4}$$

이를 사용하여 $s_1(t)$, $s_2(t)$를 표현하면

$$s_1(t) = \sqrt{E_s}\,\phi_1(t), \quad 0 \leqq t < T_s \tag{9.5}$$

$$s_2(t) = -\sqrt{E_s}\,\phi_1(t), \quad 0 \leqq t < T_s \tag{9.6}$$

가 되므로 $s_1(t)$, $s_2(t)$에 대한 신호 벡터 $\boldsymbol{s}_1$, $\boldsymbol{s}_2$는 각각 다음과 같다.

$$\boldsymbol{s}_1 = \sqrt{E_s}, \quad \boldsymbol{s}_2 = -\sqrt{E_s} \tag{9.7}$$

이 값들을 신호 공간에 표시하고 개별 신호 $s_1(t)$, $s_2(t)$에 대한 결정 영역 D_1, D_2를 함께 표시하면 [그림 9-2]와 같다. 이는 신호 공간에서 신호의 위치를 표현한 것으로, **성상도**(constellation)라고 한다.

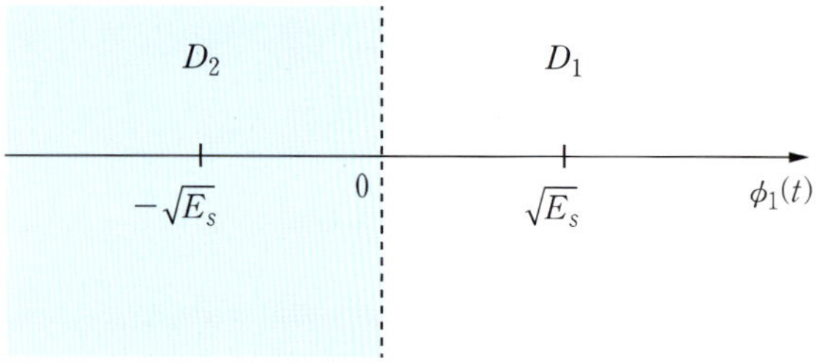

[그림 9-2] 동기식 BPSK 신호의 성상도

[그림 9-2]의 결과를 활용하여 ML 복조기의 구조를 도출하면 [그림 9-3]과 같다. 그림에서 비교기는 입력을 임계값 0과 비교하여 송신 심볼을 추정한다.

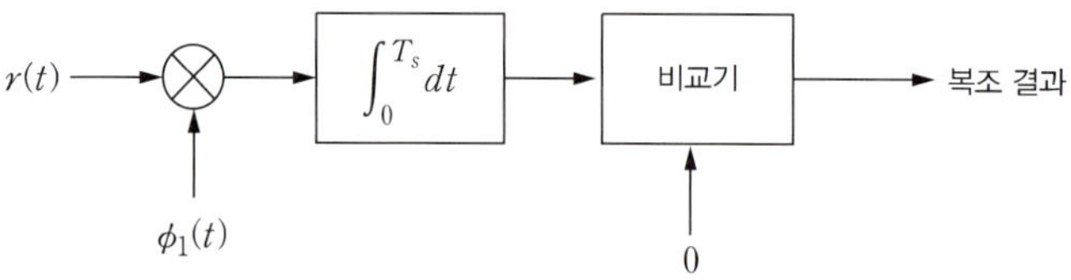

[그림 9-3] 동기식 BPSK 복조기의 구조

이제 [그림 9-3]의 복조기를 AWGN 채널 환경에서 사용했을 때 평균 심볼 오류 확률을 분석해보자. 평균 심볼 오류 확률을 구하기 위해서는 개별 심볼 오류 확률을 먼저 계산한 후에 이를 평균하는 과정을 거쳐야 한다. 먼저 송신기에서 보낸 신호가 $s_1(t)$라면 수신 신호 $r(t)$는 다음과 같이 표현할 수 있다.

$$r(t) = s_1(t) + w(t), \quad 0 \leqq t \leqq T_s \tag{9.8}$$

이 식에서 $w(t)$는 평균이 0이고 전력 스펙트럼 밀도가 $\frac{N_0}{2}$인 백색 가우시안 잡음이다. 이로부터 수신 신호 벡터 $\boldsymbol{r} = r_1$을 결정하면 다음과 같다.

$$\begin{aligned} r_1 &= \int_0^{T_s} r(t)\phi_1(t)\,dt \\ &= \sqrt{E_s} + w_1 \end{aligned} \tag{9.9}$$

이 식에서 $w_1 = \int_0^{T_s} w(t)\phi_1(t)dt$이다. 식 (8.9)에서 설명한 바와 같이 w_1은 평균이 0이고 분산이 $\frac{N_0}{2}$인 가우시안 분포를 따른다. 따라서 송신기가 신호 $s_1(t)$를 보냈을 때 심볼 오류 확률을 $P_{se|\boldsymbol{s}_1}$이라고 하면, 다음과 같이 계산할 수 있다.

$$
\begin{aligned}
P_{se|\boldsymbol{s}_1} &= P[\hat{\boldsymbol{s}} = \boldsymbol{s}_2 | \boldsymbol{s} = \boldsymbol{s}_1] \\
&= P[\boldsymbol{r} \in D_2 | \boldsymbol{s} = \boldsymbol{s}_1] \\
&= P[r_1 < 0 | \boldsymbol{s} = \boldsymbol{s}_1] \\
&= P[w_1 < -\sqrt{E_s}]
\end{aligned}
\tag{9.10}
$$

이 식에서 $\hat{\boldsymbol{s}}$는 복조기가 추정한 송신 심볼의 신호 벡터를 가리킨다. 그러면 w_1의 확률 밀도 함수는 0을 중심으로 대칭이므로 $P[w_1 < -\sqrt{E_s}] = P[w_1 > \sqrt{E_s}]$가 성립하여 $P_{se|\boldsymbol{s}_1}$을 다음과 같이 계산할 수 있다.

$$
\begin{aligned}
P_{se|\boldsymbol{s}_1} &= \int_{\sqrt{E_s}}^{\infty} f_{w_1}(w_1)\, dw_1 \\
&= \int_{\sqrt{E_s}}^{\infty} \frac{1}{\sqrt{\pi N_o}} \exp\left(-\frac{w_1^2}{N_o}\right) dw_1
\end{aligned}
\tag{9.11}
$$

이때 새로운 적분 변수 $u \equiv \dfrac{w_1}{\sqrt{\dfrac{N_0}{2}}}$을 이용하면 $P_{se|\boldsymbol{s}_1}$은 다음과 같이 간략하게 표현할 수 있다.

$$
P_{se|\boldsymbol{s}_1} = Q\left(\sqrt{\frac{2E_s}{N_o}}\right) \tag{9.12}
$$

이 식에서 $Q(x) \equiv \dfrac{1}{\sqrt{2\pi}} \displaystyle\int_x^{\infty} \exp\left(-\frac{y^2}{2}\right) dy$이다. $Q(x)$ 함수의 의미를 기하학적으로 나타내면 [그림 9-4]와 같이 평균이 0이고, 분산이 1인 표준 정규 분포의 확률 밀도 함수를 $[x, \infty]$ 구간에 대해 적분한 것이라고 할 수 있다.

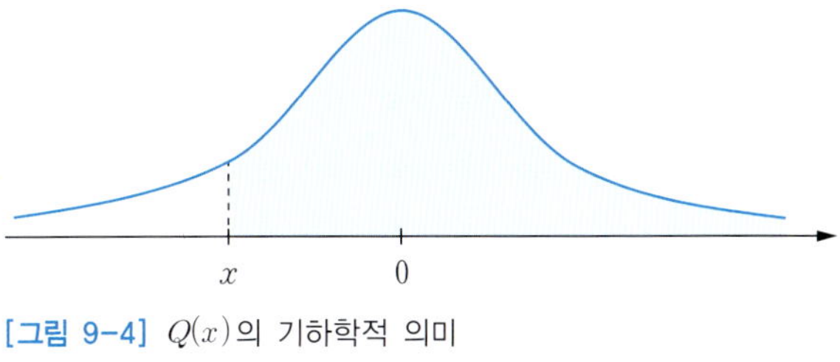

[그림 9-4] $Q(x)$의 기하학적 의미

마찬가지로 신호 $s_2(t)$를 전송하는 경우에 대한 심볼 오류 확률을 계산할 수 있다. 신호 공간에서 송신 심볼 $\boldsymbol{s}_1$의 위치와 결정 영역 D_1의 관계가 송신 심볼 $\boldsymbol{s}_2$와 결정 영역 D_2의 관계와 동일하기 때문에 다음의 관계가 성립함을 예상할 수 있다.

$$
P_{se|\boldsymbol{s}_1} = P_{se|\boldsymbol{s}_2} \tag{9.13}
$$

그리고 $P[\boldsymbol{s}=\boldsymbol{s}_1]=\frac{1}{2}$, $P[\boldsymbol{s}=\boldsymbol{s}_2]=\frac{1}{2}$ 임을 반영하면 평균 심볼 오류 확률 P_{se} 는 다음과 같다.

★ 동기식 BPSK의 평균 심볼 오류 확률 ★

$$\begin{aligned} P_{se} &= P_{se|s_1}P[\boldsymbol{s}=\boldsymbol{s}_1]+P_{se|s_2}P[\boldsymbol{s}=\boldsymbol{s}_2] \\ &= Q\left(\sqrt{\frac{2E_s}{N_o}}\right)\times\frac{1}{2}+Q\left(\sqrt{\frac{2E_s}{N_o}}\right)\times\frac{1}{2} \\ &= Q\left(\sqrt{\frac{2E_s}{N_o}}\right) \end{aligned} \quad (9.14)$$

이 식에서 $\frac{E_s}{N_0}$ 를 심볼당 SNR이라고 한다.

이처럼 동기식 BPSK 방식은 송신기에서 송신할 수 있는 심볼의 종류가 두 가지이므로 심볼 한 개가 전달하는 2진 정보가 1비트(bit)이다. 따라서 평균 심볼 에너지 E_s와 평균 비트 에너지 E_b가 동일하며, 평균 심볼 오류 확률(Symbol Error Rate : SER) P_{se}와 평균 비트 오류 확률(Bit Error Rate : BER) P_{be}가 같다.

2 동기식 2진 주파수 변조(BFSK)

동기식 2진 주파수 변조(coherent Binary Frequency Shift Keying : coherent BFSK) 방식은 2진 정보에 따라 반송파의 주파수를 변경하는 방식으로, 개별 심볼이 차지하는 시간을 T_s, 에너지를 E_s 라고 할 때 2진 정보 "0"과 "1"에 대응하는 변조 심볼 $s_1(t)$, $s_2(t)$는 다음과 같다.

$$s_1(t) = \sqrt{\frac{2E_s}{T_s}}\cos\left\{2\pi\left(f_c+\frac{1}{2T_s}\right)t\right\}, \quad 0 \leq t < T_s \quad (9.15)$$

$$s_2(t) = \sqrt{\frac{2E_s}{T_s}}\cos\left\{2\pi\left(f_c+\frac{1}{T_s}\right)t\right\}, \quad 0 \leq t < T_s \quad (9.16)$$

이 식에서 볼 수 있듯이 두 심볼의 차이점은 주파수가 다르다는 것이다. 주파수 차이가 $\frac{1}{2T_s}$ 이므로 다음의 관계가 성립한다.

$$\int_0^{T_s} s_1(t)s_2(t)dt = 0 \quad (9.17)$$

따라서 두 심볼 $s_1(t)$, $s_2(t)$가 서로 직교한다는 것을 알 수 있다. 연속으로 2개의 BPSK 심볼 $s_1(t)$, $s_2(t)$를 전송하는 경우에 신호 형태는 [그림 9-5]에 나타낸 바와 같다.

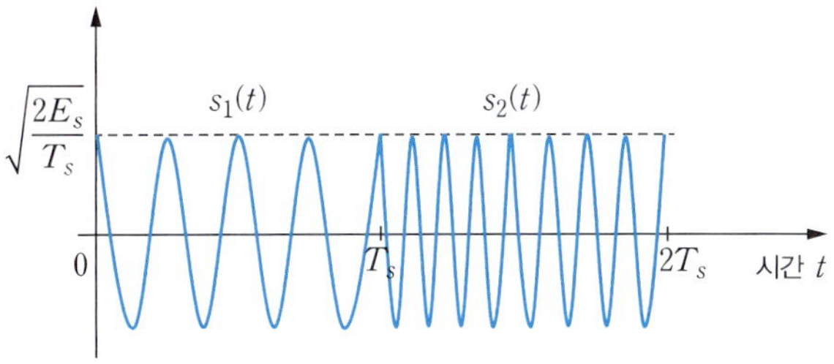

[그림 9-5] BFSK 신호 형태

동기식 BFSK 변조 방식에 대한 ML 복조기를 설계해보자. 먼저 두 심볼 $s_1(t)$, $s_2(t)$를 신호 공간에서 표현하는 데 필요한 기저 함수를 결정해야 한다. 이때 두 신호가 서로 직교한다는 점을 고려하면 신호 공간을 정의하는 단위 직교 함수는 2개가 됨을 예상할 수 있으며, 그 형태는 다음과 같다.

$$\phi_1(t) = \sqrt{\frac{2}{T_s}} \cos(2\pi f_1 t), \quad 0 \leqq t \leqq T_s \tag{9.18}$$

$$\phi_2(t) = \sqrt{\frac{2}{T_s}} \cos(2\pi f_2 t), \quad 0 \leqq t \leqq T_s \tag{9.19}$$

이 식에서 $f_1 \equiv f_c + \frac{1}{2T_s}$, $f_2 \equiv f_c + \frac{1}{T_s}$이다. 그리고 $s_{ij} = \int_0^{T_s} s_i(t)\phi_j(t)dt$를 이용하여 신호 벡터 $\boldsymbol{s}_1$, $\boldsymbol{s}_2$를 결정하면 각각 다음과 같다.

$$\boldsymbol{s}_1 = [\sqrt{E_s} \quad 0]^T, \quad \boldsymbol{s}_2 = [0 \quad \sqrt{E_s}]^T \tag{9.20}$$

이때 $(\cdot)^T$는 전치(transposition) 연산을 가리킨다. 이들 신호 벡터를 신호 공간에 표시하면 [그림 9-6]과 같다. $\boldsymbol{s}_1$, $\boldsymbol{s}_2$에 대한 결정 영역의 경계는 두 신호 벡터에서 등거리에 있는 점들의 집합이므로 그림에서와 같이 원점을 지나고 기울기가 1인 직선이 된다. 따라서 신호 공간에 있는 임의의 점의 좌표를 $[r_1 \quad r_2]^T$라고 하면 결정 영역의 경계는 $r_1 = r_2$인 점의 집합이 된다. $\boldsymbol{s}_1$에 대한 결정 영역 D_1은 $r_1 - r_2 \geqq 0$으로 나타낼 수 있으며, $\boldsymbol{s}_2$에 대한 결정 영역 D_2는 $r_1 - r_2 < 0$으로 표현할 수 있다. 참고로, 두 결정 영역의 경계에 있는 점은 D_1, D_2 중 어느 결정 영역에 포함하더라도 심볼 오류 확률에 차이가 없다.

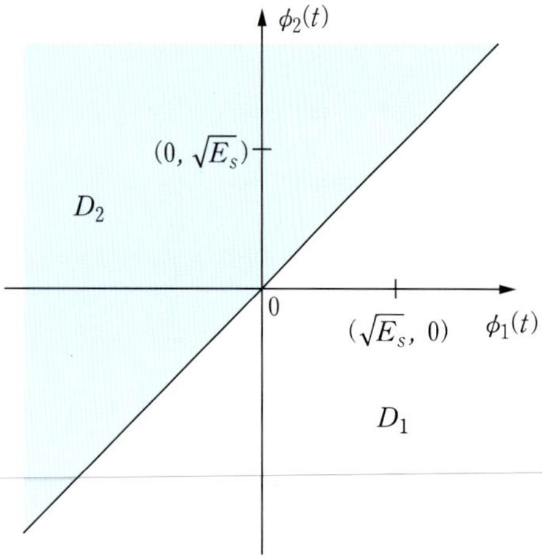

[그림 9-6] 동기식 BFSK 신호의 성상도

복조기는 수신 신호 벡터 $[r_1 \quad r_2]^T$가 D_1, D_2 중에서 어느 영역에 속하는지를 판단해야 한다. 이를 위해 새로운 양 $u = r_1 - r_2$를 계산한다. 이 값이 0 이상이면 수신 신호 벡터가 D_1에 속하며, 아니면 D_2에 속하는 것으로 판단한다. 그러면 복조기의 구조는 [그림 9-7]과 같다.

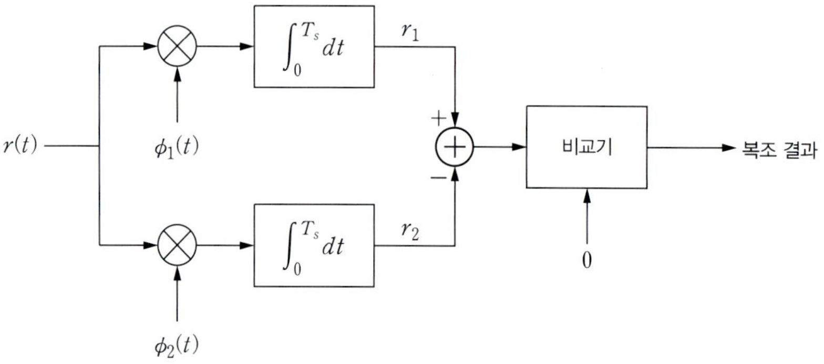

[그림 9-7] 동기식 BFSK 복조기의 구조

지금부터는 동기식 BFSK 변조를 사용했을 때 평균 심볼 오류 확률을 계산해보자. 먼저 송신기에서 $s_1(t)$를 전송했다면 수신 신호 $r(t)$는 다음과 같이 표현할 수 있다.

$$r(t) = s_1(t) + w(t), \quad 0 \le t \le T_s \tag{9.21}$$

이로부터 수신 신호 벡터 $\boldsymbol{r} = [r_1 \quad r_2]^T$를 결정하면 다음과 같다.

$$\begin{aligned} r_1 &= \int_0^{T_s} r(t)\phi_1(t)\,dt \\ &= \sqrt{E_s} + w_1 \end{aligned} \tag{9.22}$$

$$r_2 = \int_0^{T_s} r(t)\,\phi_2(t)\,dt \\ = w_2 \tag{9.23}$$

이때 $w_j = \int_0^{T_s} w(t)\,\phi_j(t)dt\,(j = 1,\, 2)$이다. 따라서 심볼 $s_1(t)$를 전송했을 때 심볼 오류 확률 $P_{se|\boldsymbol{s}_1}$은 다음과 같다.

$$P_{se|\boldsymbol{s}_1} = P\left[\boldsymbol{r} \in D_2 | \boldsymbol{s} = \boldsymbol{s}_1\right] \\ = \int_{-\infty}^{\infty}\int_{r_1}^{\infty} f_{\boldsymbol{r}}(r_1,\, r_2 | \boldsymbol{s} = \boldsymbol{s}_1)dr_2 dr_1 \tag{9.24}$$

이 식은 이중 적분 형태이다. 그런데 $u \equiv r_1 - r_2$라는 새로운 확률 변수로 $P_{se|\boldsymbol{s}_1}$을 표현하면 영역 D_2를 $u < 0$으로 표현할 수 있어 식 (9.24)를 다음과 같이 좀 더 간단한 단일 적분으로 나타낼 수 있다.

$$P_{se|\boldsymbol{s}_1} = P\left[u < 0 \mid \boldsymbol{s} = \boldsymbol{s}_1\right] \\ = \int_{-\infty}^{0} f_u(u \mid \boldsymbol{s}_1)\,du \tag{9.25}$$

이 식에서 $f_u(u \mid \boldsymbol{s}_1)$은 송신 심볼이 $\boldsymbol{s}_1$일 때 u의 확률 밀도 함수를 의미한다. 따라서 $P_{se|\boldsymbol{s}_1}$을 결정하기 위해서는 u의 확률 밀도 함수인 $f_u(u \mid \boldsymbol{s}_1)$을 알아야 한다. 수신 신호 벡터의 성분인 r_1, r_2가 가우시안 분포를 갖기 때문에 r_1, r_2에 선형 연산을 적용해서 만든 u는 가우시안 분포가 된다. 그러므로 u의 평균과 분산만 결정하면 확률 밀도 함수를 결정할 수 있다.

송신 심볼이 $\boldsymbol{s}_1$이라는 전제하에서 $E[r_1 \mid \boldsymbol{s} = \boldsymbol{s}_1] = \sqrt{E_s}$, $E[r_2 \mid \boldsymbol{s} = \boldsymbol{s}_1] = 0$이므로 $E[u \mid \boldsymbol{s} = \boldsymbol{s}_1]$은 다음과 같이 된다.

$$E[u \mid \boldsymbol{s} = \boldsymbol{s}_1] = E[r_1 - r_2 \mid \boldsymbol{s} = \boldsymbol{s}_1] \\ = \sqrt{E_s} \tag{9.26}$$

그리고 분산 $\sigma^2_{u|\boldsymbol{s}=\boldsymbol{s}_1}$은 다음과 같이 된다.

$$\sigma^2_{u|\boldsymbol{s}=\boldsymbol{s}_1} = E[(u - E[u \mid \boldsymbol{s}_1])^2 | \boldsymbol{s} = \boldsymbol{s}_1] \\ = E[(\sqrt{E_s} + w_1 - w_2 - \sqrt{E_s})^2] \\ = E[w_1^2] + E[w_2^2] \\ = N_0 \tag{9.27}$$

따라서 $f_u(u|\boldsymbol{s}_1)$을 다음과 같이 정리할 수 있다.

$$f_u(u|\boldsymbol{s}_1) = \frac{1}{\sqrt{2\pi N_0}} \exp\left\{-\frac{(u-\sqrt{E_s})^2}{2N_0}\right\} \tag{9.28}$$

그리고 이를 식 (9.25)에 적용하여 $P_{se|\boldsymbol{s}_1}$을 계산하면

$$P_{se|\boldsymbol{s}_1} = Q\left(\sqrt{\frac{E_s}{N_o}}\right) \tag{9.29}$$

가 된다. 그리고 신호 공간에서 송신 심볼 $\boldsymbol{s}_1$의 위치와 결정 영역 D_1의 관계가 송신 심볼 $\boldsymbol{s}_2$와 결정 영역 D_2의 관계와 동일하므로 $P_{se|\boldsymbol{s}_1} = P_{se|\boldsymbol{s}_2}$와 된다. 따라서 평균 심볼 오류 확률 P_{se}는 다음과 같다.

★ 동기식 BFSK 평균 심볼 오류 확률 ★

$$P_{se} = Q\left(\sqrt{\frac{E_s}{N_o}}\right) \tag{9.30}$$

동기식 BFSK 방식은 동기식 BPSK 방식과 마찬가지로 송신기에서 송신할 수 있는 심볼이 두 가지이므로 심볼 한 개가 전달하는 2진 정보는 1비트이다. 따라서 평균 심볼 에너지 E_s와 평균 비트 에너지 E_b가 동일하며, 평균 심볼 오류 확률 P_{se}와 평균 비트 오류 확률 P_{be}가 같다.

예제 9-1

어떤 AWGN 채널 환경에서 동기식 BPSK 방식을 사용하여 정보를 전송하고 있다고 한다. 그리고 SNR인 $\frac{E_s}{N_0}$ 가 7[dB]일 때 평균 심볼 오류 확률이 10^{-3}이라고 한다. 만약 동일한 환경에서 동기식 BFSK 방식을 사용하여 동일한 평균 심볼 오류 확률을 확보하려면 SNR이 얼마가 되어야 하는지 구하라.

풀이

평균 심볼 오류 확률을 구하는 식 (9.14)와 식 (9.30)을 비교하면, 동일한 AWGN 채널 환경에서 동일한 평균 심볼 오류 확률을 얻기 위해서는 동기식 BFSK 방식의 SNR이 동기식 BPSK 방식에 대한 SNR보다 두 배 혹은 3[dB] 커야 한다. 따라서 동기식 BFSK 방식의 SNR은 10[dB]이 되어야 한다.

3 동기식 4진 위상 변조(QPSK)

동기식 4진 위상 변조(coherent QuadriPhase Shift Keying : coherent QPSK) 방식은 2비트의 2진 정보에 대응하여 반송파의 위상을 다음과 같이 네 가지 중의 하나로 변경하는 위상 변조 방식이다.

$$s_i(t) = \sqrt{\frac{2E_s}{T_s}} \cos\left\{2\pi f_c t + (2i-1)\frac{\pi}{4}\right\}, \quad 0 \leqq t \leqq T_s, \quad i = 1, 2, 3, 4 \qquad (9.31)$$

이 식에서 E_s는 QPSK 심볼의 에너지를 나타내고, T_s는 QPSK 심볼 주기를 나타낸다. 그리고 편의상 f_c는 $\frac{1}{T_s}$의 정수배라고 설정한다. 연속으로 2개의 QPSK 심볼 $s_1(t)$, $s_2(t)$를 전송하는 경우에 신호 형태는 [그림 9-8]에 나타낸 바와 같다.

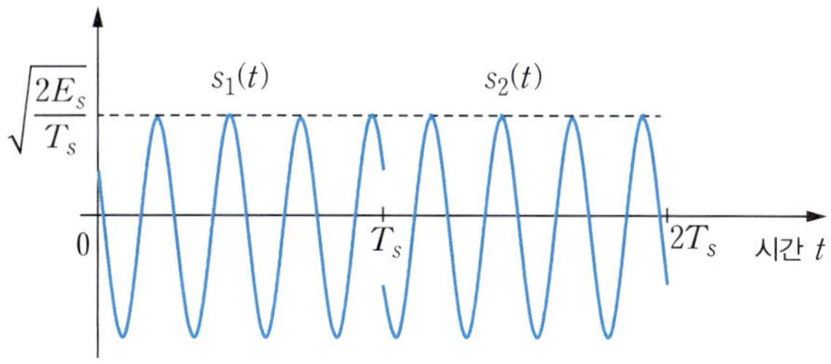

[그림 9-8] QPSK 신호 형태

QPSK 신호에 대한 ML 복조기를 설계하기 위해서는 신호 공간을 결정하는 기저 함수를 알아야 한다. 기저 함수를 결정하려면 기본적으로 그람-슈미트 방법을 사용할 수도 있지만 식 (9.31)로 표현한 QPSK 신호를 분석해보면 다음과 같이 모든 QPSK 심볼이 $\cos(2\pi f_c t)$와 $\sin(2\pi f_c t)$의 선형 결합 형태임을 확인할 수 있다.

$$s_i(t) = \sqrt{\frac{2E_s}{T_s}} \cos\left\{(2i-1)\frac{\pi}{4}\right\}\cos(2\pi f_c t) - \sqrt{\frac{2E_s}{T_s}} \sin\left\{(2i-1)\frac{\pi}{4}\right\}\sin(2\pi f_c t) \qquad (9.32)$$

이때 $\cos(2\pi f_c t)$와 $\sin(2\pi f_c t)$가 직교한다는 점을 고려하면, 결국 QPSK 신호에 대한 기저 함수의 개수는 두 개이며, 다음과 같이 정의할 수 있다.

$$\phi_1(t) = \sqrt{\frac{2}{T_s}} \cos(2\pi f_c t), \quad 0 \leqq t \leqq T_s \qquad (9.33)$$

$$\phi_2(t) = \sqrt{\frac{2}{T_s}} \sin(2\pi f_c t), \quad 0 \leqq t \leqq T_s \qquad (9.34)$$

이를 사용하여 $s_{ij} = \int_0^{T_s} s_i(t)\phi_j(t)dt$를 계산하면 신호 벡터 $\boldsymbol{s}_i$는 다음과 같이 구할 수 있다.

$$\boldsymbol{s}_i = \left[\sqrt{E_s} \cos\left\{(2i-1)\frac{\pi}{4}\right\} \quad -\sqrt{E_s} \sin\left\{(2i-1)\frac{\pi}{4}\right\} \right]^T, \quad i=1, 2, 3, 4 \qquad (9.35)$$

[그림 9-9]는 신호 공간에서 QPSK 심볼의 신호 벡터와 결정 영역을 보여주는데, 결과적으로 결정 영역은 네 개의 사분면이 된다. 예를 들어, $s_4(t)$에 대한 결정 영역은 1사분면이 된다. 따라서 ML 복조기는 수신 신호 벡터가 어느 사분면에 속하는지에 따라 송신 심볼을 추정하면 된다.

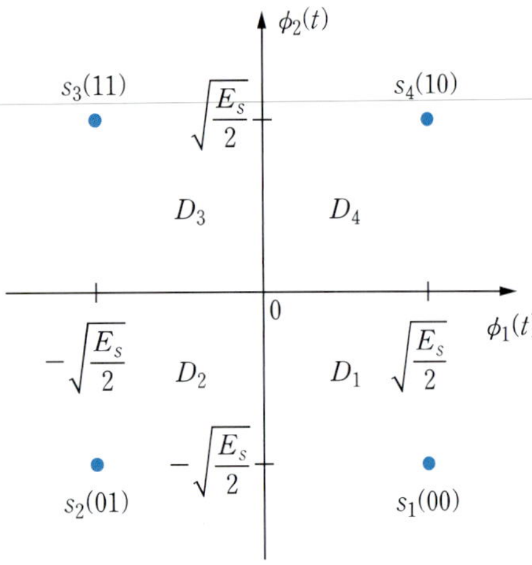

[그림 9-9] QPSK 신호의 성상도

QPSK 방식의 경우 송신 심볼의 종류가 네 가지이므로 한 개의 송신 심볼은 2비트의 2진 정보를 전달한다. 송신기가 궁극적으로 전달하고자 하는 정보가 2진 정보이므로 송신기는 송신 심볼과 2진 정보 간의 관계를 미리 설정해둬야 한다.

예를 들어, 네 개의 송신 심볼 $s_1(t)$, $s_2(t)$, $s_3(t)$, $s_4(t)$는 각각 "00", "01", "10", "11"을 전달하는 것으로 설계할 수 있다. 그러나 [그림 9-9]의 성상도에 따르면 $s_2(t)$와 가장 가까운 송신 심볼로 $s_1(t)$, $s_3(t)$가 있다. 만약 송신기가 송신 심볼 $s_2(t)$를 송신했을 때 복조 오류가 생긴다면, 대부분은 $s_2(t)$와 가까운 거리에 있는 $s_1(t)$ 혹은 $s_3(t)$로 판정하는 경우일 것이다. 이때 $s_1(t)$로 판정하는 경우에는 1비트 오류가 생기지만 $s_3(t)$로 판정하는 경우에는 2비트 오류가 생긴다.

이처럼 비트 오류가 많아지는 현상을 방지하기 위해 신호 공간에서 이웃하고 있는 송신 심볼에 대한 2진 정보 표현을 1비트만 차이가 나도록 설계하는 것을 **그레이 부호**(Gray code)라고 한다. 만약 $s_1(t)$, $s_2(t)$, $s_3(t)$, $s_4(t)$를 각각 "00", "01", "11", "10"을 전달하는 것으로 설계하면 이런 조건을 충족할 수 있다. [그림 9-9]는 이런 대응 관계를 반영한 것이다.

QPSK 복조기는 [그림 8-1]의 ML 검파기 구조를 기반으로, 결정 영역에 따라 송신 심볼을 추정한 후 이를 2진 정보로 변환하는 과정으로 구성할 수 있다. 그러나 QPSK 방식의 경우에는 심볼 추정 과정을 생략하고 바로 2진 정보를 추정할 수도 있다.

QPSK 심볼 한 개는 2비트의 2진 정보로 구성되는데, 상위 비트를 MSB(Most Significant Bit), 하위 비트를 LSB(Least Significant Bit)라고 하자. 그러면 앞에서 언급한 그레이 부호를 적용한 경우 [그림 9-9]에서 확인할 수 있듯이 MSB = 1에 대한 결정 영역은 신호 공간에서 1, 2사분면이 되고 MSB = 0에 대한 결정 영역은 3, 4사분면이 된다. 마찬가지로 LSB = 1에 대한 결정 영역은 신호 공간에서 2, 3사분면이 되고 LSB = 0에 대한 결정 영역은 1, 4사분면이 된다. 따라서 수신 신호 벡터가 어느 사분면에 속하는지에 따라 MSB와 LSB를 바로 결정할 수 있다.

[그림 9-10]은 이러한 특성을 토대로 비트 정보를 직접 결정하는 QPSK 복조기 구조를 보여준다. 그림에서 MUX는 멀티플렉서(multiplexor)를 의미한다.

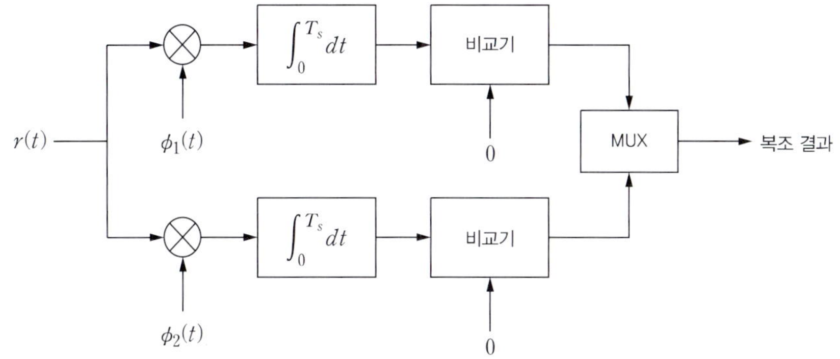

[그림 9-10] QPSK 복조기의 구조

이제 AWGN 채널 환경에서 QPSK 복조기에 대한 심볼 오류 확률을 계산 해보자. 송신기에서 전송한 심볼을 $s_4(t)$라고 하면 수신 신호는 다음과 같다.

$$r(t) = s_4(t) + w(t), \quad 0 \leq t \leq T_s \tag{9.36}$$

이로부터 수신 신호 벡터 $\boldsymbol{r}$을 결정하면 다음과 같다.

$$\begin{aligned} r_1 &= \int_0^{T_s} r(t)\phi_1(t)\,dt \\ &= \sqrt{\frac{E_s}{2}} + w_1 \end{aligned} \tag{9.37}$$

$$\begin{aligned} r_2 &= \int_0^{T_s} r(t)\phi_2(t)\,dt \\ &= \sqrt{\frac{E_s}{2}} + w_2 \end{aligned} \tag{9.38}$$

이때 $w_j = \int_0^{T_s} w(t)\phi_j(t)dt\,(j=1,\,2)$이다. 따라서 심볼 오류 확률 $P_{se|\boldsymbol{s}_4}$는 다음과 같이 계산할 수 있다.

$$\begin{aligned} P_{se|\boldsymbol{s}_4} &= P[r_1 < 0 \text{ or } r_2 < 0 \mid \boldsymbol{s} = \boldsymbol{s}_4] \\ &= 1 - P[r_1 \geqq 0 \text{ and } r_2 \geqq 0 \mid \boldsymbol{s} = \boldsymbol{s}_4] \end{aligned} \tag{9.39}$$

이때 r_1, r_2는 통계적 독립이므로 $P_{se|\boldsymbol{s}_4}$는 다음과 같이 전개할 수 있다.

$$\begin{aligned} P_{se|\boldsymbol{s}_4} &= 1 - P[r_1 \geqq 0 \mid \boldsymbol{s} = \boldsymbol{s}_4]P[r_2 \geqq 0 \mid \boldsymbol{s} = \boldsymbol{s}_4] \\ &= 1 - (1 - P[r_1 < 0 \mid \boldsymbol{s} = \boldsymbol{s}_4])(1 - P[r_2 < 0 \mid \boldsymbol{s} = \boldsymbol{s}_4]) \\ &= 1 - (1 - P[w_1 < -\sqrt{E_s/2}])(1 - P[w_2 < -\sqrt{E_s/2}]) \end{aligned} \tag{9.40}$$

여기에서 w_1과 w_2는 동일한 분포를 갖는 확률 변수이므로 다음의 등식이 성립한다.

$$P[w_1 < -\sqrt{E_s/2}] = P[w_2 < -\sqrt{E_s/2}] \tag{9.41}$$

따라서 $P_{se|\boldsymbol{s}_4}$를 다음과 같이 표현할 수 있다.

$$P_{se|\boldsymbol{s}_4} = 1 - (1 - P[w_1 < -\sqrt{E_s/2}])^2 \tag{9.42}$$

그리고 w_1은 평균이 0이고 분산이 $\frac{N_0}{2}$인 가우시안 분포를 따르며, $P[w_1 < -\sqrt{E_s/2}] = P[w_1 > \sqrt{E_s/2}]$이므로 식 (9.12)의 결과처럼 $P[w_1 < -\sqrt{E_s/2}]$는 다음과 같이 정리할 수 있다.

$$P[w_1 < -\sqrt{E_s/2}] = Q\left(\sqrt{\frac{E_s}{N_o}}\right) \tag{9.43}$$

그러므로 이 결과를 식 (9.42)에 대입하면 심볼 오류 확률 $P_{se|\boldsymbol{s}_4}$는 다음과 같이 된다.

$$P_{se|\boldsymbol{s}_4} = 2Q\left(\sqrt{\frac{E_s}{N_o}}\right) - Q^2\left(\sqrt{\frac{E_s}{N_o}}\right) \tag{9.44}$$

그런데 통신이 원활하게 진행되는 경우에는 심볼 오류 확률이 상당히 적은 값을 가지므로 $Q\left(\sqrt{\frac{E_s}{N_o}}\right) \ll 1$이다. 따라서 $P_{se|\boldsymbol{s}_4}$를 다음과 같이 근사화할 수 있다.

$$P_{se|\boldsymbol{s}_4} \approx 2Q\left(\sqrt{\frac{E_s}{N_o}}\right) \tag{9.45}$$

$s_4(t)$ 이외에 다른 QPSK 심볼을 전송하는 경우에도 동일한 방법으로 심볼 오류 확률을 계산할 수 있다. 신호 공간에서 네 개의 심볼에 대해 그 위치와 그에 대응되는 결정 영역과의 관계가 동일하므로 모든 심볼에 대한 오류 확률이 같음을 예상할 수 있다. 따라서 최종 평균 심볼 오류 확률 P_{se}는 다음과 같다.

★ 동기식 QPSK의 평균 심볼 오류 확률 ★

$$P_{se} = 2Q\left(\sqrt{\frac{E_s}{N_o}}\right) \tag{9.46}$$

QPSK 심볼의 경우에는 심볼 한 개가 전달할 수 있는 2진 정보가 2비트이다. 이미 설명한 바와 같이 그레이 부호를 사용할 때 확률적으로 두 개의 비트 중에서 한 개의 비트만 오류가 날 가능성이 매우 높다는 점을 고려하면 평균 비트 오류 확률 P_{be}를 다음과 같이 근사화할 수 있다.

$$P_{be} \approx \frac{1}{2}P_{se} = Q\left(\sqrt{\frac{E_s}{N_o}}\right) \tag{9.47}$$

송신 심볼에서 한 개의 2진 정보가 차지하는 에너지를 E_b라고 하면 QPSK 심볼 한 개는 2비트를 전달하기 때문에 심볼 에너지는 $E_s = 2E_b$의 관계를 갖는다. 따라서 식 (9.47)의 평균 비트 오류 확률을 E_b로 표현하면 다음과 같이 된다.

★ 동기식 QPSK의 평균 비트 오류 확률 ★

$$P_{be} = Q\left(\sqrt{\frac{2E_b}{N_o}}\right) \tag{9.48}$$

이는 동기식 BPSK 방식의 비트 오류 확률과 같다. 이때 $\frac{E_b}{N_0}$를 비트당 SNR이라고 한다.

예제 9-2

어떤 AWGN 채널 환경에서 그레이 부호를 적용한 동기식 QPSK 방식으로 정보를 전송하고 있다. 평균 심볼 오류 확률이 2×10^{-3}이라고 할 때, 평균 비트 오류 확률을 구하라.

풀이

그레이 부호를 적용했을 때 한 개의 심볼 오류는 한 개의 비트 오류로 이어질 확률이 매우 높다. 따라서 평균 비트 오류 확률은 10^{-3}이 된다.

4 동기식 M진 위상 변조(MPSK)

동기식 M진 위상 변조(coherent M-ary PSK : coherent MPSK) 방식은 동기식 BPSK와 동기식 QPSK를 일반화한 것으로, M개의 심볼이 다음과 같이 서로 다른 위상을 갖는 위상 변조 방식이다.

$$s_i(t) = \sqrt{\frac{2E_s}{T_s}} \cos\left\{2\pi f_c t + \frac{2\pi}{M}(i-1)\right\}, \quad 0 \leq t < T_s, \quad i = 1, 2, \cdots, M \tag{9.49}$$

이 식에서 편의상 f_c는 $\frac{1}{T_s}$의 정수배라고 설정한다. 동기식 MPSK 방식은 M개 심볼 중 하나를 전송하므로 하나의 심볼이 전달하는 2진 정보의 개수는 $\log_2 M$ 비트가 된다.

동기식 MPSK 방식에 대한 ML 복조기를 설계하기 위해서는 신호 공간을 정의하는 기저 함수를 결정해야 한다. 앞서 살펴본 동기식 QPSK와 마찬가지로 동기식 MPSK 신호도 $\cos(2\pi f_c t)$와 $\sin(2\pi f_c t)$의 선형 결합 형태로 나타낼 수 있다. 그러므로 기저 함수로 다음과 같이 두 가지면 충분하다.

$$\phi_1(t) = \sqrt{\frac{2}{T_s}} \cos(2\pi f_c t), \quad 0 \leq t < T_s \tag{9.50}$$

$$\phi_2(t) = \sqrt{\frac{2}{T_s}} \sin(2\pi f_c t), \quad 0 \leq t < T_s \tag{9.51}$$

이를 토대로 $s_i(t)$에 대한 신호 벡터 $\boldsymbol{s}_i$를 구하면 다음과 같다.

$$\boldsymbol{s}_i = \left[\sqrt{E_s}\cos\left(\frac{2\pi}{M}(i-1)\right) \quad -\sqrt{E_s}\sin\left(\frac{2\pi}{M}(i-1)\right)\right]^T, \quad i = 1, 2, \cdots, M \tag{9.52}$$

그리고 신호 공간에서 신호 벡터와 그에 따른 결정 영역을 표시하면 [그림 9-11]과 같다. 이때 ML 복조기는 [그림 8-1]처럼 수신 신호로부터 수신 신호 벡터를 추출하며, 그것이 어느 결정 영역에 속하는지를 파악하여 송신 심볼을 추정하는 구조를 갖는다. 동기식 MPSK의 경우 결정 영역의 모양은 [그림 9-11]에 나타낸 바와 같이 쐐기 형태이다. 따라서 수신 신호 벡터가 어느 결정 영역에 속하는지는 수신 신호 벡터의 방향을 근거로 판단할 수 있다. [그림 9-11]의 성상도에서 알 수 있는 것처럼 동기식 MPSK 방식에 대해서는 결정 영역의 모양이 단순하지 않아 심볼 오류 확률을 계산하는 것이 쉽지 않다. 단, M값과 SNR이 큰 경우 다음과 같이 근사화할 수 있다.

★ 동기식 MPSK의 평균 심볼 오류 확률 ★

$$P_{se} = 2Q\left(\sqrt{\frac{2E_s}{N_o}} \sin\frac{\pi}{M}\right) \tag{9.53}$$

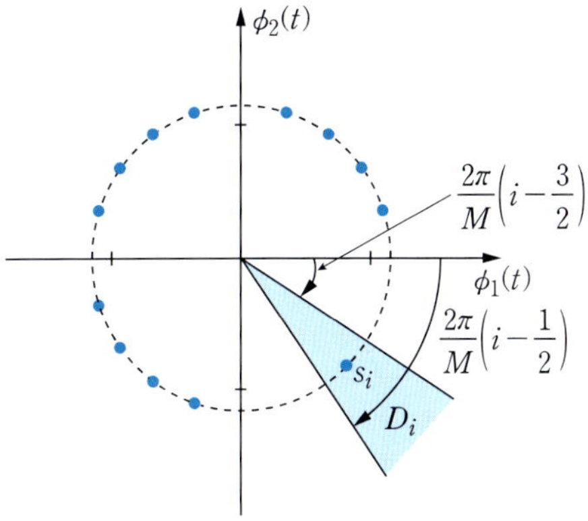

[그림 9-11] 동기식 MPSK 신호의 성상도

동기식 MPSK 방식에도 그레이 부호를 적용할 수 있다. 이때 비트 오류 확률 P_{be}는 심볼 오류 확률과 $P_{be} = \frac{1}{\log_2 M} P_{se}$의 관계를 갖는다.

예제 9-3

신호 공간에서 이웃한 16 PSK 심볼 간의 위상 차이는 얼마인가?

풀이

동기식 MPSK 방식에서 심볼 간의 위상 차이는 $\frac{2\pi}{M}$의 정수배가 되므로 신호 공간에서 이웃한 16 PSK 심볼 간의 위상 차이는 $\frac{\pi}{8}$가 된다.

5 동기식 M진 펄스 진폭 변조(MPAM)

동기식 M진 펄스 진폭 변조(coherent M-ary PAM : coherent MPAM) 방식은 $\log_2 M$ 비트 길이의 2진 정보에 따라 반송파의 진폭을 달리하는 방식으로, M개의 송신 심볼을 다음과 같이 정의한다.

$$s_i(t) = \sqrt{\frac{2E_0}{T_s}}\, a_i \cos(2\pi f_c t), \quad 0 \leq t < T_s \tag{9.54}$$

이 식에서 f_c는 $\frac{1}{T_s}$의 정수배, $a_i = -(M-1) + 2(i-1)\ (i = 1, 2, \cdots, M)$으로 설정한다.

연속으로 2개의 4PAM 심볼 $s_1(t)$, $s_2(t)$를 전송하는 경우에 신호 형태는 [그림 9-12]에 나타낸 바와 같다.

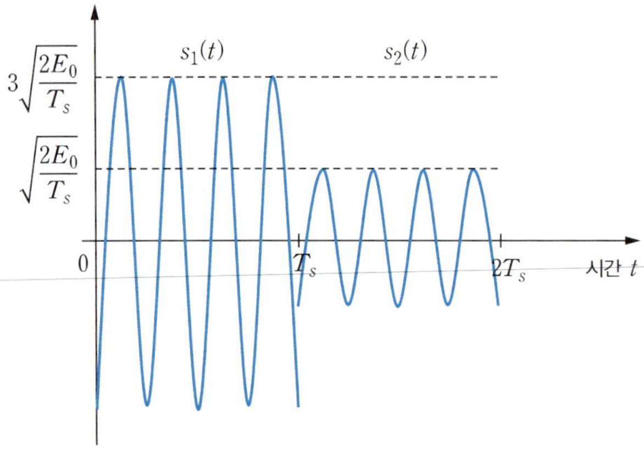

[그림 9-12] 4PAM 신호 형태

동기식 MPAM 심볼에 대한 신호 공간을 결정하기 위해 그람-슈미트 방식을 사용하여 기저 함수를 구해보면, 다음과 같이 한 개의 기저 함수가 존재한다.

$$\phi_1(t) = \sqrt{\frac{2}{T_s}}\cos(2\pi f_c t), \quad 0 \leq t < T_s \tag{9.55}$$

예를 들어, $M=4$일 때 신호 벡터와 결정 영역을 그림으로 나타내면 [그림 9-13]과 같다. 이때 ML 복조기는 [그림 8-1]처럼 수신 신호로부터 수신 신호 벡터를 추출하고, 그것이 어느 결정 영역에 속하는지를 파악하여 송신 심볼을 추정하는 구조이다. 동기식 MPAM의 경우 결정 영역은 1차원 신호 공간의 구간 형태이므로 수신 신호 벡터가 M개의 구간 중에 어디에 속하는지를 판단하면 된다.

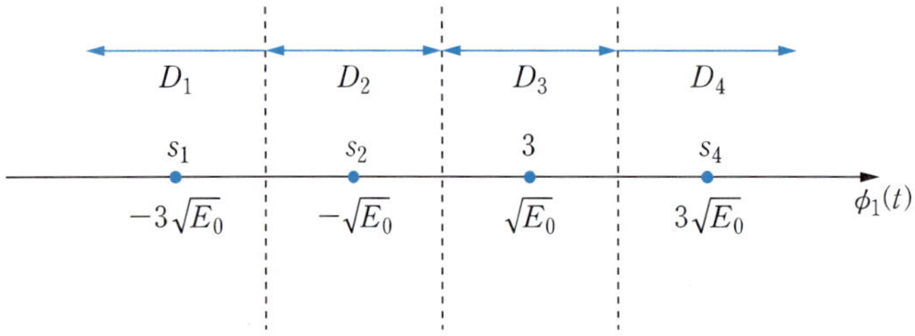

[그림 9-13] 동기식 4PAM 신호의 성상도

[그림 9-13]에서 보는 바와 같이 $s_1(t)$, $s_4(t)$에 대한 결정 영역과 $s_2(t)$, $s_3(t)$에 대한 결정 영역은 그 형태가 다르다. 따라서 동기식 MPAM의 경우에는 송신 심볼의 종류에 따라 심볼 오류 확률이 다름을 알 수 있다. $M \geq 4$인 경우 동기식 MPAM의 결정 영역의 종류는 4PAM과 마찬가지로 두 가지이다.

그러면 $M \geqq 4$인 경우를 전제로 동기식 MPAM 방식의 심볼 오류 성능을 분석해보자. 먼저 $s_1(t)$를 송신했을 때 수신 신호 $r(t)$는 다음과 같다.

$$r(t) = s_1(t) + w(t), \quad 0 \leqq t \leqq T_s \tag{9.56}$$

그리고 수신 신호 벡터 $\boldsymbol{r} = [r_1]$을 구하면 다음과 같다.

$$\begin{aligned} r_1 &= \int_0^{T_s} r(t)\phi_1(t)dt \\ &= -(M-1)\sqrt{E_0} + w_1 \end{aligned} \tag{9.57}$$

이 식에서 $w_1 = \int_0^{T_s} w(t)\phi_1(t)dt$이다. 그러면 w_1은 평균이 0이고 분산이 $\frac{N_0}{2}$인 가우시안 분포를 따르므로 심볼 오류 확률 $P_{se|\boldsymbol{s}_1}$은 다음과 같이 된다.

$$\begin{aligned} P_{se|\boldsymbol{s}_1} &= P[r_1 > (-M+2)\sqrt{E_0} \,|\, \boldsymbol{s} = \boldsymbol{s}_1] \\ &= P[w_1 > \sqrt{E_0}] \\ &= Q\left(\sqrt{\frac{2E_0}{N_0}}\right) \end{aligned} \tag{9.58}$$

이때 $s_M(t)$에 대한 결정 영역이 $s_1(t)$에 대한 결정 영역과 같으므로 $P_{se|\boldsymbol{s}_M} = P_{se|\boldsymbol{s}_1}$이 된다. 그리고 M이 4 이상일 때 $s_2(t)$에 대한 심볼 오류 확률 $P_{se|\boldsymbol{s}_2}$는 다음과 같다.

$$\begin{aligned} P_{se|\boldsymbol{s}_2} &= P[r_1 < (-M+2)\sqrt{E_0} \ \text{ or } \ r_1 > (-M+4)\sqrt{E_0} \,|\, \boldsymbol{s} = \boldsymbol{s}_2] \\ &= P[r_1 < (-M+2)\sqrt{E_0}] + P[r_1 > (-M+4)\sqrt{E_0}] \\ &= P[w_1 < -\sqrt{E_0}] + P[w_1 > \sqrt{E_0}] \\ &= 2Q\left(\sqrt{\frac{2E_0}{N_0}}\right) \end{aligned} \tag{9.59}$$

송신 심볼 $\boldsymbol{s}_2$, $\boldsymbol{s}_3$, $\cdots$, $\boldsymbol{s}_{M-1}$은 각각의 결정 영역과 동일한 관계를 가지므로 $P_{se|\boldsymbol{s}_2}$는 $P_{se|\boldsymbol{s}_3}$, $\cdots$, $P_{se|\boldsymbol{s}_{M-1}}$과 동일한 값을 갖는다. 따라서 M이 4 이상일 때 평균 심볼 오류 확률 P_{se}는 다음과 같다.

$$\begin{aligned} P_{se} &= \sum_{i=1}^{M} P_{se|\boldsymbol{s}_i} P[\boldsymbol{s} = \boldsymbol{s}_i] \\ &= \frac{2(M-1)}{M} Q\left(\sqrt{\frac{2E_0}{N_0}}\right) \end{aligned} \tag{9.60}$$

일반적으로 심볼 오류 확률은 평균 심볼 에너지 E_s 나 평균 비트 에너지 E_b 의 함수로 표현한다. 이를 위해 E_s 를 E_0 로 나타내면 다음과 같다.

$$\begin{aligned} E_s &= \frac{1}{M}\sum_{i=1}^{M}\int_0^T s_i^2(t)dt \\ &= \frac{1}{M}\sum_{i=1}^{M}|\boldsymbol{s}_i|^2 \\ &= \frac{(M^2-1)E_0}{3} \end{aligned} \tag{9.61}$$

이 식에서 $\boldsymbol{s}_i = \{-(M-1)+2(i-1)\}\sqrt{E_0}$ 이다. 따라서 이 관계를 식 (9.60)에 대입하면 다음과 같이 된다.

★ 동기식 MPAM의 평균 심볼 오류 확률 ★

$$\begin{aligned} P_{se} &= \sum_{i=1}^{M} P_{se|\boldsymbol{s}_i} P[\boldsymbol{s} = \boldsymbol{s}_i] \\ &= \frac{2(M-1)}{M} Q\left(\sqrt{\frac{6E_s}{(M^2-1)N_0}}\right) \end{aligned} \tag{9.62}$$

또한 $E_s = E_b \log_2 M$ 의 관계를 이용하면 다음의 식을 도출할 수 있다.

★ 동기식 MPAM의 비트 오류 확률 ★

$$P_{be} = \frac{2(M-1)}{M} Q\left(\sqrt{\frac{6E_b \log_2 M}{(M^2-1)N_0}}\right) \tag{9.63}$$

QPSK 방식처럼 신호 공간에서 MPAM 심볼 간의 거리는 다르다. 따라서 앞에서 소개한 그레이 부호를 적용할 수 있으며, 이때 비트 오류 확률과 심볼 오류 확률의 관계는 $P_{be} = P_{se}/\log_2 M$ 이 된다.

예제 9-4

AWGN 채널 환경에서 16PAM 방식을 사용해서 정보를 전송하려고 한다. 심볼은 식 (9.54)의 형태로 정의된다고 한다. $s_1(t)$ 심볼에 대한 오류 확률이 10^{-3}일 때 $s_2(t)$ 심볼에 대한 심볼 오류 확률을 구하라.

풀이

$s_2(t)$에 대한 심볼 오류 확률은 $s_1(t)$에 대한 심볼 오류 확률의 두 배가 되므로 2×10^{-3}이 된다.

6 동기식 M진 직교 진폭 변조(MQAM)

동기식 M진 직교 진폭 변조(coherent M-ary QAM : coherent MQAM) 방식은 $\log_2 M$ 비트 길이의 2진 정보에 따라 반송파의 진폭과 위상을 함께 조정하는 방식으로, M개의 송신 심볼을 다음과 같이 정의한다.

$$s_i(t)=\sqrt{\frac{2E_0}{T_s}}\,a_i\cos(2\pi f_c t)+\sqrt{\frac{2E_0}{T_s}}\,b_i\sin(2\pi f_c t),\quad 0\le t<T_s,\quad i=1,\,2,\,\cdots,\,M \tag{9.64}$$

이 식에서 a_i와 b_i는 i에 따라 결정되는 정수이다. 그리고 $s_i(t)$는 a_i, b_i의 값에 따라 신호의 에너지가 달라지기 때문에 동기식 MPSK와는 달리 심볼마다 에너지가 다를 수 있다.

식 (9.64)에서 보는 것처럼 동기식 MQAM 심볼은 서로 직교하는 반송파인 $\cos(2\pi f_c t)$, $\sin(2\pi f_c t)$의 선형 결합으로 볼 수 있으므로 동기식 MQAM 심볼을 신호 공간에서 표현하기 위한 기저 함수는 다음과 같다.

$$\phi_1(t)=\sqrt{\frac{2}{T_s}}\cos(2\pi f_c t),\qquad 0\le t<T_s \tag{9.65}$$

$$\phi_2(t)=\sqrt{\frac{2}{T_s}}\sin(2\pi f_c t),\qquad 0\le t<T_s \tag{9.66}$$

동기식 MQAM은 M이 $M=2^{2n}$(n은 자연수)인 경우와 $M=2^{2n+1}$(n은 자연수)인 경우로 구분할 수 있다. 예를 들어, 16QAM과 32QAM의 성상도를 그리면 [그림 9-14]와 [그림 9-15]와 같다. 일반적으로 M이 $M=2^{2n}$(n은 자연수)인 경우가 많이 사용되므로 앞으로는 이를 중점적으로 다루고자 한다.

[그림 9-14]는 16QAM에 대한 신호 벡터뿐만 아니라 결정 영역을 보여준다. 그림에서 알 수 있듯이 이 경우에는 결정 영역의 종류가 D_1, D_2, D_3로 세 가지이다. M이 16인 경우 뿐만 아니라 $M=2^{2n}$($n\ge 2$인 자연수)인 일반적인 경우에도 결정 영역의 종류는 세 가지이다. 어떤 경우이든 ML 복조기는 [그림 8-1]처럼 수신 신호로부터 수신 신호 벡터를 추출하고, 그것이 어느 결정 영역에 속하는지를 파악하여 송신 심볼을 추정하는 구조이다.

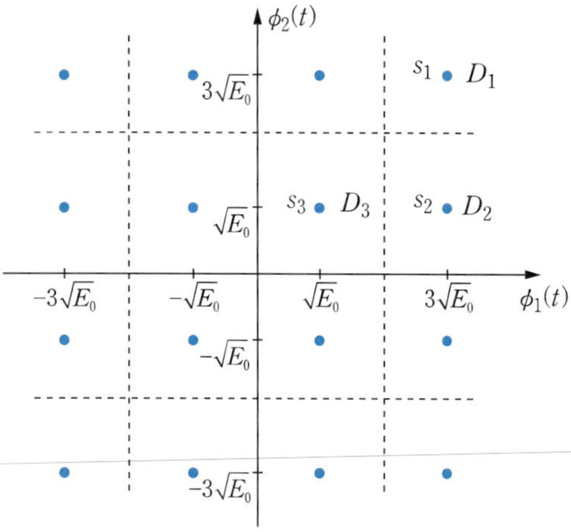

[그림 9-14] 동기식 16QAM 신호의 성상도

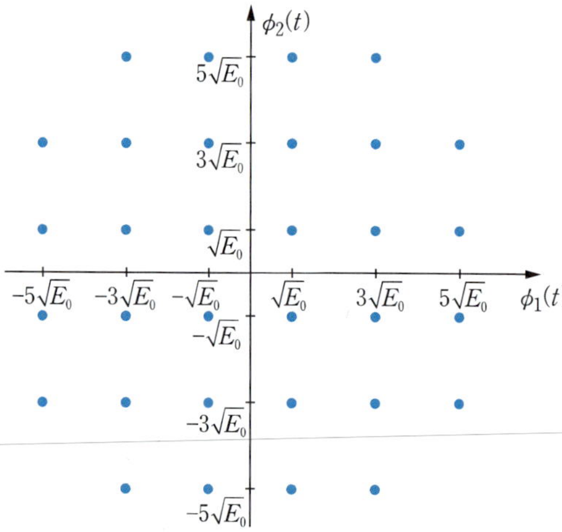

[그림 9-15] 동기식 32QAM 신호의 성상도

지금부터는 동기식 MQAM 방식의 평균 심볼 오류 확률을 계산해보자.

앞에서도 언급한 바와 같이 M이 4보다 크고 $M = 2^{2n}$($n \geq 2$인 자연수)이라면 [그림 9-14]에 나타낸 바와 같이 결정 영역의 형태는 세 가지가 된다. [그림 9-14]의 16QAM 심볼에 대해 송신 심볼 신호 벡터는 $\left\{ \left[\{-3+2(i-1)\}\sqrt{E_0} \quad \{-3+2(j-1)\}\sqrt{E_0} \right]^T,\ i, j = 1, 2, 3, 4 \right\}$ 중의 하나가 되는 것으로 설정한다.

[그림 9-14]를 참고하여 송신 심볼이 $s_1(t)$일 때 수신 신호 $r(t)$는 다음과 같다.

$$r(t) = s_1(t) + w(t), \qquad 0 \leq t \leq T_s \tag{9.67}$$

이로부터 수신 신호 벡터 $\boldsymbol{r} = [r_1 \quad r_2]$를 결정하면 다음과 같다.

$$r_1 = \int_0^{T_s} r(t)\phi_1(t)dt = 3\sqrt{E_0} + w_1 \tag{9.68}$$

$$r_2 = \int_0^{T_s} r(t)\phi_2(t)dt = 3\sqrt{E_0} + w_2 \tag{9.69}$$

그러므로 심볼 오류 확률 $P_{se|\boldsymbol{s}_1}$은 다음과 같이 전개할 수 있다.

$$\begin{aligned} P_{se|\boldsymbol{s}_1} &= P[\boldsymbol{r} \notin D_1 \mid \boldsymbol{s} = \boldsymbol{s}_1] \\ &= 1 - P[r_1 > 2\sqrt{E_0} \text{ and } r_2 > 2\sqrt{E_0} \mid \boldsymbol{s} = \boldsymbol{s}_1] \\ &= 1 - P[w_1 > -E_0 \text{ and } w_2 > -\sqrt{E_0}] \end{aligned} \tag{9.70}$$

이때 w_1, w_2는 평균이 0이고 분산이 $\frac{N_0}{2}$인 정규 분포를 갖는 확률 변수이며, 서로 통계적으로 독립이고 $P[w_1 < -\sqrt{E_0}] = P[w_1 > \sqrt{E_0}] = Q\left(\sqrt{\frac{2E_0}{N_0}}\right)$이다. 만약 원활한 통신을 할 정도로 SNR이 충분히 크다면 $Q\left(\sqrt{\frac{2E_0}{N_0}}\right) \ll 1$이므로 식 (9.70)을 다음과 같이 근사화할 수 있다.

$$\begin{aligned}
P_{se|\boldsymbol{s}_1} &= 1 - P[w_1 > -E_0]P[w_2 > -E_0] \\
&= 1 - P[w_1 > -E_0]^2 \\
&= 1 - \left\{1 - Q\left(\sqrt{\frac{2E_0}{N_0}}\right)\right\}^2 \\
&\approx 2Q\left(\sqrt{\frac{2E_0}{N_0}}\right)
\end{aligned} \tag{9.71}$$

16QAM 신호의 성상도에서 네 귀퉁이를 제외하고 모서리에 위치한 심볼에 대한 심볼 오류 확률을 구하기 위해 유사한 방법으로 송신 심볼 $\boldsymbol{s}_2$에 대한 심볼 오류 확률인 $P_{se|\boldsymbol{s}_2}$를 계산하면 다음과 같다.

$$\begin{aligned}
P_{se|\boldsymbol{s}_2} &= P[\boldsymbol{r} \notin D_2 \mid \boldsymbol{s} = \boldsymbol{s}_2] \\
&= 1 - P[r_1 > 2\sqrt{E_0} \quad \text{and} \quad 0 < r_2 < 2\sqrt{E_0} \mid \boldsymbol{s} = \boldsymbol{s}_2] \\
&= 1 - P[w_1 > -\sqrt{E_0} \quad \text{and} \ -\sqrt{E_0} < w_2 < \sqrt{E_0}] \\
&= 1 - \left\{1 - Q\left(\sqrt{\frac{2E_0}{N_0}}\right)\right\}\left\{1 - 2Q\left(\sqrt{\frac{2E_0}{N_0}}\right)\right\} \\
&\approx 3Q\left(\sqrt{\frac{2E_0}{N_0}}\right)
\end{aligned} \tag{9.72}$$

마찬가지로 송신 심볼 $\boldsymbol{s}_3$에 대한 심볼 오류 확률인 $P_{se|\boldsymbol{s}_3}$를 계산하면 다음과 같다.

$$\begin{aligned}
P_{se|\boldsymbol{s}_3} &= P[\boldsymbol{r} \notin D_3 \mid \boldsymbol{s} = \boldsymbol{s}_3] \\
&= 1 - P[0 < r_1 < 2\sqrt{E_0} \quad \text{and} \quad 0 < r_2 < 2\sqrt{E_0} \mid \boldsymbol{s} = \boldsymbol{s}_3] \\
&= 1 - P[-\sqrt{E_0} < w_1 < \sqrt{E_0} \quad \text{and} \ -\sqrt{E_0} < w_2 < \sqrt{E_0}] \\
&= 1 - \left\{1 - 2Q\left(\sqrt{\frac{2E_0}{N_0}}\right)\right\}^2 \\
&\approx 4Q\left(\sqrt{\frac{2E_0}{N_0}}\right)
\end{aligned} \tag{9.73}$$

M이 4보다 크고 $M = 2^{2n}$($n \geq 2$인 자연수)이면 동기식 MQAM 심볼 중에서 $P_{se|\boldsymbol{s}_1}$의 오류 확률을 갖는 심볼은 4가지, $P_{se|\boldsymbol{s}_2}$의 오류 확률을 갖는 심볼은 $4(\sqrt{M}-2)$가지, $P_{se|\boldsymbol{s}_3}$의 오류 확률을 갖는 심볼이 $(\sqrt{M}-2)^2$가지이므로 동기식 MQAM의 평균 심볼 오류 확률 P_{se}는 다음과 같다.

$$\begin{aligned} P_{se} &= \sum_{i=1}^{M} P_{se|\boldsymbol{s}_i} P[s_i(t)] \\ &= \frac{4}{M} \times 2Q\left(\sqrt{\frac{2E_0}{N_0}}\right) + \frac{4(\sqrt{M}-2)}{M} \times 3Q\left(\sqrt{\frac{2E_0}{N_0}}\right) \\ &\quad + \frac{(\sqrt{M}-2)^2}{M} \times 4Q\left(\sqrt{\frac{2E_0}{N_0}}\right) \\ &= 4\left(1 - \frac{1}{\sqrt{M}}\right) Q\left(\sqrt{\frac{2E_0}{N_0}}\right) \end{aligned} \tag{9.74}$$

평균 심볼 에너지를 E_s라고 할 때 일반적으로 평균 심볼 오류 확률은 E_s의 함수 형태로 표현한다. 이를 위해 동기식 MQAM 심볼에 대한 E_s를 구하면 다음과 같다.

$$\begin{aligned} E_s &= \frac{1}{M} \sum_{i=1}^{M} \int_0^T s_i^2(t)\,dt \\ &= \frac{1}{M} \sum_{i=1}^{M} |\boldsymbol{s}_i|^2 \\ &= \frac{2(M-1)E_0}{3} \end{aligned} \tag{9.75}$$

식 (9.75)를 이용하여 식 (9.74)의 E_0를 E_s로 표현하면 평균 심볼 오류 확률 P_{se}는 다음과 같다.

$$P_{se} = 4\left(1 - \frac{1}{\sqrt{M}}\right) Q\left(\sqrt{\frac{3E_s}{N_0(M-1)}}\right) \tag{9.76}$$

비트당 에너지 E_b는 심볼당 평균 에너지 E_s와 $E_b = E_s / \log_2 M$의 관계이므로, 이를 이용하여 평균 심볼 오류 확률 P_{se}를 E_b의 함수로 나타내면 다음과 같다.

★ 동기식 MQAM의 평균 심볼 오류 확률 ★

$$P_{se} = 4\left(1 - \frac{1}{\sqrt{M}}\right) Q\left(\sqrt{\frac{3E_b \log_2 M}{N_0(M-1)}}\right) \tag{9.77}$$

예제 9-5

16QAM 방식으로 송신하는 시스템이 있다. 심볼 전송 속도는 1000[baud]일 때 다음을 구하라.

(a) 비트 전송 속도

(b) 16QAM 심볼의 인페이즈 성분의 종류 가짓수

풀이

(a) 16QAM 심볼 한 개는 $\log_2 16 = 4$[bit]의 정보를 전달하므로 비트 전송 속도는 $4 \times 1000 = 4000$ [bps]이다.

(b) 인페이즈 성분의 종류는 $\sqrt{16} = 4$가지이다.

7 동기식 M진 주파수 변조(MFSK)

동기식 M진 주파수 변조(coherent M-ary FSK : coherent MFSK) 방식은 $\log_2 M$ 비트 길이의 2진 정보에 따라 반송파의 주파수를 M개의 서로 다른 주파수 중의 하나로 변경하는 주파수 변조 방식으로, 동기식 BFSK 변조 방식을 일반화한 것으로 볼 수 있다. 동기식 MFSK에서 사용하는 심볼은

$$s_i(t) = \sqrt{\frac{2E_s}{T_s}} \cos\left\{2\pi\left(f_c + \frac{i}{2T_s}\right)t\right\}, \quad 0 \leq t \leq T_s, \quad i = 1, 2, \cdots, M \tag{9.78}$$

과 같이 정의한다. 이 경우에는 M개의 심볼이 서로 직교하므로 동기식 MFSK 신호에 대한 기저 함수의 개수는 M개가 되며, 다음과 같이 정의할 수 있다.

$$\phi_i(t) = \frac{1}{\sqrt{E_s}} s_i(t), \quad i = 1, 2, \cdots, M, \quad 0 \leq t \leq T_s \tag{9.79}$$

동기식 MFSK 심볼은 M차원 신호 공간에 존재하므로 M이 4 이상이면 동기식 MFSK 심볼에 대한 성상도를 그림으로 나타내기는 어렵다. 동기식 MFSK 심볼은 모두 동일한 에너지를 가지며, 서로 직교하므로 신호 공간에서 심볼 간의 거리가 같다. 이러한 성질을 토대로 앞서 학습한 유니언 바운드 개념을 사용하여 심볼 오류 확률 P_{se}에 대한 근삿값을 결정하면 다음과 같다.

★ 동기식 MFSK의 평균 심볼 오류 확률에 대한 유니언 바운드 ★

$$P_{se} \leq (M-1)Q\left(\sqrt{\frac{E_s}{N_o}}\right) \tag{9.80}$$

동기식 MFSK의 경우에는 심볼 간의 거리가 동일하므로 동기식 MPSK처럼 그레이 부호를 적용할 수는 없다. 동기식 MFSK 심볼 한 개는 $\log_2 M$ 비트 길이의 2진 정보어와 대응되는데, 한 개의 심볼 오류가 몇 개의 비트 오류로 연결되는지 살펴보기 위해 동기식 MFSK 심볼 복조 오류가 발생하는 경우를 살펴보자.

심볼 간의 거리가 동일하므로 전송한 심볼 이외에 다른 $M-1$개의 심볼로 판단한 확률은 모두 동일하다고 볼 수 있다. 송신한 심볼에 대응되는 2진 부호어의 개별 비트 단위로 보면 $M-1$가지의 심볼 오류 경우 중에서 $M/2$개의 경우에서 비트 오류가 발생한다. 따라서 이를 토대로 P_{se}와 P_{be}의 관계를 정리하면 다음과 같다.

$$P_{be} = \frac{M/2}{M-1} P_{se} \tag{9.81}$$

예제 9-6

AWGN 채널 환경에서 8FSK 방식으로 전송하는 시스템이 있다. 심볼 한 개를 잘못 판정했을 때 발생하는 비트 오류 개수는 평균적으로 몇 개인가?

풀이

$M=8$이므로 8FSK 심볼 한 개가 전달하는 2진 정보의 개수는 3비트이다. 예를 들어, 여덟 개의 심볼에 대한 2진 정보를 [표 9-1]처럼 설정할 수 있다. 만약 s_1을 송신한 경우에 심볼 오류가 발생했다면 심볼 오류 경우의 수는 일곱 가지이지만 개별 정보 비트 단위에서 오류가 발생하는 경우는 네 가지이다. 따라서 개별 비트 단위에서는 평균적으로 $\frac{4}{7}$비트 오류가 발생하며, 심볼을 구성하는 전체 비트에 대해서는 $\frac{4}{7} \times 3 = \frac{12}{7}$비트의 오류가 발생하는 셈이 된다.

[표 9-1] 심볼별 정보 비트 할당

심볼	2진 정보		
s_1	0	0	0
s_2	0	0	1
s_3	0	1	0
s_4	0	1	1
s_5	1	0	0
s_6	1	0	1
s_7	1	1	0
s_8	1	1	1

8 펄스 성형을 적용한 디지털 변조

8장에서 심볼 간 간섭을 제거하기 위한 기술로 펄스 성형 기술을 학습한 바가 있다. 이를 다양한 디지털 변조에 적용할 수 있다. 먼저 PSK, PAM, QAM 방식들에 대한 심볼들은 모두 2차원 신호 공간에서 표현할 수 있다. 이때 신호 벡터를 인페이즈, 쿼드러처 성분별로 펄스 성형한 후 기저 함수를 곱하고 합하여 펄스 성형된 변조 신호를 제작할 수 있다. 이런 과정을 그림으로 나타내면 [그림 9-16(a)]와 같다. 이때 펄스 성형 필터의 임펄스 응답으로 제곱근 상승 코사인을 사용하는 것이 일반적이다.

두 번째로 FSK 형태의 변조 신호에 펄스 성형을 적용하는 과정은 [그림 9-16(b)]와 같다. 정보 비트에 따라 매 심볼 시점마다 순시 주파수가 결정되는데, 여기에 펄스 성형 필터를 적용함으로써 심볼과 심볼 사이에 순시 주파수의 변화가 급격하지 않고 매끄럽게 되기 때문에 주파수 영역에서 스펙트럼이 넓게 퍼지는 현상을 줄일 수 있다.

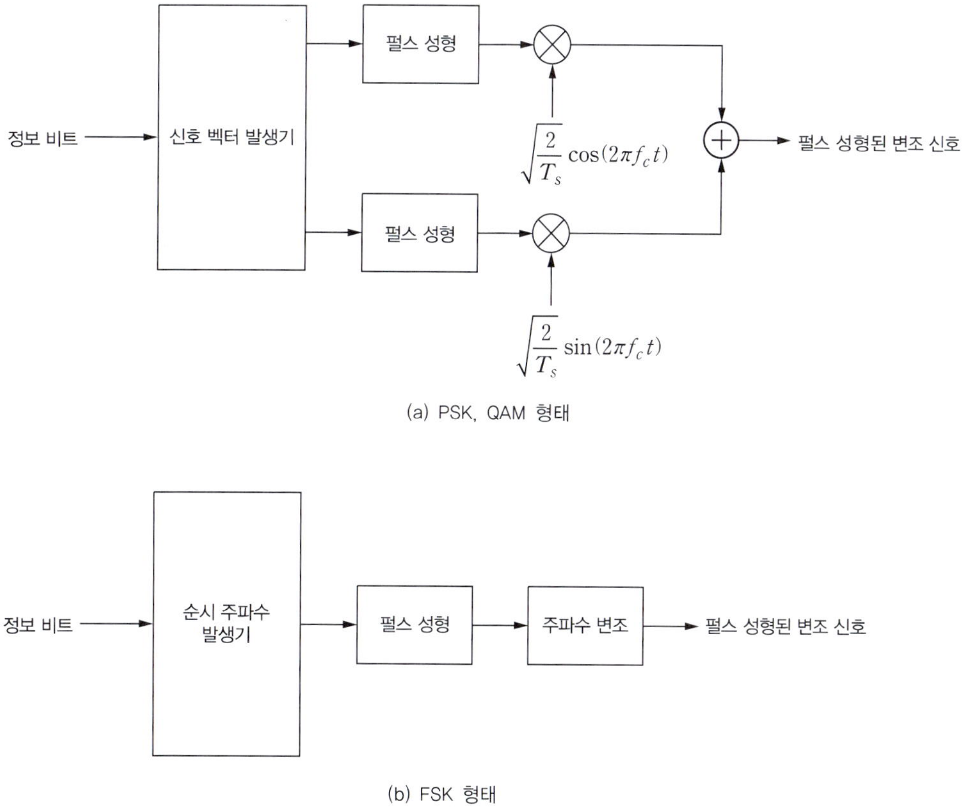

[그림 9-16] 펄스 성형된 변조 신호 제작

SECTION 9.2

비동기식 디지털 변조 방식

이 절에서는 수신 신호의 반송파 위상을 추정하는 기능을 갖고 있지 않은 비동기식 디지털 변조 방식을 학습한다.

Keywords | 비동기 BFSK | DPSK |

1 비동기식 2진 주파수 변조(BFSK)

비동기 방식은 복조기가 반송파의 위상을 추정하지 않고 복조하는 방식이다. 따라서 **비동기식 2진 주파수 변조 방식**(noncoherent BFSK)을 사용할 때는 수신 심볼의 주파수만을 이용하여 결정할 수밖에 없다. ML 복조기가 어떤 형태가 되어야 하는지를 이론적으로 도출할 수는 있지만 수학적으로 다소 복잡하므로, 여기에서는 유도 과정을 생략하고 정성적인 설명과 그 결과만을 간단하게 소개하고자 한다.

비동기식 BFSK 방식에서 사용하는 송신 심볼은 다음과 같이 정의한다.

$$s_i(t) = \sqrt{\frac{2E_s}{T_s}}\cos(2\pi f_i t), \quad 0 \leq t \leq T_s, \quad i = 1, 2 \tag{9.82}$$

이 식에서 $f_i = f_c + \dfrac{i}{T_s}$로 정의한다. 동기식 BFSK 신호와의 차이점은 서로 다른 심볼 간의 주파수 차이가 비동기식이 동기식의 두 배가 된다는 점이다. 이는 주파수가 다른 심볼 간의 직교성이 반송파의 위상과 상관없이 유지되기 위해서이다.

비동기 BFSK 방식에 대한 ML 복조기는 [그림 9-17]에 나타낸 바와 같다. 비동기 방식의 경우 통신 채널로 인한 반송파의 위상 변화를 추정하지 않으므로 수신 심볼의 주파수가 f_1과 f_2 중에서 어느 것인지만 판단해야 하는데, [그림 9-17]은 이러한 판단 과정을 보여주고 있다. 만약 송신 심볼의 주파수가 f_1이라면 수신 신호 $r(t)$는 다음과 같이 나타낼 수 있다.

$$\begin{aligned} r(t) &= \sqrt{\frac{2E_s}{T_s}}\cos(2\pi f_1 t + \theta) + w(t) \\ &= \sqrt{E_s}\cos\theta\sqrt{\frac{2}{T_s}}\cos(2\pi f_1 t) - \sqrt{E_s}\sin\theta\sqrt{\frac{2}{T_s}}\sin(2\pi f_1 t) + w(t) \end{aligned} \tag{9.83}$$

이 식에서 θ는 반송파의 위상으로, 전송 과정 중에 통신 채널에 의해 발생하는 위상 변화를 반영한 것이고 $w(t)$는 잡음을 나타낸다.

식 (9.83)에서 $\sqrt{\frac{2}{T_s}}\cos(2\pi f_1 t)$와 $\sqrt{\frac{2}{T_s}}\sin(2\pi f_1 t)$가 서로 직교한다는 점을 고려한다면 $(\sqrt{E_b}\cos\theta)^2 + (\sqrt{E_b}\sin\theta)^2$이 수신 심볼에 포함된 $s_1(t)$의 세기라고 생각할 수 있다.

그러므로 수신 신호 $r(t)$에서 잡음 성분을 무시하면 $(\sqrt{E_b}\cos\theta)^2$과 $(\sqrt{E_b}\sin\theta)^2$은 각각 $\left\{\int_0^{T_s} r(t)\sqrt{\frac{2}{T_s}}\cos(2\pi f_1 t)dt\right\}^2$과 $\left\{\int_0^{T_s} r(t)\sqrt{\frac{2}{T_s}}\sin(2\pi f_1 t)dt\right\}^2$이 되므로 [그림 9-17]에 나타낸 것처럼 수신 심볼로부터 $s_1(t)$와 $s_2(t)$의 세기 p_1, p_2를 각각 계산한 후 상대적으로 큰 값을 갖는 쪽으로 판정하는 복조기를 구성한다. 그림에서 p_1과 p_2는 각각 수신 심볼이 $s_1(t)$ 혹은 $s_2(t)$일 가능성을 숫자로 나타낸 것으로, 이 두 값을 비교하여 $p_1 \geq p_2$이면 수신 심볼의 주파수는 f_1이고 그렇지 않으면 f_2로 판정한다. 그림에서 보듯이 복조기는 반송파의 위상을 추정하지 않기 때문에 비동기식으로 분류한다.

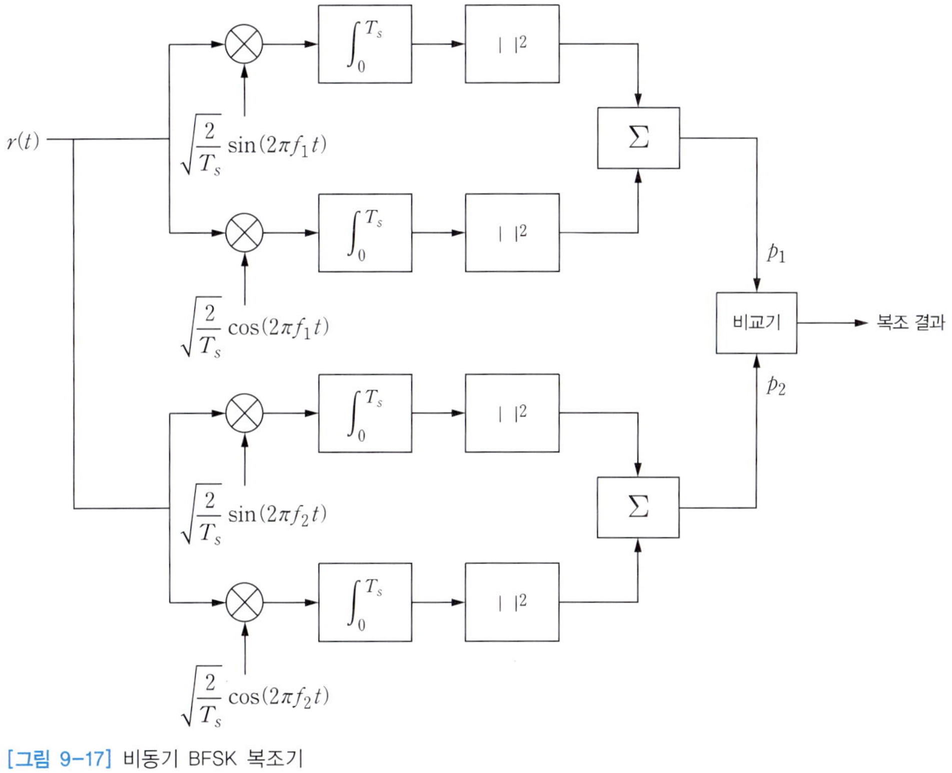

[그림 9-17] 비동기 BFSK 복조기

비동기 BFSK에 대한 평균 심볼 오류 확률은 다음과 같다.

★ 비동기 BFSK의 평균 심볼 오류 확률 ★

$$P_{se} = \frac{1}{2}\exp\left(-\frac{E_s}{2N_0}\right) \tag{9.84}$$

2 차분 위상 변조(DPSK)

차분 위상 변조(Differential Phase Shift Keying : DPSK) 방식은 일종의 비동기 위상 변조 방식이다. 위상 변조 방식이 정보 신호에 따라 반송파의 위상에 변화를 주는 변조 방식이라는 점을 감안하면 비동기라는 용어는 위상 변조라는 말과 서로 모순되는 측면이 있다. 그러나 DPSK 방식은 정보 비트에 따라 개별 심볼의 절대 위상을 결정하는 것이 아니라 직전 심볼의 위상을 기준으로 현재 심볼의 위상이 얼마나 달라지는지를 결정하는 방식이기 때문에 반송파의 위상을 추정할 필요는 없다. 따라서 비동기 방식으로 간주할 수 있다.

DPSK 과정을 그림으로 나타내면 [그림 9-18(a)]와 같다. 그림에서 송신 정보 비트가 "1", "0"이면 극성 변환기 출력이 각각 "−1", "1"이 된다. 그리고 T_s로 표시한 블럭은 T_s만큼 시간을 지연시키는 역할을 한다. 따라서 정보 비트가 "1"이면 현재 DPSK 심볼의 위상이 이전 DPSK 심볼의 위상보다 π 만큼 차이가 나고 "0"이면 동일함을 알 수 있다. 따라서 수신 심볼의 절대 위상은 중요하지 않으며, 시간상으로 이웃한 심볼 간의 위상 차이 정보가 중요하다. 이를 이용하여 정보 비트를 복원하기 때문에 반송파 위상을 추정할 필요가 없어 비동기 방식이라고 할 수 있다. 예를 들어, 연속으로 3개의 비트 정보를 DPSK 방식으로 전송하는 경우에 신호 형태는 [그림 9-19]에 나타낸 바와 같다.

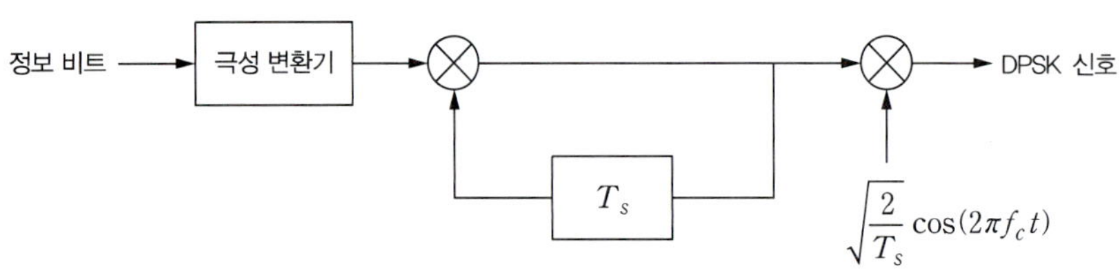

(a) 변조

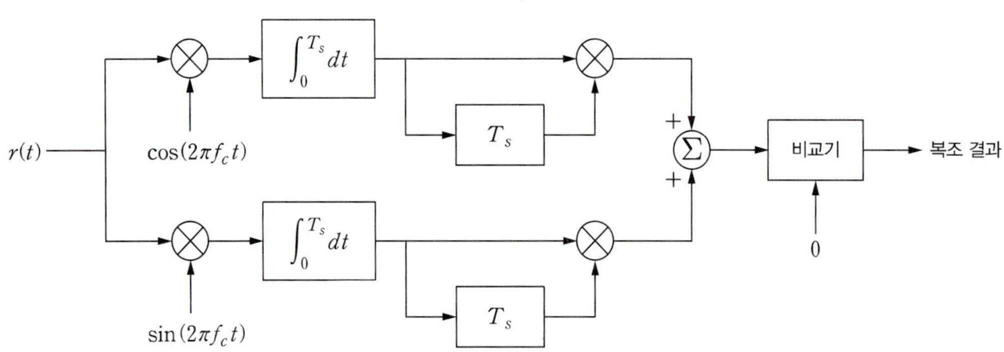

(b) 복조

[그림 9-18] DPSK 변복조 구조

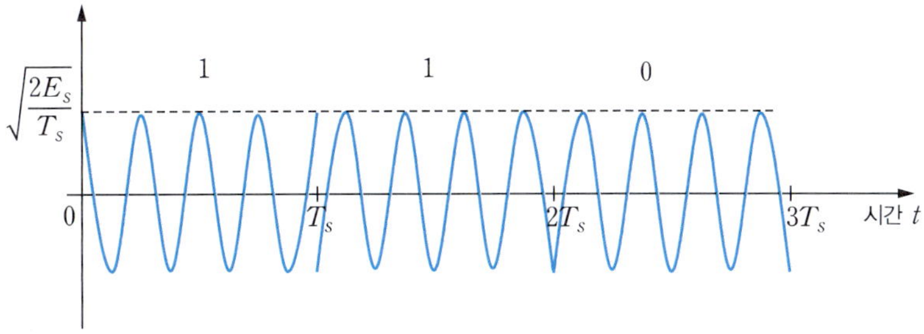

[그림 9-19] DPSK 신호 형태

DPSK 심볼의 형태는 기본적으로 BPSK 심볼 형태와 유사하다. 그런데 이 신호가 채널을 거쳐 수신기에 도달할 때는 위상이 달라질 수 있어 이를 신호 공간에서 표현하려면 두 개의 기저 함수 $\phi_1(t) = \sqrt{\frac{2}{T_s}}\cos 2\pi f_c t$와 $\phi_2(t) = \sqrt{\frac{2}{T_s}}\sin 2\pi f_c t$가 필요하다.

DPSK 복조기는 시간상으로 이웃한 두 수신 신호 벡터의 위상이 π만큼 바뀌었는지의 여부만을 결정하면 된다. 시간 영역에서 연속된 두 개의 수신 신호 벡터 간의 위상차가 π와 0 중 어느 쪽에 가까운지는 두 벡터 사이의 내적 연산을 통해 파악할 수 있는데, 이는 위상차가 $\pi/2$보다 작으면 벡터 내적이 양수이고 $\pi/2$보다 크면 벡터 내적이 음수이기 때문이다. 시간상으로 이웃한 수신 신호 벡터 간에 벡터 내적 연산을 적용한 복조기 구조는 [그림 9-18(b)]에 나타낸 바와 같다. 이러한 DPSK 방식의 장점은 비동기 방식이면서도 비동기 BFSK 방식보다 심볼 오류 성능이 우수하다는 점이다.

DPSK에 대한 평균 심볼 오류 확률은 다음과 같다.

★ DPSK의 평균 심볼 오류 확률 ★

$$P_{se} = \frac{1}{2}\exp\left(-\frac{E_s}{N_0}\right) \tag{9.85}$$

예제 9-7

[그림 9-20]은 6개의 정보 비트에 대한 DPSK 신호의 사례이다. 심볼 주기는 1초이고 반송파 주파수는 10[Hz]이다. 처음 두 개의 비트가 "01"이라면 나머지 4비트는 무엇인지 구하라.

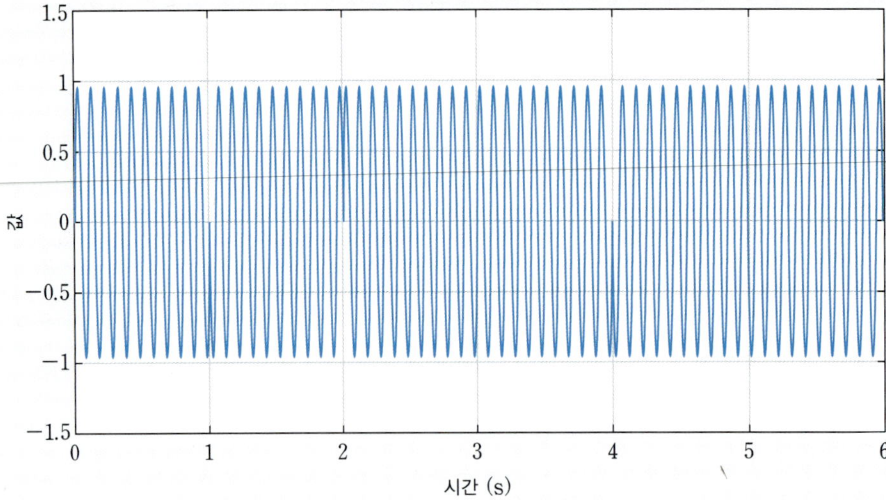

[그림 9-20] DPSK 신호 사례

풀이

주어진 DPSK 신호를 분석해보면 정보 비트 "1"에 대해서는 심볼의 초기 위상이 이전 심볼의 초기 위상에 비해 π만큼 바뀌며, "0"의 경우에는 초기 위상에 변화가 없을 것임을 예상할 수 있다. 따라서 이러한 규칙을 이용하면 나머지 네 개의 비트는 "1010"이 된다.

SECTION
9.3 디지털 변조 방식의 성능 비교

이 절에서는 디지털 변조 방식들을 비트 오류 확률, 점유 대역폭, 주파수 이용 효율 측면에서 비교한다.

Keywords | BER | 전력 스펙트럼 | 점유 대역폭 | 주파수 이용 효율 |

지금까지 다양한 변조 방식에 대해 살펴보았다. 이러한 변조 방식의 성능을 비교하는 대표적인 기준으로는 비트 오류 확률과 점유 대역폭, 주파수 이용 효율이 있다. 이 절에서는 앞에서 소개한 여러 가지 변조 방식에 대한 성능을 비교하고자 한다.

1 비트 오류 확률

비트 오류 확률(Bit Error Rate : BER)을 그래프로 표현할 때는 SNR에 대한 비트 오류 확률을 나타내는데, 일반적으로 SNR은 데시벨 단위로 표시하고 비트 오류 확률은 로그 스케일로 표시한다. [그림 9-21]은 몇 가지 대표적인 변조 방식에 대해 SNR 대비 비트 오류 확률을 그래프로 나타낸 것이다. 그림에서 보듯이 DPSK는 동기식 및 비동기식 BFSK보다 성능이 우수함을 확인할 수 있다.

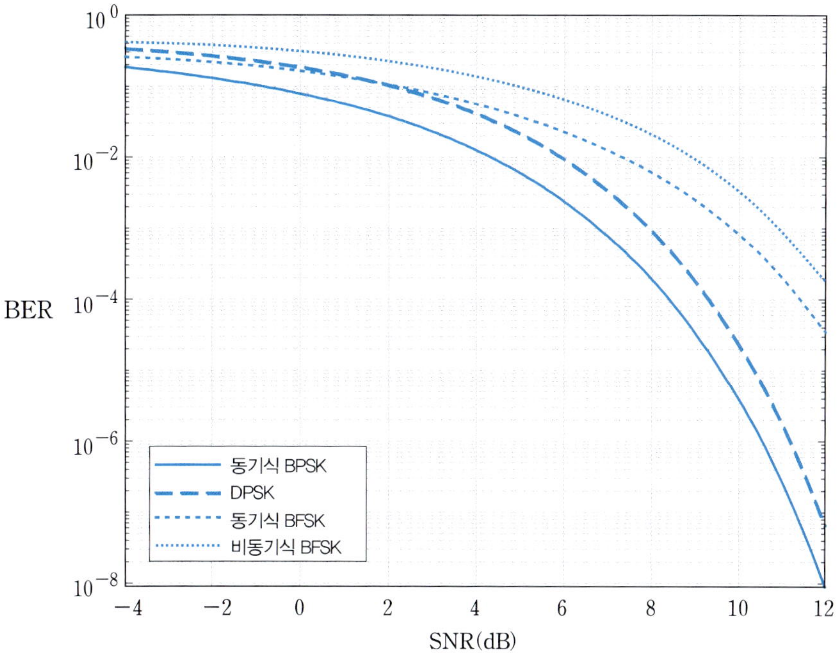

[그림 9-21] 여러 가지 변조 방식의 비트 오류 확률 특성

2 전력 스펙트럼

앞서 변조 방식별로 신호 전력이 비트(심볼) 오류 확률에 미치는 영향을 살펴보았다. 변조 방식을 선택할 때 또 하나의 중요한 잣대는 해당 신호가 점유하는 주파수 대역폭, 즉 **점유 대역폭**(occupied bandwidth : OBW)이다. 이를 파악하기 위해서는 변조된 신호의 **전력 스펙트럼**(power spectrum)을 분석해야 한다.

변조 방식별로 전력 스펙트럼을 알아보기 전에, 가장 간단한 형태의 확률 과정 신호 $X(t)$에 대한 전력 스펙트럼을 구해보자. 확률 과정 $X(t)$는 정상성을 충족한다고 가정하고 T_s 시간 간격으로 A와 $-A$ 중 하나의 값을 가지며, T_s 시간 동안 그 값을 유지하는 형태의 심볼로 구성되어 있다고 가정한다. 이때 시간 영역에서 이웃한 심볼은 통계적으로 독립인 것으로 설정한다. 이런 확률 과정의 한 사례, 즉 표본 함수는 [그림 9-22]에 나타낸 바와 같다. 그림에서 τ는 확률 변수로서 $(0,\ T_s)$ 구간에서 균일 분포를 갖는다고 가정한다.

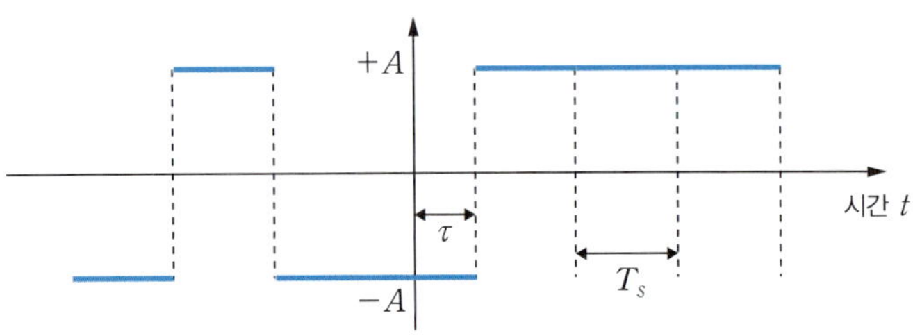

[그림 9-22] 확률 과정의 표본 함수 예시

이러한 확률 과정에 대한 전력 스펙트럼 밀도 함수를 결정하기 위해서는 자기 상관 함수를 먼저 계산해야 한다. 자기 상관 함수 $E[X(t_1)X(t_2)]$를 편리하게 계산하기 위해 $|t_1 - t_2| > T_s$인 경우와 $|t_1 - t_2| \leq T_s$인 경우로 나누어 생각해보자. $|t_1 - t_2| > T_s$인 경우에는 $X(t_1)$과 $X(t_2)$가 서로 통계적으로 독립이라고 가정했으므로 다음과 같은 관계가 성립한다.

$$E[X(t_1)X(t_2)] = E[X(t_1)]E[X(t_2)] \tag{9.86}$$

그런데 $E[X_1] = E[X_2] = 0$으로 가정하기 때문에 식 (9.86)의 좌변 $E[X(t_1)X(t_2)] = 0$이 된다. 다음으로 $|t_1 - t_2| \leq T_s$인 경우 τ의 통계적 분포를 고려할 때 t_1과 t_2 사이에 심볼의 경계가 위치하는 사건을 Q라고 하면, 그 사건의 확률이 $|t_1 - t_2| / T_s$이고, 그렇지 않을 확률이 $1 - |t_1 - t_2| / T_s$이므로, 이를 이용하면 다음과 같이 전개할 수 있다.

$$
\begin{aligned}
E[X(t_1)X(t_2)] &= E[X(t_1)X(t_2)]P[Q] + E[X(t_1)X(t_2)](1-P[Q]) \\
&= E[X(t_1)X(t_2)]\frac{|t_1-t_2|}{T_s} + E[X(t_1)X(t_2)]\left(1-\frac{|t_1-t_2|}{T_s}\right) \\
&= 0\times\frac{|t_1-t_2|}{T_s} + A^2\left(1-\frac{|t_1-t_2|}{T_s}\right) \\
&= A^2\left(1-\frac{|t_1-t_2|}{T_s}\right)
\end{aligned}
\tag{9.87}
$$

그러므로 자기 상관 함수 $R_X(\tau)$는 다음과 같이 정리할 수 있다.

$$
R_X(\tau) = \begin{cases} A^2\left(1-\dfrac{|\tau|}{T_s}\right), & |\tau| < T_s \\ 0, & |\tau| \geq T_s \end{cases}
\tag{9.88}
$$

따라서 $R_X(\tau)$의 푸리에 변환인 전력 스펙트럼 밀도 $S_X(f)$는 다음과 같다.

$$
\begin{aligned}
S_X(f) &= F[R_X(\tau)] \\
&= \frac{A^2 T_s^2 \text{sinc}^2(fT_s)}{T_s}
\end{aligned}
\tag{9.89}
$$

지금까지는 시간 T_s 동안 심볼의 모양이 $\pm A\,\text{rect}\left(\dfrac{t-T_s/2}{T_s}\right)$인 확률 과정에 대한 전력 스펙트럼 밀도를 구해보았다. 이 논의를 임의의 심볼 형태 $\pm Ap(t)$로 확장하면 다음과 같은 관계가 성립한다.

$$
S_X(f) = \frac{A^2 E_p(f)}{T_s}
\tag{9.90}
$$

이 식에서 $E_p(f)$는 펄스 $p(t)$의 스펙트럼 크기를 제곱한 것으로, **에너지 스펙트럼 밀도**(energy spectral density)라고 부른다.

일반적으로 변조 신호 $s(t)$는 대역 통과 신호이기 때문에 다음과 같이 인페이즈 쿼드러처 형태로 표현할 수 있다.

$$
\begin{aligned}
s(t) &= s_I(t)\cos(2\pi f_c t+\theta) - s_Q(t)\sin(2\pi f_c t+\theta) \\
&= Re\left[\tilde{s}(t)\exp(j2\pi f_c t + j\theta)\right] \\
&= \frac{1}{2}\tilde{s}(t)\exp(j2\pi f_c t+j\theta) + \frac{1}{2}\tilde{s}^*(t)\exp(-j2\pi f_c t - j\theta)
\end{aligned}
\tag{9.91}
$$

이 식에서 $\tilde{s}(t)$는 $s(t)$에 대한 복소 포락선이며, θ는 $[0,\ 2\pi)$에서 균일 분포를 갖는 확률 변수라고 가정한다. 이때 $\tilde{s}(t)$에 대한 전력 스펙트럼 밀도 함수를 $S_{\tilde{s}}(f)$라고 하면, 식 (9.91)에 따라 $s(t)$에 대한 전력 스펙트럼 밀도 함수 $S(f)$와 다음과 같은 관계를 갖는다.

$$S_s(f) = \frac{1}{4}\{S_{\tilde{s}}(f-f_c) + S_{\tilde{s}}(-f-f_c)\} \tag{9.92}$$

그러면 이를 활용하여 몇 가지 디지털 변조 방식에 대한 전력 스펙트럼을 구해보자. 먼저 동기식 BPSK 신호 $s(t)$에 대한 정의인 식 (9.1), 식 (9.2)에 따르면 심볼의 모양을 나타내는 함수 $p(t)$는 다음과 같다.

$$p(t) = \sqrt{\frac{2E_s}{T_s}}\,\mathrm{rect}\left(\frac{t-T_s/2}{T_s}\right) \tag{9.93}$$

따라서 $\tilde{s}(t)$에 대한 전력 스펙트럼 밀도 $S_{\tilde{s}}(f)$는 다음과 같다.

★ 동기식 BPSK의 전력 스펙트럼 밀도 ★

$$S_{\tilde{s}}(f) = 2E_s\mathrm{sinc}^2(T_s f) \tag{9.94}$$

한편, 식 (9.31)에 따르면 QPSK 신호 $s(t)$의 복소 포락선 $\tilde{s}(t)$는 다음과 같이 전개할 수 있다.

$$\tilde{s}(t) = a_I\mathrm{rect}\left(\frac{t-T_s/2}{T_s}\right) \pm ja_Q\mathrm{rect}\left(\frac{t-T_s/2}{T_s}\right) \tag{9.95}$$

이 식에서 a_I와 a_Q는 $+\sqrt{\frac{E_s}{T_s}}$ 혹은 $-\sqrt{\frac{E_s}{T_s}}$의 값을 가지며, 이때 E_s, T_s는 각각 QPSK 심볼의 에너지와 심볼 주기이다. 식 (9.95)의 우변 첫 번째 항과 두 번째 항은 서로 통계적으로 독립이며, 개별 신호는 BPSK 신호라고 볼 수 있다. 따라서 QPSK 신호의 전력 스펙트럼 밀도는 개별 BPSK 신호의 전력 스펙트럼 밀도를 단순히 합산한 것이 된다. 따라서 전력 스펙트럼 밀도 $S_{\tilde{s}}(f)$는 다음과 같이 계산할 수 있다.

★ 동기식 QPSK의 전력 스펙트럼 밀도 ★

$$S_{\tilde{s}}(f) = E[a_I^2]T_s\mathrm{sinc}^2(T_s f) + E[a_Q^2]T_s\mathrm{sinc}^2(T_s f) \tag{9.96}$$

이때 $E[a_I^2] = E[a_Q^2] = \frac{E_s}{T_s}$이므로 최종적으로 $S_{\tilde{s}}(f) = 2E_s\mathrm{sinc}^2(T_s f)$가 된다.

MPSK 신호 $s(t)$는 형태적으로 QPSK 신호와 별반 다르지 않아 식 (9.95)처럼 전개할 수 있으며, 이때 $a_I = \sqrt{\frac{E_s}{T_s}} \cos\left\{\frac{2\pi}{M}(i-1)\right\}$, $a_Q = \sqrt{\frac{E_s}{T_s}} \sin\left\{\frac{2\pi}{M}(i-1)\right\}$이 된다. 그런데 $E[a_I^2 + a_Q^2] = \frac{2E_s}{T_s}$ 이므로 $S_{\tilde{s}}(f)$는 다음과 같다.

★ 동기식 MPSK의 전력 스펙트럼 밀도 ★

$$S_{\tilde{s}}(f) = 2E_s \operatorname{sinc}^2(T_s f) \tag{9.97}$$

3 주파수 이용 효율

어떤 변조 방식이 주파수 대역을 얼마나 효율적으로 사용하는가를 정량적으로 표현하는 지수로 **주파수 이용 효율**이 있으며, 다음과 같이 정의한다.

★ 주파수 이용 효율 ★

$$\rho = \frac{R_b}{B_T} \text{[bps/Hz]} \tag{9.98}$$

여기에서 R_b는 비트 전송 속도, B_T는 점유하는 주파수 대역폭을 나타낸다.

그러면 몇 가지 변조 방식에 대해 주파수 이용 효율 ρ를 계산해보자. MPSK 방식의 경우 전력 스펙트럼이 주파수 영역에서 반송파 주파수를 기준으로 오른쪽과 왼쪽에서 처음으로 0이 되는 위치 간의 주파수 폭을 점유 주파수 대역폭으로 설정한다. 그러면 식 (9.97)에 의해 대역폭 B_T는 다음과 같다.

$$B_T = \frac{2}{T_s} \tag{9.99}$$

MPSK 방식에 대한 비트 전송 속도가 $R_b = \frac{\log_2 M}{T_s}$ 이라는 점을 활용하면, 주파수 이용 효율 ρ_{MPSK}는 다음과 같이 된다.

★ MPSK 방식의 주파수 이용 효율 ★

$$\rho_{MPSK} = \frac{R_b}{B_T} = \frac{\log_2 M}{2} \tag{9.100}$$

이 식에서 보는 바와 같이 MPSK 방식일 때 변조 심볼의 종류인 M이 늘어날수록 주파수 이용 효율이 개선된다. 따라서 주파수 이용 효율 측면에서는 M이 높은 방식이 유리하다. 그러나 다른 한편으로는 M이 커질수록 신호 공간에서 이웃한 MPSK 심볼과의 거리가 가까워지기 때문에 일정한 심볼 오류 확률을 유지하기 위해서는 신호의 전력을 높여야 한다. 따라서 이 두 가지를 모두 고려하여 적절한 M을 선택하는 것이 바람직하다.

앞서 MFSK 신호에 대해서는 전력 스펙트럼을 유도하지 않았다. 동기식 BFSK 방식의 경우 두 가지 심볼 간에 반송파 주파수 차이가 $\frac{1}{2T_s}$이었다는 점을 고려하여 MFSK 변조 방식에 대한 대역폭 B_T를 다음과 같이 가정한다.

$$B_T = \frac{M}{2T_s} \tag{9.101}$$

이때에도 비트 전송 속도는 $R_b = \frac{\log_2 M}{T_s}$인 점을 활용하면 MFSK 방식에 대한 주파수 이용 효율 ρ_{MFSK}는 다음과 같다.

★ MFSK 방식의 주파수 이용 효율 ★

$$\rho_{MFSK} = \frac{R_b}{B_T} = \frac{\log_2 M / T_s}{M / 2T_s} = \frac{2\log_2 M}{M} \tag{9.102}$$

이 식에서 보는 바와 같이 MFSK 방식인 경우 변조 신호의 종류인 M이 늘어날수록 주파수 이용 효율이 떨어진다. 따라서 주파수 이용 효율 측면에서 보면 큰 M을 선택하는 것은 바람직하지 않다. 그러나 MFSK 방식의 경우에는 M이 커지더라도 신호 공간에서 이웃한 심볼과의 거리가 달라지지 않기 때문에 일정한 심볼 오류 확률을 유지할 수 있다. 따라서 사용할 수 있는 자원 중에서 전력 자원이 대역폭 자원보다 풍부하다면 MPSK 방식을 선택하는 것이 바람직하며, 그렇지 않으면 MFSK 형태를 선택하는 것이 바람직하다.

SECTION
9.4

대역 확산 방식

이 절에서는 외부 간섭 신호에 강인한 통신 방식의 하나인 대역 확산 전송 방식을 학습한다.

Keywords | 확산 부호 | 의사 잡음 수열 | 직접 수열 대역 확산 | 칩 | 처리 이득 | 재밍 신호 | 주파수 도약 대역 확산 |

1 대역 확산의 개념

대역 확산(Spread Spectrum : SS) 방식은 전송하고자 하는 정보를 대역 확산이라는 과정을 통해 넓은 주파수 대역을 사용하는 형태의 신호로 변환하여 전송하는 방법이다. 여기에서 넓은 주파수 대역이란 단지 앞에서 언급했던 변조 기술만을 사용하는 경우보다 주파수 대역이 넓다는 것을 의미한다. 일반적으로 주파수 대역은 가능하면 적게 사용하는 것이 바람직하므로, 이는 다소 의외의 접근 방식이다. 그런데 이 방식을 사용하게 된 이유는 당초에 목적이 전시 상황에서 군이 안정적인 통신을 수행하기 위한 것이라는 데 기인한다. 전시 상황에서는 상대방의 통신을 의도적으로 방해하거나 엿듣는 행위가 빈번히 발생할 수 있는데, 이에 대처하는 방법의 하나로 넓은 주파수 대역을 활용하여 안전한 통신을 구현하는 것이다. 군 통신 방식으로 개발된 이후에 이 방식은 민간 통신에 활용되어 무선랜 통신 규격 중의 하나인 IEEE 802.11b와 블루투스(bluetooth), CDMA 시스템에 응용되었다.

어떤 전송 기술이 넓은 주파수 대역을 사용한다고 해서 모두 대역 확산 기술로 인정되지는 않는다. 대역 확산 기술이 갖추어야 하는 최소 요건은 두 가지이다. 첫째, 대역 확산을 거친 신호의 대역폭은 해당 정보를 전달하기 위한 최소 대역폭보다 매우 커야 한다. 둘째, 대역폭을 넓히는 과정에서 송신 정보와는 무관한 별개의 신호가 사용되어야 한다. 따라서 FM 방식은 두 번째 조건이 충족되지 않기 때문에 대역 확산 기술로 분류하지 않는다.

대역 확산 시스템에서 대역폭을 늘리는 데 사용하는 별개의 신호를 **확산 부호**(spreading code)라고 하며, 대표적인 사례로 **의사 잡음 수열**(pseudo noise sequence)이 있다. 의사 잡음 수열은 주기 신호로서 일정 주기 안에서 "0"과 "1"을 불규칙하게 갖는 수열을 가리킨다. 의사 잡음 수열을 만드는 방법은 매우 다양한데, 가장 기본적인 수열로는 M 수열(maximal length sequence)이 있다. M 수열 발생기의 구조는 [그림 9-23]에 나타낸 바와 같다.

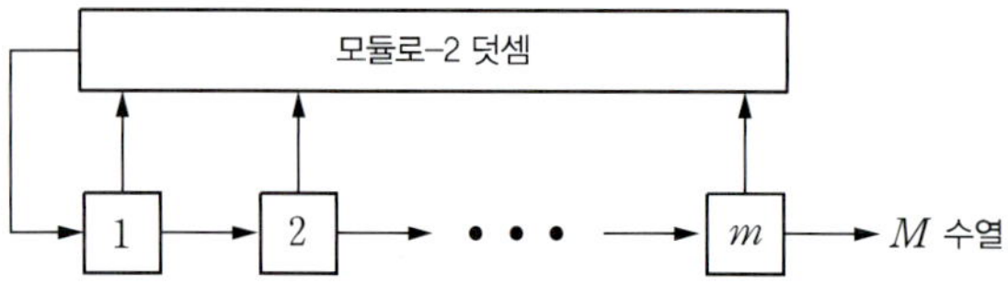

[그림 9-23] M 수열 발생기의 구조

[그림 9-23]에서 작은 사각형은 플립플롭을 나타낸다. 그림에서 보는 바와 같이 M 수열 발생기는 m 개의 플립플롭과 여기에 저장되어 있는 값들을 합산하는 모듈로(modulo)-2 덧셈기로 구성된다. 플립플롭 중에 적어도 한 개에는 0이 아닌 초깃값을 부여하고 클럭을 입력하면 그때마다 플립플롭의 값이 바뀌는데, 이때 m 번째 플립플롭의 값을 시간순으로 나열한 것이 M 수열이 된다. 특히 M 수열은 출력 수열의 주기가 $2^m - 1$ 이 되는 경우이다. 이는 m 개의 플립플롭이 가질 수 있는 패턴 중에 플립플롭의 값이 모두 0인 경우를 제외한 나머지 패턴의 최대 종류와 일치한다. 그러나 [그림 9-23]의 수열 발생기가 만들어내는 수열이 최대 주기를 갖기 위해서는 모든 플립플롭의 값이 반드시 덧셈에 참여하는 것이 아니라 m 에 따라 덧셈 연산에 참여하는 플립플롭들이 달라야 한다.

[표 9-2]는 [그림 9-23]의 M 수열 발생기가 어떤 플립플롭 값을 모듈로-2 덧셈에 사용해야 하는지를 정리한 사례이다. 만약 $m = 3$ 이고 플립플롭의 초기 상태가 "1 0 0"이었다면 M 수열의 한 주기는 "0 0 1 1 1 0 1 0"이 된다.

[표 9-2] 최대 주기를 보장하는 플립플롭 선택

플립플롭 개수	플립플롭 번호 선택
2	[2,1]
3	[3,1]
4	[4,1]
5	[5,2], [5,4,3,2], [5,4,2,1]
6	[6,1], [6,5,2,1], [6,5,3,2]

M 수열의 n 번째 비트를 c_n 이라고 하면, 해당 수열에 대한 자기 상관 함수 $R_m(\tau)$ 의 정의는 다음과 같다.

$$R_m(\tau) = \frac{1}{2^m - 1} \sum_{n=0}^{2^m-2} (2c_n - 1)(2c_{n+\tau} - 1) \tag{9.103}$$

M 수열의 가장 큰 특징은 자기 상관 함수 수열 $R_m(\tau)$ 가 [그림 9-24]에 나타낸 형태가 된다는 점이다. [그림 9-24]는 자기 상관 함수 $R_m(\tau)$ 의 형태가 한 주기 내에서는 백색 잡음의 자기 상관 함수와 매우 유사하므로 M 수열의 순서가 매우 불규칙하다는 것을 암시한다.

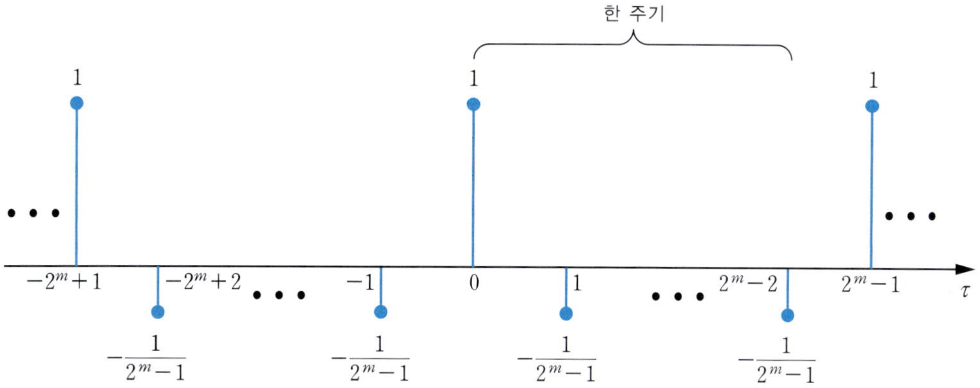

[그림 9-24] M 수열의 자기 상관 함수 형태

예제 9-8

여섯 개의 플립플롭으로 구성된 M 수열이 있다.

(a) M 수열의 주기는 얼마인가?

(b) M 수열에 대한 자기 상관 함수 $R_m(1)$의 값은 얼마인가?

풀이

(a) 플립플롭의 개수 $m=6$이므로 M 수열의 주기는 $2^m-1=2^6-1=63$이다.

(b) 자기 상관 함수 $R_m(\tau)$를 정의하는 식 (9.103)과 [그림 9-24]를 활용하면 $R_m(1)=-\frac{1}{2^m-1}$이므로 $R_6(1)=-\frac{1}{63}$이다.

2 직접 수열 대역 확산

직접 수열 대역 확산(Direct Sequence Spread Spectrum : DSSS) 방식을 설명하는 대표적인 사례로, BPSK와 DSSS를 함께 사용하는 DS/BPSK 송수신 시스템을 살펴보자. [그림 9-25]는 DS/BPSK 시스템의 송수신기 구조를 보여준다. 송신기는 극성 변환기를 사용하여 정보 비트 및 의사 잡음 수열의 원소"1", "0"을 각각 "1", "−1"로 변환한 후 이들을 곱하는 대역 확산 과정을 수행한다. 그리고 그 결과에 반송파를 곱해 DS/BPSK 신호를 만든다. 의사 잡음 수열에서 값이 변하는 단위 시간을 **칩**(chip) 시간이라고 하고 해당 시간 내에 있는 신호를 칩이라고 하는데, DSSS 방식에서는 칩 시간이 정보 비트 시간에 비해서 상당히 짧기 때문에 대역 확산 과정을 거치면서 대역폭이 매우 넓은 신호가 만들어진다. DS/BPSK 신호는 칩 단위의 시간 영역에서는 BPSK 신호 형태를 갖는다.

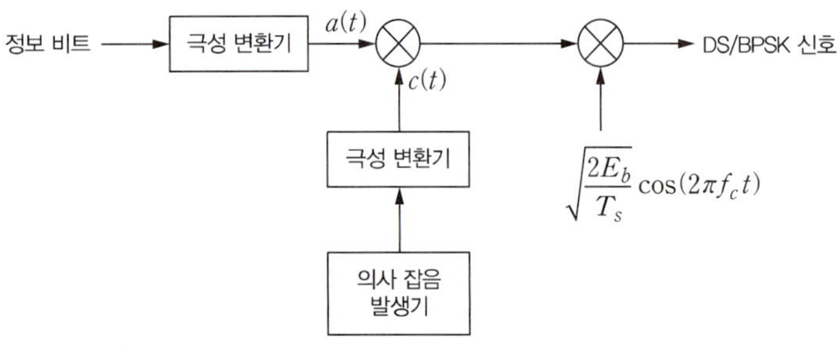

(a) 송신 과정

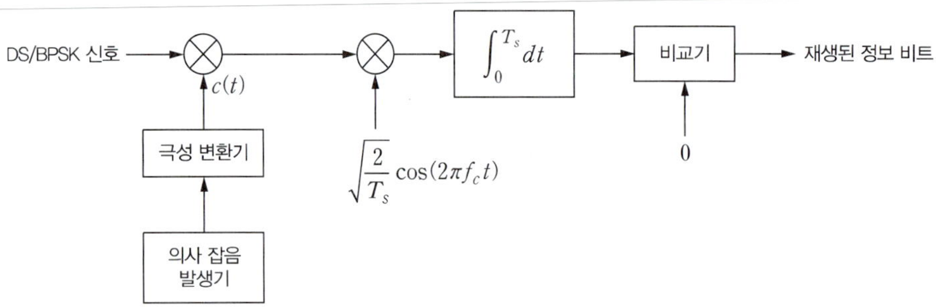

(b) 수신 과정

[그림 9-25] DS/BPSK 시스템의 송수신기 구조

[그림 9-26]은 [그림 9-25(a)]의 중간 단계에서 발생하는 신호 사례를 나타낸 것이다. $a(t)$와 $c(t)$는 각각 극성이 변환된 정보 신호와 의사 잡음 신호인데, $a(t)$의 대역폭에 비해 $a(t)c(t)$의 대역폭이 넓어짐을 예상할 수 있다. 이때 대역폭 확대 비율을 대역 확산 방식의 **처리 이득**(processing gain)이라고 정의하며, 칩 시간에 대한 비트 주기의 비율로 볼 수 있다.

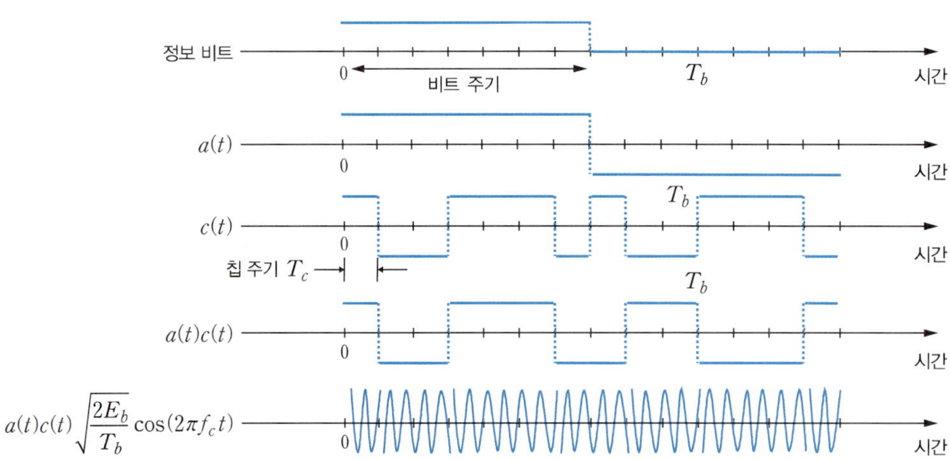

[그림 9-26] 송신 과정 단계별 신호의 변화

DSSS 방식이 사용하는 의사 잡음 수열의 주기에 특별한 제한은 없다. 그러나 편의상 여기에서는 의사 잡음 수열의 주기와 정보 비트 시간이 동일하다고 설정한다. 따라서 의사 잡음 수열의 한 주기 신호를 $c(t)$라고 한다면, 정보 비트별로 확산을 거친 결과 신호 $s(t)$는 다음과 같이 표현할 수 있다.

$$s(t)=\begin{cases}+c(t), & \text{정보 비트}=1 \\ -c(t), & \text{정보 비트}=0\end{cases}, \quad 0 \leqq t < T_s \tag{9.104}$$

이 식에서 T_s는 정보 비트 시간이다. 그리고 $s(t)$가 BPSK 과정을 거치면 그 결과 신호인 DS/BPSK 신호 $x(t)$는 다음과 같아진다.

$$\begin{aligned} x(t) &= \sqrt{\frac{2E_s}{T_s}}\, s(t)\cos 2\pi f_c t\,, \quad 0 \leqq t < T_s \\ &= \begin{cases} \sqrt{\dfrac{2E_s}{T_s}}\, c(t)\cos 2\pi f_c t, & \text{정보 비트}=1 \\ -\sqrt{\dfrac{2E_s}{T_s}}\, c(t)\cos 2\pi f_c t, & \text{정보 비트}=0 \end{cases}, \quad 0 \leqq t < T_s \end{aligned} \tag{9.105}$$

이를 토대로 8장에서 다루었던 ML 검파 이론을 적용해서 수신기를 설계해보자. 먼저 식 (9.105)의 송신 심볼은 형태상 동기식 BPSK 심볼과 유사하기 때문에 기저 함수는 $\sqrt{\frac{2}{T_s}}\,c(t)\cos 2\pi f_c t$가 된다. 이를 이용해 DS/BPSK 방식에 대한 ML 수신기를 설계하면 [그림 9-25(b)]와 같다. 이 수신기 구성에서는 의사 잡음 신호를 곱하는 과정이 있는데, 이는 송신 과정에서의 대역 확산 과정과 동일하지만 결과적으로 수신 신호의 대역폭을 축소하는 결과를 가져오기 때문에 **역확산**(despreading) 과정이라고 한다.

전시 상황에서는 상대방의 통신을 방해할 목적으로 일종의 전파 간섭을 시도하는 경우가 자주 있는데, 이때 간섭 신호를 **재밍**(jamming) **신호**라고 한다. 그러면 반송파 주파수 대역에 협대역 간섭 신호가 존재하는 상황에서 DSSS 방식으로 송신된 신호를 수신할 때 재밍 신호가 수신 성능에 미치는 영향을 살펴보자.

협대역 간섭 신호를 $J(t)$라고 할 때 DSSS 방식에 대한 수신기는 [그림 9-26]과 같이 역확산 과정을 통해 대역 확산된 정보 신호의 대역폭은 축소하지만, 협대역 간섭 신호의 대역폭은 확대한다. 예를 들어, 처리 이득이 N이라면 협대역 신호 $J(t)$의 스펙트럼은 그 대역폭이 N배로 확대되는 셈이다. 그러나 $J(t)$에 확산 부호 신호 $c(t)$를 곱하더라도 전력 자체가 변하지는 않기 때문에 역확산 과정 이후 재밍 신호의 전력 스펙트럼 밀도는 역확산 이전의 $1/N$배가 된다. 따라서 역확산 과정을 거친 이후 역 확산된 DSSS 신호가 차지하는 대역 내에 존재하는 재밍 신호의 전력은 $1/N$로 줄어든다고 볼 수 있다. 따라서 역 확산된 DSSS 신호만을 선택하는 필터를 적용하면 협대역 간섭 신호의 영향을 그만큼 줄일 수 있는 것이다.

[그림 9-27]은 역확산에 따른 전력 스펙트럼의 변화를 간략하게 나타낸 것이다. 이때 협대역 간섭 신호의 영향을 얼마나 줄일 수 있느냐를 결정하는 값은 정보 비트 시간 내에 들어가는 칩 신호의 개수, 즉 N이 되기 때문에 이를 처리 이득이라고 한다.

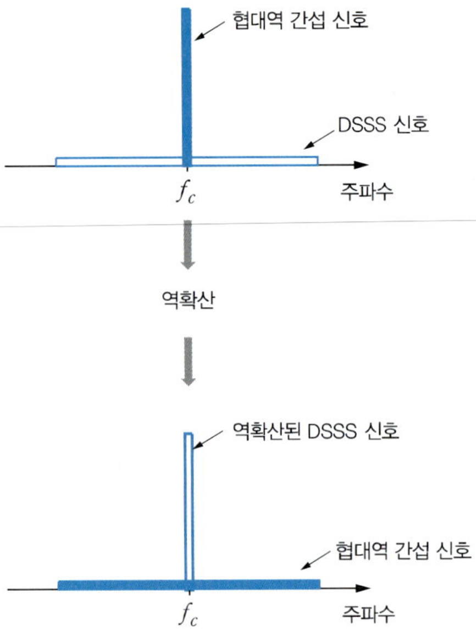

[그림 9-27] 역확산으로 인한 전력 스펙트럼의 변화

예제 9-9

여섯 개의 플립플롭으로 구성된 M 수열을 확산 부호로 사용하는 DS/BPSK 시스템이 있다.

(a) 정보 비트 시간이 M 수열의 주기와 동일할 때의 처리 이득은 얼마인가?

(b) 대역 확산을 하지 않고, 즉 BPSK만을 적용한 송신 신호의 대역폭이 10[kHz]일 때 DS/BPSK 송신 신호의 대역폭은 얼마인가?

풀이

(a) 처리 이득은 칩 시간에 대한 정보 비트 시간의 비율이며, 칩 시간은 정보 비트 시간의 1/63이므로 처리 이득은 63이 된다.

(b) 대역 확산을 사용했을 때 대역폭이 늘어나는 비율이 처리 이득이므로 대역 확산을 하지 않을 때 송신 신호의 대역폭이 10[kHz]라면 대역 확산을 적용하면 대역폭은 630[kHz]가 된다.

3 주파수 도약 대역 확산

주파수 도약 대역 확산(Frequency Hopping Spread Spectrum : FHSS) 방식은 반송파의 주파수를 불규칙하게 변경하여 결과적으로 넓은 대역을 사용하는 방식이다. 여기에서 반송파 주파수를 조정하는 방법은 미리 정해놓은 여러 반송파 주파수 중 하나를 의사 잡음 수열을 활용하여 선택하는 것이다. 이때 반송파 주파수가 변하는 시간 간격이 변조 심볼 시간에 비해 짧은 경우를 **빠른 주파수 도약**(fast frequency hopping)이라고 하고, 그렇지 않은 경우를 **느린 주파수 도약**(slow frequency hopping)이라고 한다.

주파수 도약 방식은 반송파 주파수를 불규칙하게 변경하는 방식이기 때문에 FSK 방식과 함께 사용되는데, MFSK를 사용하는 FH/MFSK 송수신기 구조를 그림으로 나타내면 [그림 9-28]과 같다. 그림에서 보는 바와 같이 MFSK 변조 이후에 혼합기를 사용하여 스펙트럼을 이동시킨다. 그런데 그림의 주파수 합성기는 국부 발진기의 일종으로 의사 잡음 발생기 출력에 따라 주파수 합성기 출력인 정현파의 주파수를 조정할 수 있으며, 이때 의사 잡음 발생기의 출력은 [그림 9-23]에서 m 개의 플립플롭이 저장한 값을 가리킨다. 따라서 혼합기를 이용한 스펙트럼 이동 폭이 불규칙하게 변하면서 결과적으로 대역 확산 효과를 갖는다.

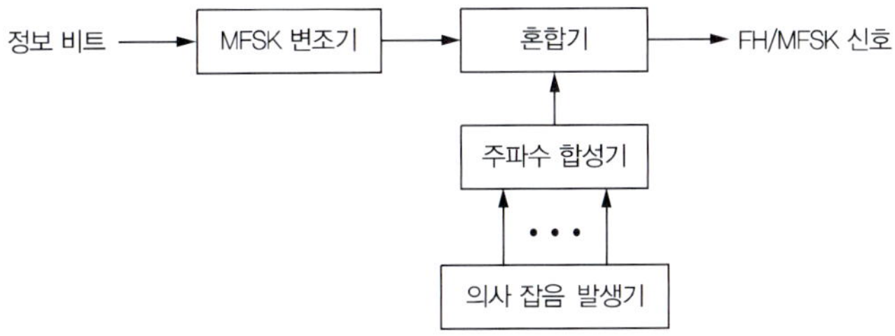

(a) 송신 구조

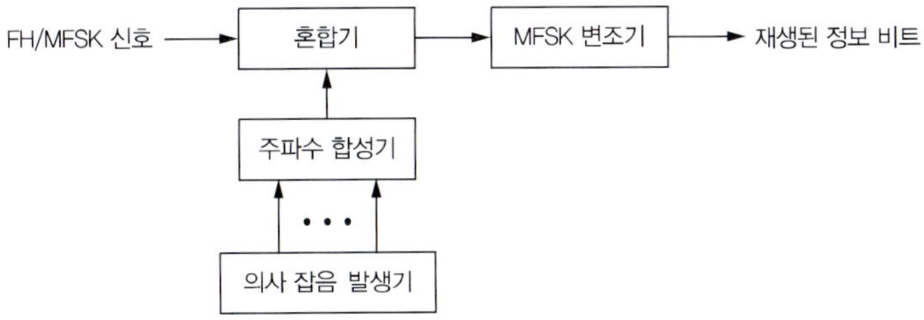

(b) 수신 구조

[그림 9-28] FHSS 방식의 송수신기 구조

예제 9-10

여섯 개의 플립플롭으로 구성된 M 수열을 확산 부호로 사용하는 FH/BFSK 시스템이 있다. FH/BFSK 신호가 갖는 주파수는 최대 몇 가지인지 구하라.

풀이

M 수열 발생기의 플립플롭이 가질 수 있는 값의 패턴은 최대 $2^6 - 1 = 63$가지이며, BFSK 심볼이 갖는 주파수는 2가지이므로 FH/BFSK 심볼이 갖는 주파수는 최대 $2 \times (2^6 - 1) = 126$가지가 가능하다.

SECTION
9.5 OFDM 방식

이 절에서는 주파수 분할 다중 방식에서 보호 대역을 제거하여 주파수 이용 효율을 높인 직교 주파수 분할 다중 방식을 학습한다.

Keywords | 보호 대역 | IFFT | FFT | 순환 전치(CP) | 유효 OFDM 심볼 길이 |

4장에서 주파수 분할 다중화를 사용하여 여러 가지 정보를 동시에 전송할 수 있음을 학습했다. 이때 개별 주파수 채널 사이에는 보호 대역(guard band)을 두어 채널 간에 간섭을 방지한다. 그러나 이로 인해 주파수 이용 효율은 낮아지게 된다. **직교 주파수 분할화 다중 방식**(Orthogonal Frequency-Division Multiplexing : OFDM)은 주파수 분할 다중화 방식의 일종으로, 보호 대역을 사용하지 않는 방식이다.

N 개의 부반송파(subcarrier)를 사용하는 OFDM 방식에서 부반송파별로 MQAM을 사용한다고 가정하면 OFDM 심볼 주기 T_s 동안 OFDM 신호 $s(t)$는 다음과 같이 정의한다.

$$\begin{aligned} s(t) &= \sum_{n=0}^{N-1}\left[a_n\cos\left\{2\pi\left(f_c+\frac{n}{T_s}\right)t\right\}-b_n\sin\left\{2\pi\left(f_c+\frac{n}{T_s}\right)t\right\}\right] \\ &= Re\left\{\sum_{n=0}^{N-1}(a_n+jb_n)\exp\left(j2\pi\frac{n}{T_s}t\right)\exp(2\pi f_c t)\right\}, \quad 0\leq t\leq T_s \end{aligned} \tag{9.106}$$

이 식에서 a_n, b_n은 n번째 부반송파를 통해 전달하는 MQAM 심볼의 인페이즈, 쿼드러처 성분을 의미한다. 식 (9.106)에서 알 수 있듯이 $s(t)$는 부반송파 주파수가 $\left\{f_c+\frac{n}{T_s},\ n=0, 1, \cdots, N-1\right\}$인 QAM 심볼들의 합으로 구성되어 있다. 따라서 $s(t)$에 대한 복소 포락선 $\tilde{s}(t)$는 다음과 같다.

$$\tilde{s}(t) = \sum_{n=0}^{N-1}(a_n+jb_n)\exp\left(j2\pi\frac{n}{T_s}t\right) \tag{9.107}$$

그런데 $\tilde{s}(t)$가 $\left\{t=\frac{kT_s}{N},\ k=0, 1, \cdots, N-1\right\}$ 시점에서 갖는 값을 구해보면 다음과 같아진다.

$$\tilde{s}\left(t=\frac{kT_s}{N}\right) = \sum_{n=0}^{N-1}(a_n+jb_n)\exp\left(j2\pi\frac{kn}{N}\right) \tag{9.108}$$

식 (9.108)의 우변은 수열 $\{(a_n+jb_n),\ n=0, \cdots, N-1\}$의 고속 푸리에 역변환(Inverse Fast Fourier Transform : IFFT)으로 해석할 수 있다. 이를 토대로 OFDM 신호 제작 과정을 그림으로

표현하면 [그림 9-29]와 같다. 그림에서 변조 심볼 대응기는 일정 비트 길이의 정보 비트 묶음을 $a_n + jb_n$으로 변환하는 장치이다. S/P와 P/S는 각각 직렬 데이터를 병렬 데이터로 변환하는 것과 그 반대의 변환을 의미하며, 각각 다음 단계인 식 (9.108)의 IFFT 계산 및 DAC(Digital to Analog Converter)를 위한 것이다. DAC는 디지털 신호를 아날로그 신호로 바꿔주는 장치이다.

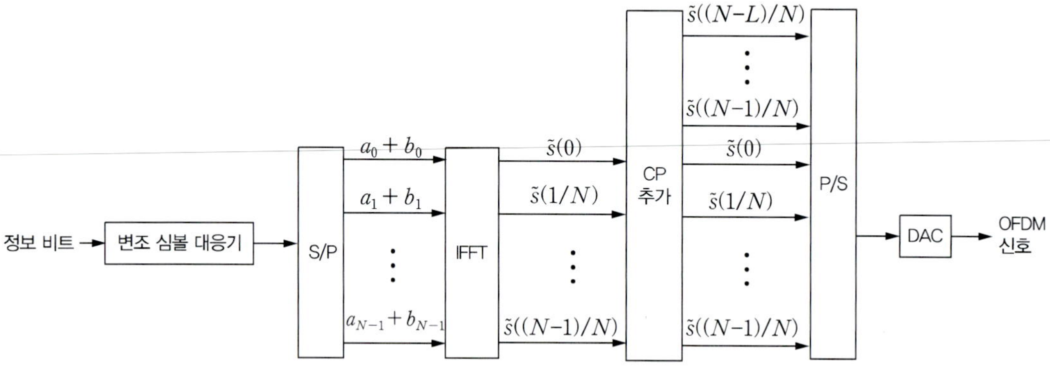

[그림 9-29] OFDM 변조 과정

OFDM 심볼 사이에는 일정 시간의 **보호 기간**(guard time)을 두는데, 이는 OFDM 심볼 간의 간섭을 피하기 위한 것이다. 무선 통신 환경에서는 송신기에서 송신한 신호가 여러 경로를 거쳐 수신기에 도달하는 다중 경로(multipath) 현상이 발생하는데, 이때 경로 차이로 인해 송신 심볼이 수신기에 도달하는 시간의 차이를 **지연 스프레드**(delay spread)라고 한다. OFDM 심볼 사이에 두는 보호 기간의 길이는 지연 스프레드보다 크도록 설정하여 시간 영역에서 이웃한 OFDM 심볼 간의 간섭을 방지한다. 이 기간 동안에 송신기는 송신을 중지하는 대신 그 기간 직후에 송신할 OFDM 심볼 파형의 일부를 복사해서 송신한다. 구체적으로 설명하면 보호 기간 중의 파형은 보호 기간 직후에 나타나는 OFDM 심볼 파형 중에서 보호 기간과 동일한 길이의 후반부 파형이다. 이런 관계를 그림으로 나타낸 것이 [그림 9-30]이며, 보호 기간 중에 송신하는 신호를 **순환 전치**(Cyclic Prefix : CP)라고 한다.

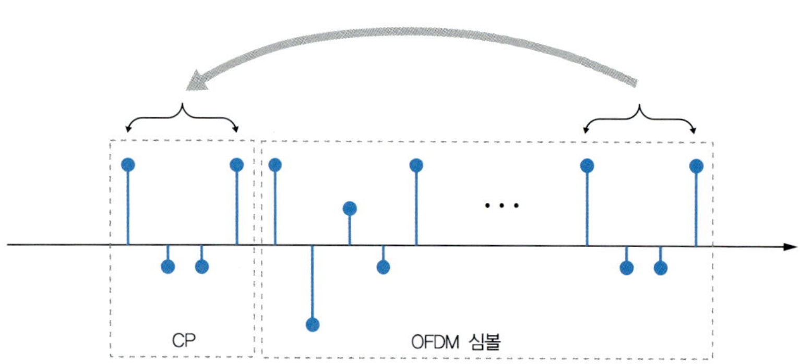

[그림 9-30] CP 추가 과정

심볼 간 보호 기간 동안 송신을 중단하지 않고 CP를 전송하는 이유는 수신기 입장에서 부반송파 채널 간의 간섭을 피하기 위해서이다. 이로 인해 수신기에서 고속 푸리에 변환(Fast Fourier Transform : FFT)을 사용한 복조가 가능해진다. [그림 9-30]은 CP의 길이가 4인 경우 CP가 OFDM 심볼의 마지막 네 개의 표본과 동일하다는 것을 보여준다. 그리고 CP의 길이에 유효 OFDM 심볼 길이를 합산한 것을 OFDM 심볼의 길이라고 하며, 특히 T_s를 **유효 OFDM 심볼 길이**(effective OFDM symbol length)라고 한다.

OFDM 복조 방법은 8장에서 학습했던 최적 수신기 이론을 적용하여 결정할 수 있다. 식 (9.106)에서 OFDM 심볼의 복소 포락선 신호는 서로 직교하는 N개의 복소 지수 신호의 선형 결합으로 생각할 수 있다. 따라서 이를 토대로 최적 수신기를 [그림 9-31]에 나타낸 바와 같이 FFT와 변조 심볼 역대응기로 구성할 수 있다. 이때 FFT가 수신 신호 벡터를 구하는 과정이고, 변조 심볼 역대응기가 수신 신호 벡터를 정보 비트로 대응하는 과정이다. 수신 OFDM 신호는 ADC(Analog to Digital Converter)를 거치면서 [그림 9-29]의 DAC 입력과 유사한 신호, 즉 [그림 9-30]과 같은 형태의 신호를 만들어낸다.

그리고 이어지는 과정에서 CP는 필요 없기 때문에 CP를 제거한 후 그 결과로부터 부반송파별로 전송한 $a_n + jb_n$을 추정하는 과정을 거치게 된다. 그런데 그것은 $\left\{\tilde{s}\left(t=\dfrac{kT}{N}\right),\ k=0, \cdots, N-1\right\}$로부터 $\{(a_n + jb_n),\ n=0, \cdots, N-1\}$을 결정하는 과정이며, 이는 IFFT의 반대 과정이므로 FFT를 사용하여 구현할 수 있다. 마지막으로 변조 심볼 역대응기는 $a_n + jb_n$을 정보 비트로 변환하는 역할을 하는데, 이는 부반송파 단위에서 사용하는 변조 방식에 대한 복조 과정이라고 볼 수 있다.

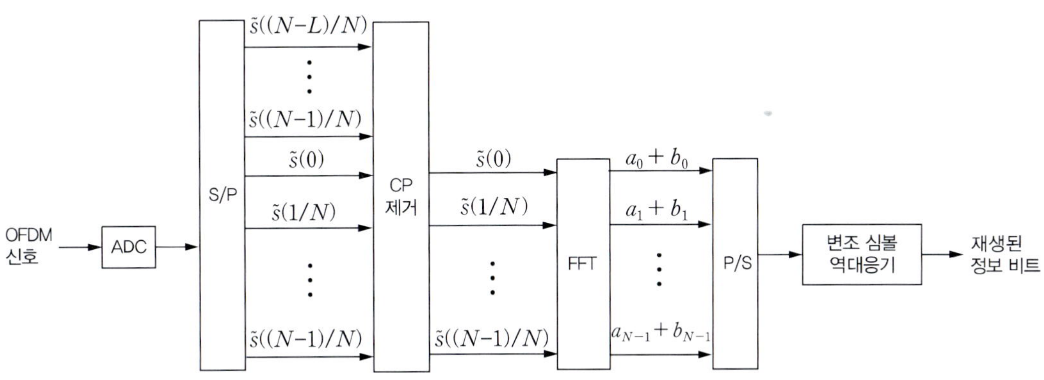

[그림 9-31] OFDM 복조 과정

예제 9-11

유효 OFDM 심볼 길이 T_s가 1[ms]인 경우에 주파수 영역에서 이웃한 부반송파 주파수의 간격을 구하라.

풀이

부반송파의 주파수 간격은 $1 / T_s = 1$[kHz]이다.

예제 9-12

CP 구간을 포함한 OFDM 심볼 길이가 1[ms]이고 64개의 부반송파를 사용하며, 부반송파별로 16QAM 변조 방식을 사용하는 OFDM 시스템이 있다고 한다. 이 시스템의 비트 전송 속도를 구하라.

풀이

OFDM 심볼 한 개가 전달하는 비트 개수는 $64 \times \log_2 16 = 256$이고 심볼 전송 속도가 1000[baud]이므로 비트 전송 속도는 256[kbps]이다.

CHAPTER

09 핵심요약

• 기본적인 디지털 변조 방식 ASK, FSK, PSK는 정보 신호에 따라 반송파인 정현파의 진폭, 주파수, 위상을 조정하는 변조 방식이다.

• 수신 과정에서 반송파의 위상을 추정하는지에 따라 디지털 변조 방식을 동기식과 비동기식으로 구분한다.

• 변조 방식별 최적의 수신기는 ML 검파기를 기반으로 설계한다.

• AWGN 채널 환경에서 변조 방식별 비트 오류 확률을 정리하면 다음과 같다. 이때 E_b는 비트당 에너지, $\frac{N_0}{2}$는 백색 가우시안 잡음의 전력 스펙트럼 밀도이다.

변조 방식	비트 오류 확률 P_{be}
동기식 BPSK	$P_{be} = Q\left(\sqrt{\frac{2E_b}{N_o}}\right)$
동기식 QPSK + 그레이 부호	$P_{be} \approx Q\left(\sqrt{\frac{2E_b}{N_o}}\right)$
동기식 BFSK	$P_{be} = Q\left(\sqrt{\frac{E_b}{N_o}}\right)$
비동기식 BFSK	$P_{be} = \frac{1}{2}\exp\left(-\frac{E_b}{2N_0}\right)$
DPSK	$P_{be} = \frac{1}{2}\exp\left(-\frac{E_b}{N_0}\right)$
동기식 MPAM + 그레이 부호	$P_{be} = \frac{2(M-1)}{M\log_2 M} Q\left(\sqrt{\frac{6E_b\log_2 M}{(M^2-1)N_0}}\right)$
동기식 MQAM($M=2^{2n}$) + 그레이 부호	$P_{be} = \frac{4}{\log_2 M}\left(1-\frac{1}{\sqrt{M}}\right) Q\left(\sqrt{\frac{3E_b\log_2 M}{N_0(M-1)}}\right)$

• 변조 방식이 점유하는 주파수 대역폭은 해당 변조 방식의 전력 스펙트럼을 통해 추정할 수 있다.

• 동기식 MPSK 신호 $s(t)$의 복소 포락선 $\tilde{s}(t)$에 대한 전력 스펙트럼 밀도는 $S_{\tilde{s}}(f) = 2E_s \text{sinc}^2(T_s f)$이다.

• 주파수 효율은 점유 대역폭에 대한 비트 전송 속도의 비율이다.

• M이 증가할수록 MPSK 방식은 주파수 효율이 상승하고, MFSK 방식은 주파수 효율이 떨어진다.

• 대역 확산 방식은 직접 수열 확산 방식과 주파수 도약 방식으로 구분한다.

• 직접 수열 확산 방식은 정보 신호에 의사 잡음 수열을 적용하여 신호의 대역폭을 확대하는 방식이다.

- 주파수 도약 방식은 의사 잡음 수열을 이용하여 반송파 주파수를 불규칙하게 변경함으로써 대역폭을 확대하는 기술이다.
- 대역 확산 방식의 처리 이득은 대역 확산 전 신호의 대역폭에 대한 대역 확산 후 신호의 대역폭의 비율이다.
- OFDM 방식은 주파수 분할 다중화의 일종으로 서로 직교하는 N개의 부반송파별로 정보를 병렬 전송하는 방식이다.
- OFDM 심볼 간의 간섭을 피하기 위해 시간 영역에서 심볼 사이에 보호 구간을 두고, 부반송파 채널 간의 직교성을 확보하기 위해 이 구간을 CP로 채운다.

CHAPTER

09 연습문제

9.1 다음과 같은 두 개의 심볼을 사용하는 2진 전송 시스템이 있다. 잡음의 전력 스펙트럼 밀도가 1[W/Hz]인 AWGN 채널 환경에서 최적의 수신 방식을 사용할 때 평균 심볼 오류 확률을 구하라. 단, $\theta \neq 0$이다.

$$s_1(t) = \sqrt{2}\cos(2\pi 10^6 t), \quad 0 \leq t < 1$$

$$s_2(t) = \sqrt{2}\cos(2\pi 10^6 t + \theta), \quad 0 \leq t < 1$$

9.2 심볼 시간 격격이 1[ms]인 동기식 BFSK 방식과 비동기식 BFSK 방식을 사용해서 정보를 전송하려고 한다. 두 가지 방식에 대해 변조 심볼 간의 주파수 차이가 최소 얼마가 되어야 하는지 구하라.

9.3 다음과 같은 4진 펄스 진폭 변조 심볼에 대해 다음을 구하라. 단, a_i는 $\{-3+2(i-1),\ i=1, 2, \cdots, 4\}$이다.

$$s_i(t) = \sqrt{2}\,a_i\cos(2\pi 10^6 t), \quad 0 \leq t < 1, \quad i = 1, 2, 3, 4$$

(a) 평균 심볼 에너지

(b) 네 가지 심볼에 대한 결정 영역

(c) 잡음의 전력 스펙트럼 밀도가 1[W/Hz]인 AWGN 채널 환경에서 평균 심볼 오류 확률

9.4 잡음의 전력 스펙트럼 밀도는 1[W/Hz]인 AWGN 채널 환경에서 다음과 같은 동기식 BFSK 신호를 사용하여 정보를 전송하려고 한다.

$$s_1(t) = \sqrt{2}\cos\left[2\pi\left(10^6 + \frac{1}{2}\right)t\right], \quad 0 \leq t \leq 1$$

$$s_2(t) = \sqrt{2}\cos\left[2\pi\left(10^6 - \frac{1}{2}\right)t\right], \quad 0 \leq t \leq 1$$

복조기에서 사용하는 국부 발진기의 위상이 수신 신호의 위상과 θ만큼 차이가 날 때 심볼 오류 확률을 구하라.

9.5 AWGN 채널 환경에서 그레이 부호가 적용된 QPSK 변조를 사용하여 정보를 전송한다고 한다. 수신 비트 오류 확률이 10^{-3}일 때 심볼 오류 확률을 추정하라.

9.6 16QAM 방식에서 한 개의 심볼이 갖는 크기와 위상의 종류 가짓수를 구하라.

9.7 MQAM 변조 방식을 사용하는 OFDM 시스템이 초당 1000개의 OFDM 심볼을 전송한다고 한다. OFDM 시스템에서 사용하는 부반송파의 개수가 64개이고 비트 전송 속도가 256[kbps]라고 할 때 M값을 구하라.

CHAPTER

10

오류 제어 부호

이 장에서는 디지털 통신 시스템의 복조 과정에서 발생하는 복조 오류에 대처하기 위해 사용하는 오류 제어 부호에 대해 살펴본다. 복조 결과가 2진(binary)인 경판정(hard decision)을 대상으로 선형 블록 부호를 소개하고, 세부적으로 순환 부호와 길쌈 부호 등을 설명한다.

CONTENTS

SECTION 10.1

오류 제어 부호의 개요

이 절에서는 디지털 통신 시스템 관점에서 오류 제어 부호의 개념을 살펴보고, 오류 제어 부호의 기본적인 형태를 학습한다.

Keywords | 채널 부호 | 경판정 | 순방향 오류 수정 | 자동 반복 요청 | 블록 부호 | 비블록 부호 | 부호율 |

9장에서 여러 가지 디지털 변조 방식에 대한 심볼 오류 확률을 살펴보았다. 디지털 통신 시스템은 이런 복조 오류에 대처하기 위해 오류 제어 부호 또는 채널 부호(channel code) 방식을 사용한다. 일반적으로 오류 제어 부호 과정은 송신기에서 변조 이전에 실시하고, 복호 과정은 수신기에서 복조 이후에 진행한다. 이때 복조 결과가 2진(binary)이면 **경판정**(hard decision)이라고 하며, 복조 결과의 종류가 두 가지를 초과하면 **연판정**(soft decision)이라고 한다. 이 장에서는 경판정인 경우만을 살펴볼 것이다.

1 오류 제어 부호의 개념

이미 4장에서 송신기와 수신기의 간단한 구조([그림 4-1] 참고)를 소개한 바 있다. 사실 이 구조는 아날로그 통신 시스템에 대한 것으로, 디지털 통신 시스템에서는 변복조 이외에 추가적인 기능이 더 필요하다. 디지털 통신 시스템의 구조를 간략하게 나타내면 [그림 10-1]과 같다. 그림에서 보듯이 아날로그 통신 시스템에 비해 ADC, DAC, 원천 부호화(source encoding) 및 복호화, 채널 부호화 및 복호화가 추가로 필요하다. ADC는 아날로그 정보를 디지털 정보로 변환하는 역할을 하며, 이때 디지털 펄스 변조에서 학습했던 표본화 정리와 양자화 기술이 사용된다. 반대로 DAC는 디지털 정보를 아날로그 정보로 변환하는 역할을 한다. 원천 부호화는 디지털 정보의 양을 줄이기 위한 기술로, 파일 압축 기술이나 MP3가 대표적인 예시이다.

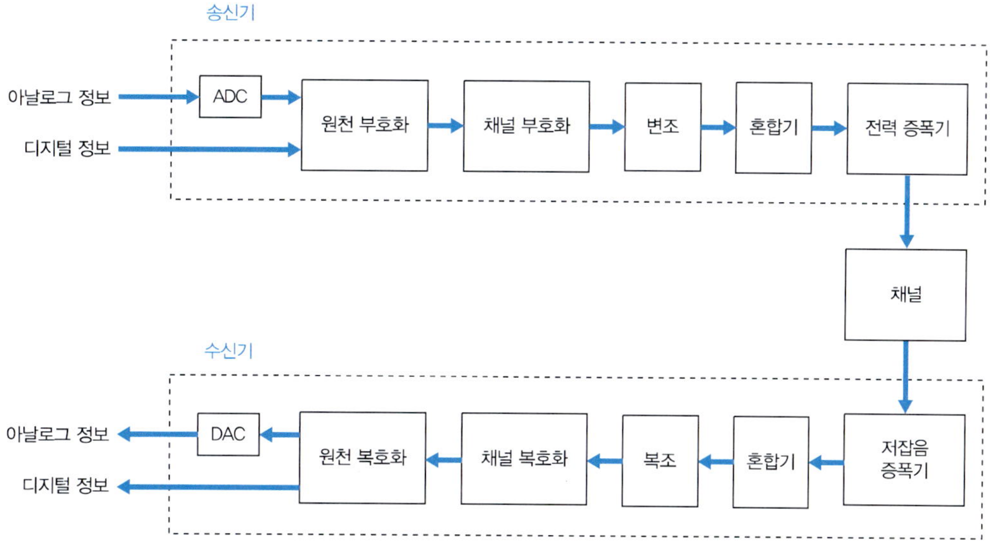

[그림 10-1] 디지털 통신 시스템의 구조

송신기에서 나온 신호는 통신 채널을 거치면서 신호가 왜곡되기도 하고 잡음이 더해지기도 한다. 따라서 수신기가 수신 신호를 분석하여 송신기가 전달하려고 했던 정보를 추정하다 보면 판단 오류가 발생하는 경우가 있다. 이런 복조 오류를 탐지하거나 수정하기 위해 송신기는 전송하려고 하는 정보 비트들에 임의로 비트를 추가하여 비트들 사이에 일정한 관계를 만족하도록 하는 기술을 사용하는데, 이를 **오류 제어 부호**(error control code) 또는 **채널 부호**(channel code)라고 한다. 이때 채널 복호기는 수신 신호가 이런 조건을 만족하는지를 분석하여 오류가 발생했는지 판단하거나 오류를 수정한다.

오류 제어 부호의 목표는 복조 오류를 탐지하거나 정정함으로써 결과적으로 복조 오류를 수정하는 것이다. 따라서 오류 제어 부호를 사용하게 되면 주어진 SNR에서 비트 오류 확률을 낮출 수 있다. 바꾸어 말하면, 임의의 비트 오류 확률을 달성하는 데 필요한 SNR을 줄이는 효과가 생긴다.

2 오류 제어 부호의 분류

오류 제어 부호는 수신측에서 송신측에 복조 오류의 발생 여부를 전달하는가에 따라 **순방향 오류 수정**(Forward Error Correction : FEC) 방식과 **자동 반복 요청**(Automatic Repeat reQuest : ARQ) 방식으로 구분할 수 있다.

순방향 오류 수정 방식은 수신측이 송신측과 상관없이 독자적으로 복조 오류를 수정하는 방식이다. 반면에, 자동 반복 요청 방식은 수신측에서 복조 오류가 발생했다고 판단되면 송신측에 해당 정보의 재전송을 요청하는 방식이다.

따라서 순방향 오류 수정 방식은 실시간 전송이 필요하거나 수신측에서 송신측으로 오류 발생을 알리는 것이 여의치 않은 상황 등에 적합하다. 반면에, 자동 반복 요청 방식은 전송 지연에 민감하지 않고 높은 신뢰성이 필요한 경우에 적합하다. 자동 반복 요청 방식의 경우 복조 오류가 너무 자주 발생하게 되면 잦은 송신 반복 요청으로 인해 결과적으로 전송 효율이 낮아지기 때문이다.

지금까지 살펴본 오류 제어 부호 방식에 따른 특징을 정리하면 [표 10-1]과 같다.

[표 10-1] 오류 제어 부호의 분류

구분	순방향 오류 수정 방식	자동 반복 요청 방식
동작 방식	• 수신측이 독자적으로 복조 오류 수정	• 수신측이 복조 오류 판단 후 송신측에 정보 재전송 요청
활용 상황	• 실시간 전송이 필요한 경우 • 수신측에서 송신측에 오류 발생을 알리기 어려운 경우	• 전송 지연에 민감하지 않고 높은 신뢰성이 필요한 경우

순방향 오류 수정 방식은 부호화 형태에 따라 **블록 부호**(block code) 방식과 **비블록 부호**(non-block code) 방식으로 구분할 수 있다. 블록 부호 방식은 일정 개수의 정보 비트들을 묶은 정보어를 **부호어**(codeword)로 변환하는 방식이다. 이 방식은 정보어별로 부호화를 독립적으로 진행하기 때문에 현재 결정한 부호어는 이전 정보어와는 아무런 관련이 없다. 이에 반해, 비블록 부호는 현재 부호어가 현재 정보어뿐만 아니라 이전 정보어와도 관련이 있다.

일반적으로 k 비트로 구성된 한 개의 정보어를 받아들여 n 비트 길이의 부호어를 만들었다면, **부호율**(code rate) R은 다음과 같이 정의한다.

★ 부호율 ★

$$R = \frac{k}{n} \tag{10.1}$$

일반적으로 $n \geq k$이므로 부호율은 항상 0 이상이고 1 이하가 된다. 부호율은 부호어의 한 비트가 전달하는 정보 비트의 개수를 나타내는 것으로 해석할 수 있다.

SECTION 10.2

선형 블록 부호

이 절에서는 선형성을 갖는 선형 블록 부호의 기본 개념과 부호화 및 복호화 과정을 학습한다.

Keywords | 부호 | 생성 행렬 | 해밍 거리 | 해밍 무게 | 최소 거리 | 체계적 선형 블록 부호 | 패리티 검사 행렬 | 신드롬 | 코셋 |

선형 블록 부호(linear block code)는 선형성(linearity)이 충족되는 블록 부호를 가리킨다. 모든 부호어를 원소로 하는 집합을 **부호**(code)라고 부르는데, 선형성이란 이러한 부호를 구성하는 부호어 중에서 임의의 두 개를 더하면 그 결과 또한 그 부호에 속하는 부호어가 된다는 것을 의미한다. 이때 부호어 간의 덧셈은 산술적 덧셈 결과를 2로 나눈 후 나머지를 출력하는 모듈로(modulo)−2 덧셈 연산을 의미한다.

선형성이 성립한다는 것은 해당 부호가 일종의 벡터 공간(vector space)을 구성한다는 것을 의미한다. 일반적으로 벡터 공간에 속하는 벡터는 기저 벡터라고 하는 벡터들의 선형 결합 형태로 표현할 수 있다. 따라서 선형 블록 부호를 구성하는 임의의 부호어 $\boldsymbol{c}_i$를 벡터로 보고 다음과 같이 기저 벡터인 $\boldsymbol{g}_0$, $\boldsymbol{g}_1$, $\cdots$, $\boldsymbol{g}_{k-1}$의 선형 결합 형태로 표현할 수 있다.

$$\boldsymbol{c}_i = m_{i,0}\boldsymbol{g}_0 + m_{i,1}\boldsymbol{g}_1 + \cdots + m_{i,k-1}\boldsymbol{g}_{k-1} \tag{10.2}$$

여기에서 $m_{i,0}$, $m_{i,1}$, $\cdots$, $m_{i,k-1}$은 정보어를 구성하는 비트로, 각각은 "0" 또는 "1"의 값을 갖는다. 따라서 $\boldsymbol{m}_i \equiv [m_{i,0} \; m_{i,1} \; \cdots \; m_{i,k-1}]$, $G \equiv [\boldsymbol{g}_0^T \; \boldsymbol{g}_1^T \; \cdots \; \boldsymbol{g}_{k-1}^T]^T$이라고 정의하면, 식 (10.2)를 다음과 같이 표현할 수 있다.

★ 선형 블록 부호의 부호어와 정보어의 관계 ★

$$\boldsymbol{c}_i = \boldsymbol{m}_i G \tag{10.3}$$

선형 블록 부호에서 $\boldsymbol{m}_i$는 $1 \times k$ 크기의 정보어이고, $\boldsymbol{c}_i$는 그에 대응되는 부호어로서 크기가 $1 \times n$인 벡터일 때 G는 $k \times n$ 행렬로, **생성 행렬**(generating matrix)이라고 한다.

부호어와 관련한 대표적인 양으로는 해밍 거리와 해밍 무게가 있다. **해밍 거리**(Hamming distance)는 두 부호어에 대해 정의되는 양으로, 두 부호어 성분 중에서 동일한 위치에 있지만 그 값이 다른 원소의 개수를 의미한다. 그리고 **해밍 무게**(Hamming weight)는 부호어를 구성하는 원소 중에서 "1"의 개수를 가리킨다.

부호의 특성을 나타내는 양으로는 **최소 거리**(minimum distance)라는 개념이 있다. 이는 해당 부호를 구성하는 부호어 간의 해밍 거리 중 가장 적은 값을 가리킨다. 최소 거리는 해당 부호를 사용했을 때 발생하는 오류율과 밀접한 관련이 있는데, 최소 거리가 클수록 오류 검출이나 오류 수정 기능이 우수해진다.

부호어 간의 해밍 거리를 결정하는 방법으로는 두 개의 부호어에 대해 모듈로-2 덧셈을 적용한 후 그 연산 결과의 해밍 무게를 계산하는 것이 있다. 예를 들어, 두 개의 부호어 [1 0 1], [1 0 0]에 대해 해밍 거리를 구하면 두 부호어의 성분 중 세 번째 성분만 다르므로 1이 된다. 그런데 두 부호어에 모듈로-2 덧셈 연산을 적용하면 그 결과는 [0 0 1]이 되며, 해밍 무게는 1이므로 두 부호어 사이의 해밍 거리와 동일하게 된다. 그런데 선형 부호인 경우 두 개의 부호어를 더하게 되면 그 또한 부호어가 되므로 결과적으로 개별 부호어의 해밍 무게 중에서 0을 제외하고 가장 적은 값이 해당 부호의 최소 거리가 됨을 알 수 있다.

일반적으로 어떤 부호의 최소 거리가 $d_{\min}$이라면 $d_{\min}-1$개의 비트 오류까지 오류 검출이 가능하고 $\left\lfloor \frac{d_{\min}-1}{2} \right\rfloor$개의 비트 오류까지 수정이 가능하다. 이때 $\lfloor x \rfloor$는 x를 넘지 않는 최대 정수를 의미한다. 예를 들어, $d_{\min}=4$라면 3비트 오류까지 오류 검출이 가능하고, 1비트 오류까지 수정이 가능하다.

선형 블록 부호 중에서 부호어의 일부가 정보어와 동일한 경우를 **체계적**(systematic) **선형 블록 부호**라고 한다. 부호어의 비트 길이가 n이고 그 중 마지막 k 비트가 정보어와 일치한다면 부호어 $\boldsymbol{c}_i$를 다음과 같이 표현할 수 있다.

$$\begin{aligned} \boldsymbol{c}_i &= [c_{i,0}\ c_{i,1} \cdots\ c_{i,n-k-1} \quad c_{i,n-k} c_{i,,n-k+1} \cdots\ c_{i,n-1}] \\ &= [c_{i,0}\ c_{i,1} \cdots\ c_{i,n-k-1} \quad m_{i,0}\ m_{i,2} \cdots\ m_{i,k-1}] \end{aligned} \tag{10.4}$$

여기에서 $c_{i,j}$는 $\boldsymbol{c}_i$의 $j+1$번째 원소를 가리키며, $m_{i,j}$는 정보어 $\boldsymbol{m}_i$의 $j+1$번째 원소를 가리킨다. 그리고 식 (10.4)의 부호어 성분 중에서 정보어를 제외한 나머지 성분들을 **패리티**(parity) **비트**라고 하는데, 이들은 $c_{i,0}\ c_{i,1} \cdots\ c_{i,n-k-1}$이다.

가장 간단한 형태의 패리티 비트는 부호어를 구성하는 비트에서 1의 개수가 홀수가 되도록 하는 홀수 패리티와 짝수가 되도록 하는 짝수 패리티가 있다. 식 (10.4)에서 알 수 있듯이 패리티 비트들은 정보 비트들과 일정한 관계를 가지며, 이들의 관계는 생성 행렬 G에 의해 결정된다.

체계적 선형 블록 부호는 부호어 일부가 정보어와 같다는 성질 때문에 생성 행렬 G가 다음과 같은 형태가 되어야 한다.

★ 체계적 선형 블록 부호의 생성 행렬 ★

$$G = [P \ \ I_k] \tag{10.5}$$

여기에서 P는 크기가 $k \times (n-k)$인 행렬이고 I_k는 크기가 $k \times k$인 단위 행렬이다. 이때 패리티 비트열 $[c_{i,0} c_{i,1} \cdots c_{i,n-k-1}]$은 정보어와 다음과 같은 관계를 갖는다.

$$[c_{i,0} c_{i,1} \cdots c_{i,n-k-1}] = \mathbf{m}_i P \tag{10.6}$$

그리고 식 (10.6)의 양변에 $\mathbf{m}_i P$를 더해주면

$$[c_{i,0} c_{i,1} \cdots c_{i,n-k-1}] + \mathbf{m}_i P = 0 \tag{10.7}$$

이 된다. 왜냐하면 모듈로-2 덧셈 연산에 따라 동일한 비트를 더하면 그 결과는 항상 0이 되기 때문이다. 식 (10.7)은 다음과 같이 행렬식으로 표현할 수도 있다.

$$[c_{i,0} \ c_{i,1} \cdots c_{i,n-k-1} \ m_{i,0} \ m_{i,1} \cdots m_{i,k-1}] \begin{bmatrix} I_{n-k} \\ P \end{bmatrix} = 0 \tag{10.8}$$

어떤 체계적 선형 블록 부호라도 식 (10.8)을 항상 만족해야 한다. 만약 위의 관계를 만족하지 않으면 그 부호어는 정상적인 부호어라고 볼 수 없다. 따라서 수신기에서 복조 과정을 통해 추정한 부호어가 식 (10.8)을 만족하지 않는다면, 이는 복조하는 과정에서 오류가 발생한 것으로 볼 수 있다. 이런 이유로 식 (10.8)에 포함된 행렬 $H \equiv [I_{n-k} \quad P^T]$을 **패리티 검사 행렬**(parity check matrix)이라고 한다. 패리티 검사 행렬을 사용하여 식 (10.8)을 표현하면 다음과 같이 된다.

★ 패리티 검사 행렬의 성질 ★

$$\mathbf{c}_i H^T = \mathbf{0} \tag{10.9}$$

그리고 식 (10.3)을 식 (10.9)에 적용하면 패리티 검사 행렬과 생성 행렬은 다음과 같은 관계를 갖는다는 것을 알 수 있다.

$$HG^T = \mathbf{0} \tag{10.10}$$

예제 10-1

정보어의 길이가 1비트이고 부호어는 이를 세 번 반복하는 반복 부호(repetition code)가 있다. 예를 들면, 정보어가 [1]인 경우에 부호어는 [1 1 1]이 된다.

(a) 부호율은 얼마인가?
(b) 해당 부호 방식이 선형 부호인가? 만약 그렇다면 생성 행렬을 구하라.
(c) 패리티 검사 행렬을 구하라.

풀이

(a) 부호어의 길이 n이 3이고 정보어의 길이 k는 1이므로 부호율은 $\frac{1}{3}$이다.

(b) 해당 부호의 부호어는 [0 0 0]과 [1 1 1]이다. 이 집합은 모듈로-2 덧셈 연산에 대해 닫혀있으므로 선형 부호이다. 이때 생성 행렬은 [1 1 1]이다.

(c) 주어진 부호 방식의 생성 행렬 G는 [1 1 1]이다. 따라서 $P = [1\ \ 1]$이고 패리티 검사 행렬 H는 다음과 같다.

$$H = [I_2\ \ P^T] = \begin{bmatrix} 1 & 0 & 1 \\ 0 & 1 & 1 \end{bmatrix}$$

송신기는 선형 블록 부호를 사용하여 정보어를 부호어로 변환한 후, 그 결과를 변조 과정을 통해 송신 심볼로 변환한다. 수신기는 이를 수신하여 복조한 후 복호화 과정을 통해 송신한 정보어를 추정한다. 대표적인 채널 복호화 방식으로는 **신드롬**(syndrome)을 기반으로 하는 방식이 있다. 여기에서 신드롬이란 다음과 같이 복조 과정 직후의 수신 부호어 $\boldsymbol{r}$에 패리티 검사 행렬을 적용하여 계산한 값 $\boldsymbol{s}$를 가리킨다.

★ 체계적 선형 블록 부호의 신드롬 ★

$$\boldsymbol{s} = \boldsymbol{r}H^T \tag{10.11}$$

일반적으로 수신 부호어 $\boldsymbol{r}$은 송신 부호어 $\boldsymbol{c}$에 오류 벡터 $\boldsymbol{e}$가 더해진 것으로 생각할 수 있다. 예를 들어 복조 과정에서 수신 부호어의 두 번째 성분에 복조 오류가 생겼다면 이는 오류 벡터 $\boldsymbol{e}$의 두 번째 성분이 1인 것을 의미한다. 따라서 $\boldsymbol{r} = \boldsymbol{c} + \boldsymbol{e}$라는 관계를 식 (10.11)에 대입한 후 $\boldsymbol{c}H^T = 0$이라는 관계를 적용하면 다음과 같은 결과를 얻을 수 있다.

★ 체계적 선형 블록 부호에서 신드롬과 오류 벡터의 관계 ★

$$\begin{aligned} s &= (c + e)H^T \\ &= eH^T \end{aligned} \tag{10.12}$$

결국 신드롬 s는 오류 벡터 e에 따라 결정되는 값이기 때문에 신드롬과 오류 벡터 e 사이에 연관성이 있음을 알 수 있다. 그러나 신드롬 s의 크기가 $1 \times (n-k)$이고 오류 벡터 e의 크기는 $1 \times n$이기 때문에 신드롬과 오류 벡터 간에 일대일 대응 관계가 성립할 수는 없다. 이는 하나의 신드롬에 대응되는 오류 벡터가 여러 개 있을 수 있음을 의미한다.

동일한 신드롬을 갖는 부호어들의 집합을 **코셋**(coset)이라고 한다. 신드롬을 계산한 후에 오류 벡터를 추정하는 방법 중의 하나는 코셋 중에서 가장 발생 가능성이 큰 오류 벡터를 미리 정해놓고, 이를 오류 벡터에 대한 추정값으로 사용하는 것이다. 하나의 코셋에서 발생 가능성이 큰 오류 벡터를 **코셋 리더**(coset leader)라고 한다. 일반적으로 한 개의 부호어에 포함되는 비트 오류 개수가 많을수록 그 발생 확률은 낮으므로, 코셋 리더는 해당 코셋을 구성하는 오류 벡터 중에서 1의 개수가 가장 적은 것이 될 가능성이 크다. 그러므로 현재 수신한 부호어로부터 신드롬을 계산한 후에 이로부터 추정한 오류 벡터, 즉 코셋 리더 $\hat{e}$를 더해서 다음과 같이 송신 부호어 $\hat{c}$를 추정할 수 있다.

$$\begin{aligned} \hat{c} &= r + \hat{e} \\ &= c + e + \hat{e} \end{aligned} \tag{10.13}$$

여기서 만약 $e = \hat{e}$이면 $\hat{c} = c$가 되므로 복조 오류를 제거할 수 있지만, 그렇지 않으면 오류 비트를 수정하지 못한다. 그러나 오류 비트를 수정할 확률이 그렇지 않을 확률보다 높기 때문에 이런 방식으로 오류를 수정하는 것은 결과적으로 비트 오류를 줄이는 데 도움이 된다.

예제 10-2

정보어의 길이가 1비트이고 부호어는 이를 세 번 반복하는 반복 부호가 있다.

(a) 복조 이후 부호어가 [0 0 1]일 때 신드롬을 얼마인가?

(b) 복조 이후 부호어에 포함될 수 있는 비트 오류가 1비트 이하로 제한될 때 발생할 수 있는 신드롬은 몇 가지인가?

(c) (b)의 결과를 토대로 (a)의 부호어에 포함된 오류를 수정했을 때 결과는 얼마인가?

풀이

(a) 주어진 조건으로부터 수신 부호어 $r = [0\ \ 0\ \ 1]$이고, $H = \begin{bmatrix} 1 & 0 & 1 \\ 0 & 1 & 1 \end{bmatrix}$이므로 신드롬은 $\boldsymbol{s} = \boldsymbol{r}H^T = [1\ 1]$이다.

(b) 주어진 조건으로부터 발생할 수 있는 오류 벡터는 [0 0 0], [1 0 0], [0 1 0], [0 0 1]이다. 이들 각각에 대한 신드롬을 구해보면 [0 0], [1 0], [0 1], [1 1]이 되므로 신드롬의 종류는 네 가지이다.

(c) 주어진 부호어에 대한 신드롬은 [1 1]이고, 이에 대응되는 오류 벡터는 [0 0 1]이므로 추정한 부호어는 [0 0 1] + [0 0 1] = [0 0 0]이 된다.

SECTION

10.3 순환 부호

이 절에서는 순환 부호의 정의와 부호화 및 복호화 과정을 소개하고, 구현상의 장점을 학습한다.

Keywords | 생성 다항식 | 체계적 순환 부호 | 신드롬 |

순환 부호(cyclic codes)는 선형 블록 부호의 일종으로, 부호어를 순환하면 그 결과가 다시 부호어가 되는 특성을 갖는다. 여기에서 순환이란 부호어 성분들의 위치를 한 칸씩 오른쪽으로 이동하되 마지막 성분은 첫 번째 성분으로 이동시키는 것을 말한다. 예를 들어, 부호어 [1 0 0 1 0]을 한 번 순환하면 [0 1 0 0 1]이 된다.

순환 부호는 부호화 과정과 복호화 과정을 시프트 레지스터(shift register)를 이용하여 간단하게 구현할 수 있다는 장점이 있어 많은 통신 시스템에서 활용하고 있다.

순환 부호의 특성을 잘 표현하기 위해서는 부호를 벡터로 표현하기보다는 다항식으로 표현하는 편이 유리하다. 예를 들어, $\boldsymbol{c}_i = [c_{i,0}\, c_{i,1} \cdots\, c_{i,n-1}]$을 다음과 같이 다항식으로 나타내는 것이다.

$$\boldsymbol{c}_i(X) = c_{i,0} + c_{i,1}X + c_{i,2}X^2 + \cdots + c_{i,n-1}X^{n-1} \tag{10.14}$$

$\boldsymbol{c}_i = [c_{i,0}\, c_{i,1} \cdots\, c_{i,n-1}]$을 j 번 순환하여 얻은 부호어에 대한 부호어 다항식을 $\boldsymbol{c}_i^{(j)}(X)$라고 하면 $\boldsymbol{c}_i^{(j)}(X) = X^j \boldsymbol{c}_i(X) \bmod (X^n + 1)$이 되는 것으로 알려져 있다. 이때 $a(X) \bmod b(X)$는 다항식 $a(X)$를 다항식 $b(X)$로 나누었을 때의 나머지 다항식을 가리킨다. 이는 부호어 순환 과정을 다항식 나눗셈 과정을 통해 구현할 수 있음을 의미한다.

그러면 $\boldsymbol{c}_i^{(j)}(X) = X^j \boldsymbol{c}_i(X) \bmod (X^n + 1)$의 관계가 성립한다는 것을 살펴보자. 먼저 $X^j \boldsymbol{c}_i(X)$는 다음과 같이 계산된다.

$$\begin{aligned} X^j \boldsymbol{c}_i(X) &= X^j(c_{i,0} + c_{i,1}X + c_{i,2}X^2 + \cdots + c_{i,n-1}X^{n-1}) \\ &= c_{i,0}X^j + c_{i,1}X^{j+1} + \cdots + c_{i,n-1}X^{n+j-1} \\ &= c_{i,n-j}X^n + \cdots + c_{i,n-1}X^{n+j-1} + c_{i,0}X^j + \cdots + c_{i,n-j-1}X^{n-1} \end{aligned} \tag{10.15}$$

식 (10.15)의 우변에 $c_{i,n-j} + c_{i,n-j+1}X + \cdots + c_{i,n-1}X^{j-1}$을 두 번 더하면 다음과 같이 정리할 수 있다. 이때 등식에는 변화가 없다.

$$
\begin{aligned}
X^j \boldsymbol{c}_i(X) &= c_{i,n-j} + \cdots + c_{i,n-1}X^{j-1} + c_{i,0}X^j + \cdots + c_{i,n-j-1}X^{n-1} \\
&\quad + c_{i,n-j}(X^n+1) + \cdots + c_{i,n-1}X^{j-1}(X^n+1) \\
&= q(X)(X^n+1) + \boldsymbol{c}_i^{(j)}(X)
\end{aligned}
\tag{10.16}
$$

이 식에서

$$
\begin{aligned}
\boldsymbol{c}_i^{(j)}(X) &= c_{i,n-j} + c_{i,n-j+1}X + \cdots + c_{i,n-1}X^{j-1} \\
&\quad + c_{i,0}X^j + \cdots + c_{i,n-j-1}X^{n-1}
\end{aligned}
\tag{10.17}
$$

$$
q(X) = c_{i,n-j} + c_{i,n-j+1}X + \cdots + c_{i,n-1}X^{j-1} \tag{10.18}
$$

이다. 따라서 $\boldsymbol{c}_i^{(j)}(X) = X^j \boldsymbol{c}(X) \bmod (X^n+1)$의 관계가 성립함을 알 수 있다.

순환 부호에서는 k비트 길이의 정보어 $\boldsymbol{m}_i$와 그에 대응되는 n비트 길이의 순환 부호어 $\boldsymbol{c}_i$ 간의 관계를 다음과 같이 다항식 형태로 정의한다.

★ 순환 부호의 부호어와 정보어의 관계 ★

$$
\boldsymbol{c}_i(X) = g(X)\boldsymbol{m}_i(X) \tag{10.19}
$$

여기에서 $g(X)$는 차수가 $n-k$인 다항식이며, **생성 다항식**(generating polynomial)이라고 한다. 이때 $g(X)$는 X^n+1의 인수 중에서 차수가 $n-k$인 인수가 될 때만 순환 부호의 생성 다항식이 될 수 있는데, 그 이유는 다음과 같다. 만약 X^n+1의 인수 중에서 차수가 $n-k$인 인수를 $g(X)$라고 하면 식 (10.19)에 의해 임의의 부호어 다항식 $\boldsymbol{c}_i(X)$는 $g(X)\boldsymbol{m}_i(X)$가 된다. 만약에 부호어 $\boldsymbol{c}_i$를 j번 순환해서 만든 부호어의 다항식 표현을 $\boldsymbol{c}_i^{(j)}(X)$라고 하면 앞에서 설명한 바와 같이 $\boldsymbol{c}_i^{(j)}(X) = X^j\boldsymbol{c}_i(X) \bmod (X^n+1)$가 되므로 다음과 같이 전개할 수 있다.

$$
\boldsymbol{c}_i^{(j)}(X) = X^j g(X)\boldsymbol{m}_i(X) \bmod (X^n+1) \tag{10.20}
$$

모드(mod) 연산이 나머지 연산이라는 의미를 이용하면, 식 (10.20)은 다음과 같이 표현할 수 있다.

$$
X^j g(X)\boldsymbol{m}_i(X) = q(X)(X^n+1) + \boldsymbol{c}_i^{(j)}(X) \tag{10.21}
$$

이 식에서 $q(X)$는 식 (10.20)의 나머지 연산 과정에서 발생하는 몫을 의미한다. 이 식을 $\boldsymbol{c}_i^{(j)}(X)$에 대해 정리하면 다음과 같다.

$$
\boldsymbol{c}_i^{(j)}(X) = X^j g(X)\boldsymbol{m}_i(X) + q(X)(X^n+1) \tag{10.22}
$$

이 식에서 $g(X)$가 X^n+1의 인수라면 $p(X) \equiv (X^n+1)/g(X)$로 정의했을 때 $X^n+1 = g(X)p(X)$가 되므로, 식 (10.22)를 다음과 같이 전개할 수 있다.

$$\begin{aligned} \boldsymbol{c}_i^{(j)}(X) &= X^j g(X)\boldsymbol{m}_i(X) + q(X)g(X)p(X) \\ &= \left\{X^j \boldsymbol{m}_i(X) + q(X)p(X)\right\}g(X) \end{aligned} \tag{10.23}$$

식 (10.23)을 보면 $\boldsymbol{c}_i^{(j)}(X)$가 식 (10.19)의 형태이므로 순환 부호어가 된다는 것을 알 수 있다. 따라서 식 (10.19)에서 다항식 $g(X)$가 X^n+1의 인수가 될 때만 순환 부호의 생성 다항식이 된다는 것을 확인할 수 있다.

순환 부호에서도 부호어가 정보어를 포함하고 있으면 체계적 순환 부호라고 한다. 대표적인 사례로는 CRC(Cyclic Redundancy Code)를 들 수 있다. CRC는 오류를 탐지하기 위한 용도로 사용하며, 다양한 차수에 대해 생성 다항식이 알려져 있다. 그러면 체계적 순환 부호를 만드는 방법을 살펴보자. 체계적 순환 부호가 되려면 부호어 일부로 정보어를 포함해야 하므로 순환 부호어 다항식 $\boldsymbol{c}_i(X)$를 다음과 같이 표현할 수 있다.

$$\boldsymbol{c}_i(X) = \boldsymbol{b}(X) + X^{n-k}\boldsymbol{m}_i(X) \tag{10.24}$$

여기에서 $\boldsymbol{b}(X)$는 패리티 비트열에 대한 다항식이다. 그리고 $\boldsymbol{c}_i(X)$는 순환 부호어에 대한 다항식이므로 식 (10.19)의 형태가 되어야 하지만, 이때 식 (10.19)의 $\boldsymbol{m}_i(X)$가 식 (10.24)의 $\boldsymbol{m}_i(X)$와 동일해야 할 필요는 없다.

따라서 $a(X)$를 차수가 $k-1$인 임의의 다항식이라고 하고 $\boldsymbol{c}_i(X) = g(X)a(X)$라고 하면 식 (10.24)를 다음과 같이 바꾸어 쓸 수 있다.

$$\boldsymbol{a}(X)\boldsymbol{g}(X) = \boldsymbol{b}(X) + X^{n-k}\boldsymbol{m}_i(X) \tag{10.25}$$

여기에서 결정할 부분은 $\boldsymbol{b}(X)$이다. 식 (10.25)의 양변에 $\boldsymbol{b}(X)$를 더하면 다음과 같은 관계를 도출할 수 있다.

$$X^{n-k}\boldsymbol{m}_i(X) = \boldsymbol{a}(X)\boldsymbol{g}(X) + \boldsymbol{b}(X) \tag{10.26}$$

식 (10.26)은 $X^{n-k}\boldsymbol{m}_i(X)$를 $\boldsymbol{g}(X)$로 나누었을 때 나머지가 $\boldsymbol{b}(X)$가 됨을 의미하므로 다음과 같이 표현할 수 있다.

★ 체계적 순환 부호의 패리티 비트 다항식 ★

$$\boldsymbol{b}(X) = X^{n-k}\boldsymbol{m}_i(X) \bmod \boldsymbol{g}(X) \tag{10.27}$$

따라서 $\boldsymbol{b}(X)$를 나머지 연산을 통해 결정할 수 있음을 알 수 있다.

순환 부호어를 복호화하는 방법은 선형 블록 부호에 대한 복호화 방법과 유사하다. 먼저 수신한 순환 부호어에 대한 다항식을 $r(X)$라고 하면, 이를 생성 다항식 $\boldsymbol{g}(X)$로 나누었을 때 나머지를 **신드롬**(syndrome)이라고 정의한다. 따라서 신드롬을 $\boldsymbol{s}(X)$라고 하면 다음과 같이 된다.

★ 순환 부호의 신드롬 ★

$$\boldsymbol{s}(X) = \boldsymbol{r}(X) \mod \boldsymbol{g}(X) \tag{10.28}$$

신드롬 $\boldsymbol{s}(X)$는 차수가 $n-k-1$인 다항식으로, 차수가 $n-1$인 오류 벡터 다항식 $\boldsymbol{e}(X)$보다 차수가 작다. 따라서 일반적으로 이들 간에 일대일 대응 관계가 성립할 수는 없으며, 하나의 신드롬에 복수의 오류 벡터 다항식이 대응된다. 따라서 오류 벡터를 추정하는 방법은 동일한 신드롬을 갖는 오류 벡터 중에서 발생 가능성이 가장 큰 오류 벡터를 미리 정해놓고, 해당 신드롬이 발생하면 그 오류 벡터가 발생한 것으로 간주하여 오류를 수정하는 것이다. 신드롬으로부터 추정한 오류 벡터 다항식을 $\hat{\boldsymbol{e}}(X)$라고 하면 오류를 수정한 부호어 다항식 $\hat{\boldsymbol{c}}(X)$는 다음과 같이 계산한다.

$$\begin{aligned} \hat{\boldsymbol{c}}(X) &= \boldsymbol{r}(X) + \hat{\boldsymbol{e}}(X) \\ &= \boldsymbol{c}(X) + \boldsymbol{e}(X) + \hat{\boldsymbol{e}}(X) \end{aligned} \tag{10.29}$$

이 식에서 $\boldsymbol{e}(X)$는 실제 발생한 오류 벡터에 대한 다항식이다. 만약 $\hat{\boldsymbol{e}}(X) = \boldsymbol{e}(X)$이면 복조 오류를 완전하게 수정하지만 그렇지 않으면 오류가 수정되지 않는다. 이런 방식으로 항상 오류를 수정할 수 있는 것은 아니지만 확률적으로 복조 오류를 수정할 가능성이 높아 도움이 된다.

순환 부호화나 복호화에서 중요한 연산은 바로 나눗셈 연산이다. [그림 10-2]는 $c_0 + c_1X + \cdots + c_{n-1}X^{n-1}$이라는 다항식을 $g_0 + g_1X + \cdots + g_{n-k-1}X^{n-k-1} + X^{n-k}$이라는 $n-k$차 다항식으로 나누는 과정을 나타내며, [그림 10-3]은 이를 토대로 나눗셈을 수행하여 나머지를 계산하는 회로를 보여준다. 그림에서 사각형은 플립플롭을 나타내며 $\{F_i,\ i = 0, 1, \cdots, n-k-1\}$은 플립플롭에 저장된 값을 의미한다. [그림 10-3]에서 부호어를 $c_{n-1}, c_{n-2}, \cdots, c_0$ 순으로 입력하면 사각형으로 표시된 플립플롭들에 최종적으로 저장되는 내용이 나머지 다항식의 계수가 된다. 편의상 [그림 10-2]는 나눗셈의 첫 번째 단계만을 표시했다.

$$\begin{array}{r|l} & c_{n-1}X^{k-1} + \cdots \\ \hline X^{n-k} + g_{n-k-1}X^{n-k-1} + \cdots + g_1X + g_0 & c_{n-1}X^{n-1} + c_{n-2}X^{n-2} + \quad + c_kX^k \quad + c_{k-1}X^{k-1} + \cdots + c_1X + c_0 \\ & c_{n-1}X^{n-1} + c_{n-1}g_{n-k-1}X^{n-2} + \cdots + c_{n-1}g_1X^k + c_{n-1}g_0X^{k-1} \\ \cline{2-2} & \boxed{(c_{n-2} + c_{n-1}g_{n-k-1})X^{n-2} + \cdots + (c_k + c_{n-1}g_1)X^k + (c_{k-1} + c_{n-1}g_0)X^{k-1}} + c_{k-2}X^{k-2} \\ & \cdots \end{array}$$

[그림 10-2] 나눗셈 과정

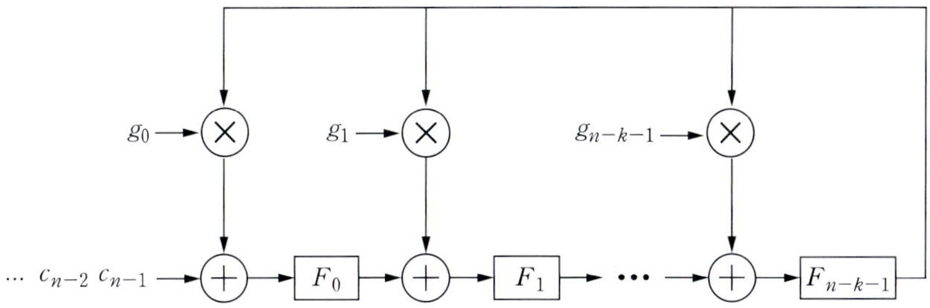

[그림 10-3] 나눗셈 연산 회로

[그림 10-3]의 회로에서 플립플롭의 초깃값은 0이며, 시간이 지나면서 개별 플립플롭에 저장되는 값이 어떻게 변하는지는 [표 10-2]에 나타내었다. 시간이 $n-k+1$일 때 플립플롭에 저장되는 값은 $c_{k-1}X^{k-1}+\cdots+c_{n-2}X^{n-2}+c_{n-1}(g_0X^{k-1}+g_1X^k+\cdots+g_{n-k-1}X^{n-2})$의 계수가 되는데, 이는 [그림 10-2]에서 점선으로 표시한 다항식의 계수와 일치한다. 따라서 [그림 10-3]의 회로가 [그림 10-2]의 다항식 나눗셈 연산을 구현한 것임을 알 수 있다. 그리고 최종적으로 시간이 n이 되었을 때 플립플롭에 저장된 값이 나머지 다항식의 계수가 된다. [그림 10-3]의 디지털 회로를 통해 다항식 나눗셈이 간단하게 구현되므로 순환 부호가 구현 측면에서 장점이 있음을 알 수 있다.

[표 10-2] [그림 10-3]의 플립플롭 값의 변화

시간	F_0	F_1	$\cdots$	F_{n-k-1}
0	0	0	$\cdots$	0
1	c_{n-1}	0	$\cdots$	0
2	c_{n-2}	c_{n-1}	$\cdots$	0
$\cdots$	$\cdots$	$\cdots$	$\cdots$	$\cdots$
$n-k$	c_k	c_{k+1}	$\cdots$	c_{n-1}
$n-k+1$	$c_{k-1}+c_{n-1}g_0$	$c_k+c_{n-1}g_1$	$\cdots$	$c_{n-2}+c_{n-1}g_{n-k-1}$

예제 10-3

(7,4) 체계적 순환 부호에 대해 다음을 구하라.

(a) 패리티 비트의 개수
(b) 생성 다항식
(c) 신드롬 계산기 설계

풀이

(a) 4비트의 정보어를 7비트 부호어로 변환하는 것이므로 패리티 비트의 개수는 3이 된다.

(b) $n=7$이므로 $X^7+1=(1+X)(1+X^2+X^3)(1+X+X^3)$이다. 현재 생성 다항식의 차수는 $n-k$가 되어야 하므로 차수가 3이다. 따라서 생성 다항식이 될 수 있는 다항식으로는 $1+X^2+X^3$과 $1+X+X^3$이 있다. 여기에서는 후자의 경우를 선택하는 것으로 한다.

(c) 생성 다항식 $g(X)$는 $1+X+X^3$이므로 $g_0=1$, $g_1=1$, $g_2=0$, $g_3=1$이다. 따라서 이를 [그림 10-3]에 적용하면 신드롬 계산기의 구조는 [그림 10-4]에 나타낸 바와 같다.

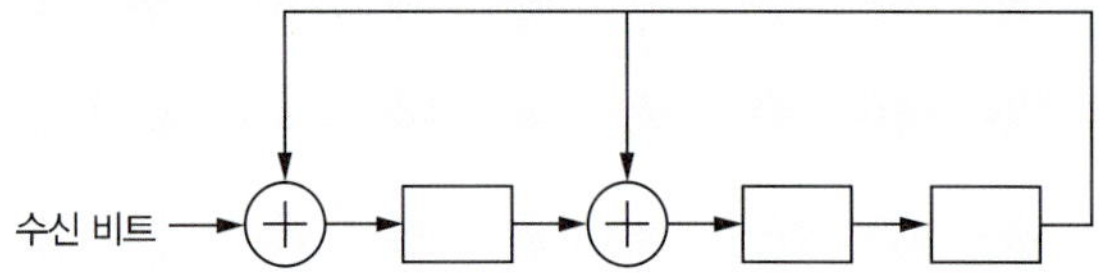

[그림 10-4] 신드롬 계산기 구조

SECTION

10.4 길쌈 부호

이 절에서는 비블록 부호 기술인 길쌈 부호의 부호화 과정을 살펴보고, 대표적인 복호화 알고리듬인 비터비 알고리듬을 학습한다.

Keywords | 구속장 | 트렐리스 다이어그램 | 비터비 알고리듬 | 생존자 |

길쌈 부호(convolutional code)는 비블록 부호의 일종으로, 출력 부호어를 결정하는 데 있어서 현재 정보어뿐만 아니라 과거 정보어도 반영한다. 이때 현재 출력 부호어를 결정하는 데 사용되는 정보어의 시간 범위를 **구속장**(constraint length)이라고 한다. 예를 들어, 현재 정보어와 직전 정보어가 현재 출력 부호어를 결정하는 데 사용된다면 구속장은 2가 된다.

이 절에서는 가장 간단한 형태의 길쌈 부호기를 통해 길쌈 부호화 과정을 설명하고자 한다. 좀 더 복잡한 길쌈 부호기는 이를 일반화한 것으로 이해하면 된다. 간단한 길쌈 부호기는 [그림 10-5]에 나타낸 바와 같다. 그림에서 사각형은 1비트를 저장하는 플립플롭이다. 주어진 길쌈 부호기는 1비트 길이의 정보어를 받아들여 모듈로-2 덧셈 연산을 거친 다음 2비트 길이의 출력 부호어를 만들어낸다. 따라서 이 부호기의 부호율은 1/2이 된다. 현재 정보어와 직전 두 개의 정보어가 출력 부호어를 결정하는 데 참여하므로 구속장은 3이 된다.

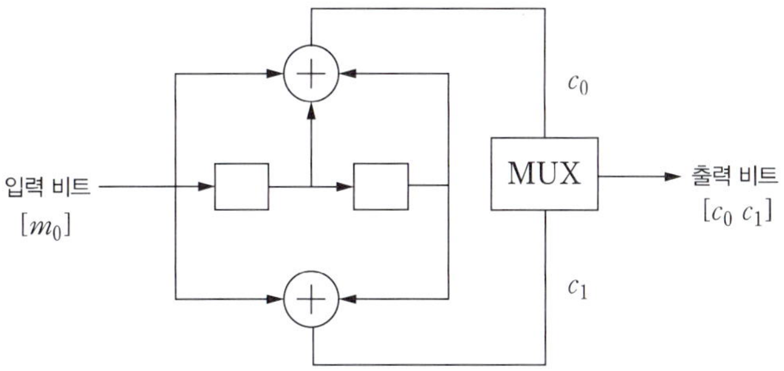

[그림 10-5] 간단한 길쌈 부호기 구조

길쌈 부호기의 입출력 특성을 표현하기 위해 생성 다항식(generating polynomial)을 사용하기도 한다. 이때 생성 다항식은 출력 부호어의 각 성분별로 결정되는데, [그림 10-5]의 경우라면 출력 부호어의 길이가 2이므로 생성 다항식은 두 개가 된다. 또한 생성 다항식은 입력이 첫 비트만 1이고 이후부터는 0일 때 해당 출력 부호어 성분의 수열을 다항식으로 나타낸 것이다.

예를 들어, [그림 10-5]의 경우에는 출력 부호어의 첫 번째 성분인 c_0의 수열이 1, 1, 1, 0, 0, ⋯ 이 되므로, 이를 다항식 $1 + X + X^2$으로 나타낸 것이다. 마찬가지로 출력 부호어의 두 번째 성분인 c_1의 수열은 1, 0, 1, 0, 0, ⋯ 이 되므로 생성 다항식은 $1 + X^2$이 된다.

길쌈 부호기는 디지털 회로 관점에서 보면 일종의 상태 기계(state machine)이다. 예를 들어, [그림 10-5]의 경우에는 두 개의 플립플롭에 저장된 값이 상태를 결정한다. 이 회로의 동작을 설명하는 방법으로는 **상태 다이어그램**(state diagram)과 **트렐리스 다이어그램**(trellis diagram)이 있으나, 통신 분야에서는 시간에 따른 상태의 변화를 명확하게 표현하는 트렐리스 다이어그램 방법을 널리 사용한다.

[그림 10-5]의 길쌈 부호에 대해 트렐리스 다이어그램을 표현하면 [그림 10-6]과 같다. 다이어그램에서 검은색 원으로 표시한 개별 노드는 상태를 나타내며, 노드 간의 선, 즉 에지(edge)는 상태 천이를 나타낸다. 에지는 입력 비트가 "1"인 경우에는 점선으로 나타내고 "0"인 경우에는 실선으로 나타내며, 에지 위쪽의 2진 정보는 해당 상태 천이가 발생할 때 출력되는 부호어를 나타낸다. 길쌈 부호도 선형 부호의 일종이므로 최소 거리는 해밍 무게가 0이 아닌 부호어 중에서 해밍 무게가 가장 적은 값이 된다. 따라서 길쌈 부호의 최소 거리는 상태 "00"에서 시작해서 가장 빨리 다시 상태 "00"으로 회귀하는 부호어의 해밍 무게가 되는데, [그림 10-6]의 경우 이에 해당하는 부호어가 [1 1 1 0 1 1 0 0 ⋯]이므로 최소 거리가 5가 된다.

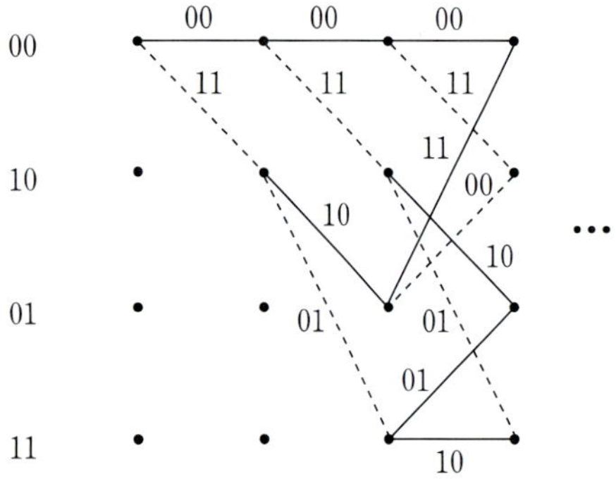

[그림 10-6] 트렐리스 다이어그램

지금부터는 길쌈 부호어에 대해 최대 유사도(ML) 검파 이론을 사용하여 복호하는 방법을 살펴보자. 수신 신호로부터 추정한 부호어를 $\mathbf{r}$이라고 하고 송신 가능한 부호어를 $\mathbf{c}$라고 하며, 부호어의 길이는 n이라고 설정한다. 그리고 유사도 함수는 조건부 확률로 정의한다. 수신 부호어를 구성하는 각 비트가 서로 통계적으로 독립이라고 전제하면 $\mathbf{c}$에 대한 유사도 함수 $f(\mathbf{r}|\mathbf{c})$는 다음과 같이 표현할 수 있다.

$$f(\mathbf{r}|\mathbf{c}) = \prod_{i=0}^{n-1} f(r_i|c_i) \tag{10.30}$$

이 식에서 r_i, c_i는 각각 수신 부호어 $\boldsymbol{r}$, 송신 부호어 $\boldsymbol{c}$의 $i+1$번째 성분을 가리킨다. 개별 수신 비트에 대한 수신 오류 확률을 p라고 할 때 $f(r_i|c_i)$는 다음과 같다.

$$f(r_i|c_i)=\begin{cases} p \ , & r_i \neq c_i \\ 1-p, & r_i = c_i \end{cases} \tag{10.31}$$

이때 두 부호어 $\boldsymbol{r}$과 $\boldsymbol{c}$ 사이의 해밍 거리, 즉 성분별로 서로 다른 비트의 개수를 d라고 한다. 그리고 식 (10.30)과 식 (10.31)을 이용하여 로그 유사도 함수 $\ln f(\boldsymbol{r}|\boldsymbol{c})$를 계산하면 다음과 같다.

$$\begin{aligned} \ln f(\boldsymbol{r}|\boldsymbol{c}) &= \sum_{i=0}^{n-1} \ln f(r_i|c_i) \\ &= d\ln p + (n-d)\ln(1-p) \\ &= d\ln\left(\frac{p}{1-p}\right) + n\ln(1-p) \end{aligned} \tag{10.32}$$

통신이 원활하게 이루어지는 경우라면 수신 오류 확률 $p<0.5$이어야 하며, 이 경우에는 $\ln\left(\frac{p}{1-p}\right) < 0$이 된다. 따라서 최대 유사도 검파 방식에 따르면 수신 부호어 $\boldsymbol{r}$에 대한 최적 송신 부호어 $\boldsymbol{c}$는 유사도 함숫값, 즉 식 (10.32)를 최대로 하는 부호이어야 하므로 $\boldsymbol{r}$과 $\boldsymbol{c}$ 사이의 해밍 거리가 가장 적은 부호어가 된다.

일반적으로 부호어의 길이가 n이고 부호율이 R인 길쌈 부호에서 정보어의 길이 k는 nR이므로 부호어는 2^{nR}개의 종류가 있다. 최대 유사도 검파 방식을 사용하면 $\boldsymbol{r}$의 길이인 n이 길어질수록 비교해야 하는 $\boldsymbol{c}$의 개수 2^{nR}이 기하급수적으로 증가하기 때문에 이를 그대로 구현하기는 어렵다. 따라서 이에 대한 대책이 필요한데, 대표적인 해결 방법이 **비터비 알고리듬**(Viterbi algorithm)이다. 비터비 알고리듬은 복호 성능을 훼손하지 않으면서도 계산량이 지수적으로 증가하는 것을 방지할 수 있다. 이것이 가능한 이유는 트렐리스 다이어그램 상의 임의의 시점에서 동일한 상태에 도달하는 복수의 부호어 중에서 최대 유사도를 보이는 부호어가 있다면 그것을 제외한 나머지 부호어들은 해당 시점 이후에도 이 부호어보다 더 큰 유사도를 보일 수는 없어, 해당 부호어들을 이후 유사도 함수를 계산하는 대상에서 제외할 수 있기 때문이다. 따라서 이 방식을 사용하면 유사도 계산 대상이 되는 부호어의 개수를 길쌈 부호기의 상태 개수 수준으로 유지할 수 있고 결과적으로 계산량이 지수적으로 상승하는 것을 막을 수 있다.

비터비 알고리듬을 [그림 10-5]의 길쌈 부호에 대한 복호 과정을 통해 설명하면 [그림 10-7]에 나타낸 바와 같다. 수신 부호어는 [0 1 0 0 0 0]이라고 가정한다. 길쌈 부호기의 초기 상태가 00이라고 가정하면 첫 번째 정보 비트가 "0" 혹은 "1"이냐에 따라 트렐리스 다이어그램은 [그림 10-7(a)]에 나타낸 바와 같이 두 가지 경로 혹은 부호어가 가능하다. 이때 수신 부호어는 각 그림의 상단에 밑줄 친 수열로 표시했다. 매 시점에 개별 상태를 나타내는 노드 위의 숫자는 그 상태에 도달한 부호어 중에서 수신 부호어와 가장 큰 유사도를 보이는 경우에 대한 누적 해밍 거리를 표시한 것이며, 그에 해당하는 부호어를 해당 노드 혹은 상태에 대한 **생존자**(survivor)라고 부른다.

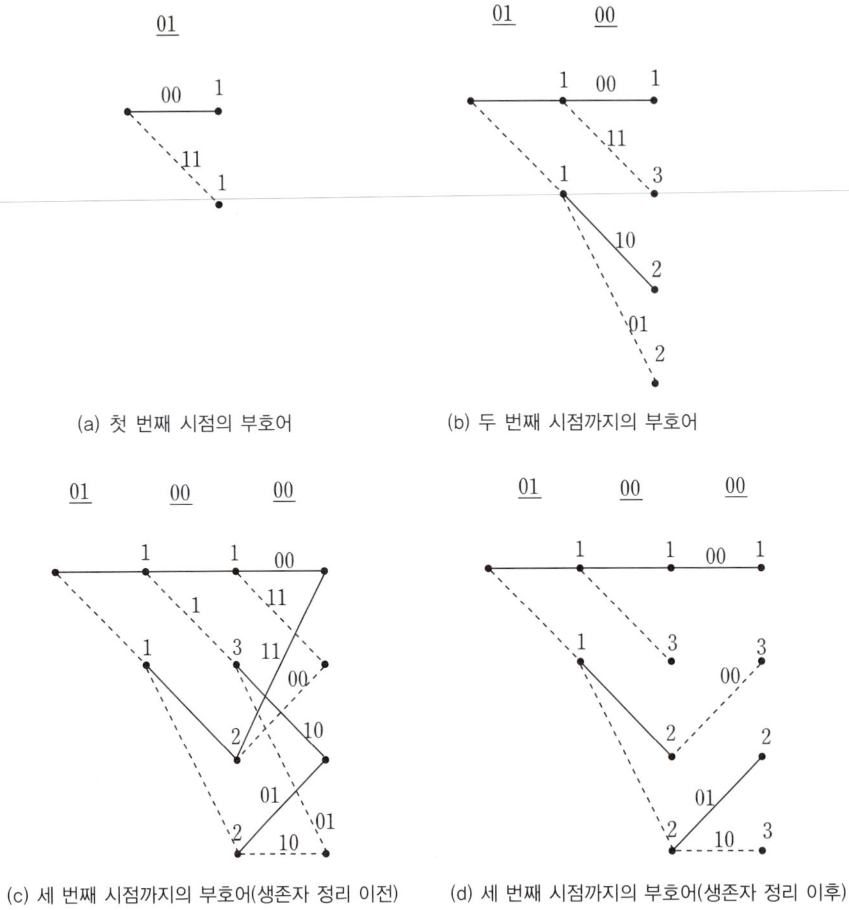

[그림 10-7] 비터비 알고리듬 동작

[그림 10-7(a)]와 [그림 10-7(b)]의 경우에는 개별 노드에 도달하는 경로 혹은 부호어가 한 개밖에 없어 해당 부호어가 생존자가 된다. 그러나 시간이 지나 세 번째 수신 시점이 되면 [그림 10-7(c)]와 같이 개별 노드에 도달하는 경로가 두 가지가 된다. 따라서 이 두 가지 경로 중에서 누적 해밍 거리가 작은 경로만 생존자로 두고 나머지 경로를 폐기하면 그 결과는 [그림 10-7(d)]와 같이 된다. 따라서 시간이 경과하더라도 생존자의 개수는 늘어나지 않고 항상 상태의 개수만큼만 유지되는 것을 알 수 있다. 최종적으로 수신기가 송신 부호어를 추정하는 방법은 최종 시점에서 가장 적은 누적 해밍 거리를 보이는 생존자를 선택함으로써 그에 따른 부호어로 추정하는 것이다.

예제 10-4

[그림 10-5]에 제시된 길쌈 부호기에 대해 수신 부호어가 [0 0 1 0 0 0]일 때 다음을 구하라.

(a) 해당 부호어에 대한 정보어의 길이

(b) 비터비 알고리듬을 이용하여 부호어를 복호화한 결과

풀이

(a) 부호율이 $\frac{1}{2}$ 이므로 정보어의 길이는 3이다.

(b) 주어진 길쌈 부호기에 대해 비터비 복호기를 수행한다. 정보어의 길이가 3이므로 복호가 종료되는 세 번째 시점에서 상태별로 가능한 부호어를 나열하면 [표 10-3]과 같다. 따라서 복호화 결과 가장 가능성이 큰 부호어는 [0 0 0 0 0 0]이며, 이에 대응한 정보어는 [0 0 0]이 된다.

[표 10-3] 종료 상태별 생존자 현황

종료 상태	대상 부호어	누적 해밍 거리	생존자
[0 0]	[0 0 0 0 0 0]	1	[0 0 0 0 0 0]
	[1 1 1 0 1 1]	4	
[1 0]	[0 0 0 0 1 1]	3	[1 1 1 0 0 0]
	[1 1 1 0 0 0]	2	
[0 1]	[0 0 1 1 1 0]	2	[0 0 1 1 1 0]
	[1 1 0 1 0 1]	5	
[1 1]	[0 0 1 1 0 1]	2	[0 0 1 1 0 1]
	[1 1 0 1 1 0]	5	

CHAPTER

10 핵심요약

- 오류 제어 부호 혹은 채널 부호는 송신기가 전송하려고 하는 정보 비트들에 임의로 비트를 추가하여 비트들 사이에 일정한 관계를 만족하게 함으로써 복조 오류를 검출하거나 수정하게 하는 기술이다.
- 일반적으로 채널 부호화는 변조 이전에 하고, 채널 복호화는 복조 이후에 수행한다.
- 부호는 부호어를 원소로 하는 집합이다.
- k비트 길이의 정보어에 대응되는 부호어의 길이가 n비트라면 부호율 R은 $\frac{k}{n}$이다.
- 어떤 부호의 최소 거리가 $d_{\min}$이라면 $d_{\min}-1$개의 비트 오류까지 오류 검출이 가능하고, $\left\lfloor \frac{d_{\min}-1}{2} \right\rfloor$개의 비트 오류까지 수정이 가능하다.
- 정보어 $\boldsymbol{m}_i$가 크기가 $1\times k$인 행렬이고, 그에 대응되는 부호어 $\boldsymbol{c}_i$가 크기가 $1\times n$인 행렬이라면, 선형 블록 부호의 부호어와 정보어의 관계를 다음과 같다.

$$\boldsymbol{c}_i=\boldsymbol{m}_i G$$

이때 G는 $k\times n$ 행렬로서 생성 행렬이라고 부른다.

- 체계적 선형 블록 부호의 패리티 검사 행렬을 H라고 하면, 임의의 부호어 c_i에 대해 $c_i H^T=0$이 성립한다.
- 체계적 선형 블록 부호에서 신드롬이란 수신 부호어 $\boldsymbol{r}$에 패리티 검사 행렬을 적용하여 계산한 값 $\boldsymbol{s}$를 가리킨다.

$$\boldsymbol{s}=\boldsymbol{r}H^T$$

- 신드롬과 오류 벡터 사이의 연관성을 기반으로 오류 벡터를 추정하고, 이를 이용하여 복호화하는 방법을 신드롬 기반 복호화 방식이라고 한다.
- 정보어 $\boldsymbol{m}_i$가 크기가 $1\times k$인 행렬이고, 그에 대응되는 부호어 $\boldsymbol{c}_i$가 크기가 $1\times n$인 행렬이며, 이들에 대한 다항식을 각각 $\boldsymbol{m}_i(X)$, $\boldsymbol{c}_i(X)$라고 할 때, 순환 부호어는 다음과 같은 관계를 만족해야 한다.

$$\boldsymbol{c}_i(X)=g(X)\boldsymbol{m}_i(X)$$

여기에서 $g(X)$는 X^n+1의 인수 중에서 차수가 $n-k$인 다항식이며, 생성 다항식이라고 한다.

- 체계적 순환 부호에서 정보어 다항식 $\boldsymbol{m}_i(X)$에 대한 패리티 비트 다항식 $b(X)$를 결정하는 방법은 다음과 같다.

$$b(X)=X^{n-k}\boldsymbol{m}_i(X) \mod \boldsymbol{g}(X)$$

- 순환 부호에서 수신 부호어의 다항식을 $r(X)$ 이라고 하고 생성 다항식을 $\boldsymbol{g}(X)$ 라고 할 때, 신드롬 $\boldsymbol{s}(X)$ 는 다음과 같이 정의한다.

$$\boldsymbol{s}(X) = \boldsymbol{r}(X) \mod \boldsymbol{g}(X)$$

- 신드롬과 오류 벡터 다항식 간의 연관성을 토대로 오류 벡터를 추정하고, 복호화하는 방식을 신드롬 기반 복호화 방식이라고 한다.
- 길쌈 부호는 비블록 부호의 일종으로 출력 부호어를 결정하는 데 있어서 현재 정보어 뿐만 아니라 과거 정보어를 반영한다. 부호어 결정에 사용되는 정보어들의 시간 범위를 규정하는 것이 구속장이다.
- 길쌈 부호에 대한 최적의 복호화 방식은 최대 유사도 기반 복호 방식이다. 그리고 복호 성능 손실없이 이 방식의 계산량을 줄인 복호화 방법이 비터비 알고리듬이다.
- 비터비 알고리듬에서는 트렐리스 다이어그램에서 매순간 동일한 노드로 종료되는 경로 중에 누적 거리가 가장 작은 경로(생존자)만 남기고 나머지 경로를 제거함으로써 복호화 성능의 손실없이 계산량을 대폭 줄일 수 있는 방법이다.

CHAPTER

10 연습문제

10.1 최소 거리가 5인 채널 부호를 사용할 때 수정 가능한 부호어 비트 오류의 최댓값을 구하라.

10.2 부호어의 길이가 16[bit]인 128개의 부호어로 구성된 채널 부호가 있다. 이때 한 개의 채널 부호어가 전달하는 정보 비트의 길이를 구하라.

10.3 길이가 10[bit]인 256개의 부호어로 구성된 부호가 있다. 이 부호의 부호율을 구하라.

10.4 부호율이 $\frac{3}{4}$인 체계적 채널 부호기가 있다. 6비트 길이의 정보어에 대한 부호어에 포함된 패리티 비트 개수를 구하라.

10.5 세 개의 정보 비트 $[m_0\ m_1\ m_2]$에 두 개의 패리티 비트 $[b_0\ b_1]$을 추가하여 $[b_0\ b_1\ m_0\ m_1\ m_2]$의 부호어를 만든다고 한다. 그리고 패리티 비트와 정보 비트와의 관계는 다음과 같다고 가정한다. 여기에서 + 연산은 모듈로-2 덧셈 연산을 의미한다.

$$b_0 = m_1 + m_2$$

$$b_1 = m_0 + m_1$$

(a) 생성 행렬 G와 패리티 검사 행렬 H를 구하라.

(b) 부호를 구하라.

(c) 부호의 최소 거리를 구하라.

(d) 어떤 수신 부호어가 [0 1 1 1 0]일 때 신드롬 기반 복호화 방식을 사용하여 송신 정보 비트를 추정하라. 단, 비트 오류는 부호어 구성 비트 중에 한 개만 발생한다고 가정한다.

10.6 생성 다항식 $g(X) = 1 + X^2 + X^3$을 사용하여 (7, 4) 순환 부호를 만든다고 한다.

(a) 정보어 [1 1 1 1]에 대한 체계적 순환 부호어를 구하라.

(b) 수신한 부호어가 [1 1 1 1 0 0 0]일 때의 신드롬을 계산하고, 1비트 오류를 가정할 때 신드롬 기반 복호화 방식을 사용하여 송신 부호어를 추정하라.

10.7 (n, k) 순환 부호에서 $n=7$일 때 k값으로 가능하지 않은 값을 구하라.

10.8 어떤 (3,1,3) 길쌈 부호의 생성 다항식이 다음과 같다고 한다.

$$G_1(X) = 1$$

$$G_2(X) = 1 + X + X^2$$

$$G_3(X) = 1 + X^2$$

(a) 길쌈 부호기의 구조를 그려라.
(b) 길쌈 부호의 구속장을 구하라.
(c) 정보어가 [1 0 1]일 때의 부호어를 구하라.
(d) 최소 거리를 구하라.
(e) 트렐리스 다이어그램을 구성하는 상태의 개수를 구하라.

10.9 부호율이 $\frac{1}{3}$인 길쌈 부호를 사용하고 변조 방식으로는 QPSK를 사용하는 통신 시스템이 있다. QPSK 심볼 전송 속도가 3×10^6[symbols/sec]일 때 원래 보내려고 하는 정보 비트의 전송 속도를 구하라.

Index

Index